高等院校数学类精品教材

# 离散数学

李小南　易黄建　乔胜宁　编著

电子工业出版社
Publishing House of Electronics Industry
北京·BEIJING

## 内 容 简 介

本书介绍离散数学的基础知识. 全书共 6 章, 包括集合与关系、计数、数理逻辑、图论基础、再论图论和代数结构. 每一节均配备了丰富的习题, 为便于读者自学, 提供全部习题的详细解答, 对于个别习题还给出了多种解答, 读者可登录华信教育资源网免费下载. 同时, 书中有大量关于数学思想、常识、趣事的脚注, 增加了可读性和趣味性.

本书语言简练、条理清楚, 突出数学的严谨性, 注重培养学生严格的逻辑推理能力, 可作为理工科专业, 尤其是数学专业或对数学要求较高的专业的教材或参考书.

未经许可, 不得以任何方式复制或抄袭本书之部分或全部内容。
版权所有, 侵权必究。

图书在版编目（CIP）数据

离散数学 / 李小南, 易黄建, 乔胜宁编著. -- 北京 : 电子工业出版社, 2025. 3. -- ISBN 978-7-121-49979-1
Ⅰ. O158
中国国家版本馆 CIP 数据核字第 2025AX4837 号

责任编辑：牛晓丽　　　　特约编辑：郑香玉
印　　刷：大厂回族自治县聚鑫印刷有限责任公司
装　　订：大厂回族自治县聚鑫印刷有限责任公司
出版发行：电子工业出版社
　　　　　北京市海淀区万寿路 173 信箱　邮编：100036
开　　本：787×1092　1/16　印张：13.00　字数：312 千字
版　　次：2025 年 3 月第 1 版
印　　次：2025 年 3 月第 1 次印刷
定　　价：58.00 元

凡所购买电子工业出版社图书有缺损问题, 请向购买书店调换。若书店售缺, 请与本社发行部联系, 联系及邮购电话：(010) 88254888, 88258888。
质量投诉请发邮件至 zlts@phei.com.cn, 盗版侵权举报请发邮件至 dbqq@phei.com.cn。
本书咨询联系方式：QQ 9616328。

# 序

> 子在川上曰：逝者如斯夫，不舍昼夜．
> ——《论语·子罕》

恍惚之间，距初版[1]问世已近十年．犹记当时，有朋友问，为何要写教材？有此疑问无外乎编著教材费时、费力且无用．无用意指正值春秋鼎盛，却干着与帽子、位子无关之事．虽在初版前言中对此问题已有赘述，此番再版，不禁又忆起往事．

首先是对读者的责任．几位前辈的经典之作问世已有三四十年，国内现今相关教材虽种类繁多，但大同小异，乏深度、缺广度，故入眼者寥寥．倒有几部国外名著的中译本使人赏心悦目，然而这些"大块头"显然不适合国内学时被一减再减的现状．十多年来，笔者一直从事数学专业的离散数学教学工作，为数学专业或对数学有较高要求的理工科专业编写一部合适的教材是个人职责所在．

其次是对自己的交代．从而立到不惑，万物皆变，而最开心的变化莫过于孩子们的快乐成长．十多年来，不变的离散数学课程迎来送往了一个个春夏秋冬．这本书是教师对课程的交代，也是个人对生活的交代．

本次再版，图论之外的部分几乎重写．由于起点太低，本次再版使得本书质量有了大的提升，但仍距我满意之作相差甚远．个中原因在于实在不敢心无旁骛做此"无用"之事．图论部分基本未作改动，是不能也，非不愿也，然席不暇暖，我又奈何．这个遗憾留给下一个十年吧！

这门课程从数学角度来看像个大杂烩，它常常涉及集合论、数理逻辑、图论和抽象代数．笔者并不精通其中任一领域，因此写作过程总是诚惶诚恐，深怕误人子弟而贻笑大方．若您发现错误之处，还请不吝赐教．

---

1　本书初版于2016年2月由西安电子科技大学出版社出版．

最后当为致谢，本书亦未脱俗. 感谢西安电子科技大学教材建设基金资助；感谢我的研究生们为本书所做的一切；感谢电子工业出版社牛晓丽编辑认真、专业的工作. 当然，最重要的是感谢大壮和二妞给家里带来的欢声笑语，否则一切将索然无味. 学习、工作是为生活，亦是生活. 一段小语送给读者：

莫春者，春服既成，冠者五六人，童子六七人，浴乎沂，风乎舞雩，咏而归.

——《论语·先进》

李小南

于西安电子科技大学长安校区

2024.11.17

# 目录

## 第1章 集合与关系 ...... 1

### 1.1 集合 ...... 1
- 1.1.1 集合的概念与运算 ...... 1
- 1.1.2 映射和基数 ...... 4
- 1.1.3 良序性与数学归纳法 ...... 8

习题 1.1 ...... 9

### 1.2 二元关系 ...... 11
- 1.2.1 关系的定义 ...... 11
- 1.2.2 关系的表示与复合 ...... 13
- 1.2.3 关系闭包 ...... 16

习题 1.2 ...... 18

### 1.3 等价关系与划分 ...... 19
- 1.3.1 等价关系与等价类 ...... 19
- 1.3.2 划分 ...... 21
- *1.3.3 粗糙集 ...... 22

习题 1.3 ...... 25

### 1.4 偏序集与布尔格 ...... 26
- 1.4.1 偏序集 ...... 26
- 1.4.2 布尔格 ...... 29

习题 1.4 ...... 32

### *1.5 模糊集 ...... 33
- 1.5.1 模糊集定义 ...... 33
- 1.5.2 模糊集的表示法 ...... 36

---

说明：标有*的章节为选学内容，读者可根据自己的需要选择是否学习.

　　　　1.5.3　模糊集的运算 .................................................. 38
　习题 1.5 .................................................................... 40

# 第 2 章　计数 .............................................................. 42

　2.1　排列与组合 ........................................................... 42
　　　　2.1.1　两个原理和排列 .............................................. 42
　　　　2.1.2　组合和二项式定理 ............................................ 44
　　　　*2.1.3　Sperner 定理 ................................................ 47
　习题 2.1 .................................................................... 48
　2.2　鸽巢原理与容斥原理 ................................................. 49
　　　　2.2.1　鸽巢原理 ..................................................... 49
　　　　2.2.2　容斥原理 ..................................................... 52
　习题 2.2 .................................................................... 55
　2.3　组合型生成函数 ...................................................... 56
　　　　2.3.1　多重集的组合计数方法 ....................................... 56
　　　　2.3.2　组合型生成函数的性质 ....................................... 58
　　　　2.3.3　线性常系数递推关系的求解 .................................. 60
　习题 2.3 .................................................................... 69
　2.4　排列型生成函数 ...................................................... 70
　　　　2.4.1　排列型生成函数的引入 ....................................... 70
　　　　2.4.2　多重集排列计数的例子 ....................................... 72
　习题 2.4 .................................................................... 74
　2.5　Catalan 数和 Stirling 数 ............................................. 75
　　　　2.5.1　Catalan 数 .................................................... 75
　　　　2.5.2　Stirling 数 .................................................... 78
　习题 2.5 .................................................................... 80

# 第 3 章　数理逻辑 ......................................................... 81

　3.1　命题 .................................................................... 81
　　　　3.1.1　命题的定义 ................................................... 81
　　　　3.1.2　联结词 ........................................................ 82
　　　　3.1.3　条件命题 ..................................................... 85
　习题 3.1 .................................................................... 87

- 3.2 命题公式与逻辑等价 ............................................................................. 88
  - 3.2.1 命题公式 ............................................................................. 88
  - 3.2.2 重言式和矛盾式 ..................................................................... 90
  - 3.2.3 逻辑等价 ............................................................................. 91
- 习题 3.2 ............................................................................................. 94
- 3.3 范式 ............................................................................................. 96
  - 3.3.1 析取范式与合取范式 ............................................................... 96
  - 3.3.2 主范式 ............................................................................... 97
- 习题 3.3 ............................................................................................. 102
- 3.4 推理理论 ....................................................................................... 103
  - 3.4.1 有效论证 ............................................................................. 103
  - 3.4.2 推理规则 ............................................................................. 105
  - 3.4.3 间接证法 ............................................................................. 106
- 习题 3.4 ............................................................................................. 108
- 3.5 谓词与量词 ..................................................................................... 108
  - 3.5.1 谓词 ................................................................................... 109
  - 3.5.2 量化命题的逻辑等价式 ............................................................. 112
  - 3.5.3 量化命题的推理规则 ............................................................... 113
- 习题 3.5 ............................................................................................. 116

# 第 4 章 图论基础 ...................................................................................... 117

- 4.1 图与有向图 ..................................................................................... 117
  - 4.1.1 图与度序列 ........................................................................... 117
  - 4.1.2 路径与连通 ........................................................................... 119
- 习题 4.1 ............................................................................................. 121
- 4.2 树的性质 ....................................................................................... 122
  - 4.2.1 树的定义及刻画 ..................................................................... 122
  - 4.2.2 Cayley 公式 .......................................................................... 124
- 习题 4.2 ............................................................................................. 126
- 4.3 根树及其应用 ................................................................................. 128
  - 4.3.1 Huffman 算法 ....................................................................... 128
  - 4.3.2 二叉搜索树和决策树 ............................................................... 130
- 习题 4.3 ............................................................................................. 131
- 4.4 最小生成树和最短路径 ..................................................................... 132

    4.4.1 最小生成树 ...................................................................................132

    4.4.2 最短路径问题 ...............................................................................135

  习题 4.4 ...............................................................................................................137

  4.5 欧拉图和哈密顿图 ........................................................................................138

    4.5.1 欧拉图 ...........................................................................................138

    4.5.2 哈密顿图 .......................................................................................140

  习题 4.5 ...............................................................................................................142

## 第 5 章 再论图论 ...................................................................................144

  5.1 二部图 ............................................................................................................144

    5.1.1 二部图和匹配 ...............................................................................144

    5.1.2 顶点覆盖 .......................................................................................146

  习题 5.1 ...............................................................................................................148

  5.2 最大匹配及稳定匹配 ....................................................................................149

    5.2.1 最大匹配 .......................................................................................149

    5.2.2 稳定匹配 .......................................................................................150

  习题 5.2 ...............................................................................................................152

  5.3 图的连通性 ....................................................................................................153

    5.3.1 连通度 ...........................................................................................154

    5.3.2 Menger 定理 .................................................................................155

  习题 5.3 ...............................................................................................................156

  5.4 平面图 ............................................................................................................157

    5.4.1 欧拉定理及应用 ...........................................................................157

    5.4.2 可平面图的刻画 ...........................................................................160

  习题 5.4 ...............................................................................................................160

  5.5 图的顶点着色 ................................................................................................162

    5.5.1 顶点着色的定义和性质 ...............................................................162

    5.5.2 四色问题 .......................................................................................165

  习题 5.5 ...............................................................................................................166

## 第 6 章 代数结构 ......................................................................................168

  6.1 代数系统 ........................................................................................................168

    6.1.1 代数运算 .......................................................................................168

6.1.2 格和群 ........................................................................170
　　　6.1.3 群的例子 ....................................................................173
习题 6.1 ................................................................................175
6.2 子群和商群 ........................................................................175
　　　6.2.1 子群 ..........................................................................176
　　　6.2.2 商群 ..........................................................................179
习题 6.2 ................................................................................180
6.3 循环群和对称群 ..................................................................181
　　　6.3.1 循环群 ......................................................................181
　　　6.3.2 对称群 ......................................................................183
习题 6.3 ................................................................................185
6.4 群同态及应用 ....................................................................185
　　　6.4.1 群同态基本定理 .........................................................185
　　　6.4.2 任意群和循环群的同构刻画 .......................................187
习题 6.4 ................................................................................188
6.5 环和域 ..............................................................................188
　　　6.5.1 环与子环 ...................................................................189
　　　6.5.2 环的零因子和特征 .....................................................191
　　　6.5.3 域的定义 ...................................................................193
习题 6.5 ................................................................................195

参考文献 ....................................................................................197

# 第 1 章 集合与关系

集合是现代数学中非常重要的概念, 许多数学课程都涉及集合论的内容, 本书也不例外. 本章主要介绍集合论创始人 Gantor (康托, 1845—1918) 所贡献并发展的朴素集合论, 而不涉及更加精致的公理化集合论. 这些内容足以满足大多数离散数学课程的需求. 本章从集合出发, 介绍集合的运算, 重点关注集合的笛卡儿积运算, 从而引入关系的概念, 而函数、偏序等都是常见的特殊关系.

## 1.1 集合

### 1.1.1 集合的概念与运算

集合 (set) 是现代数学的一个基本概念. 所谓集合 (或集) 是指具有某些特定性质的对象或事物的全体[1], 构成集合的事物称为集合的元素 (或元, element). 例如 26 个英文字母是一个集合, 中国的 56 个民族也是一个集合, 而每一个字母和每一个民族则分别是这两个集合中的元素.

通常我们用大写字母 $A,B$ 等表示集合, 用小写字母 $a,b$ 等表示集合中的元素. $a \in A$ 表示 $a$ 是集合 $A$ 中的元素, 读作 "$a$ 属于 $A$"; $a \notin A$ 表示 $a$ 不是集合 $A$ 中的元素, 读作 "$a$ 不属于 $A$".

常用的几个数集符号: 用 $\mathbf{N}$ 表示全体非负整数即自然数的集合[2]; 用 $\mathbf{Z}$ 表示全体整数的集合; 用 $\mathbf{R}$ 表示全体实数的集合; 用 $\mathbf{Z}^+$ 表示全体正整数的集合.

通常表示一个集合有两种方法: 描述法和列举法. 描述法展示元素所具有的性质; 列举

---

[1] 严格来说, 这句描述性语言不能看作集合的定义. 但我们无须对此太过纠结, 一则大家容易理解这句 "朴素" 的语言, 二则严格定义的复杂形式化语言或许会使大多数读者陷入 "迷茫".

[2] 有些人认为 0 不是自然数 (笔者小时候上学时课本就是这么讲述的), 本书和现今国内中小学教材保持一致, 认为 0 是自然数. 当然, 0 是或不是自然数和怎么定义自然数有关, 而和相关问题的证明无关. 简单地说, 大家只需要注意所读教材的约定即可.

法是将元素罗列出来(并非所有集合的元素都可以被"列举"出来,见本节后面有关集合基数的内容). 例如:

$$A=\{x|x \text{ 是大于 2 且小于 5 的整数}\},\ B=\{3,4\}$$

分别是用描述法和列举法表示的集合. 这两个集合是相等的,即 $A=B$,因为它们有相同的元素.

这里强调下集合的三个性质: 确定性, 互异性和无序性. 确定性是说集合中的元素是确定的, 即一个元素要么属于一个集合, 要么不属于这个集合; 互异性是说集合中的元素都是不同的; 无序性是说集合中的元素没有顺序之分, 例如上述 $B=\{4,3\}$.

**定义 1.1.1** 设 $A,B$ 是两个集合, 如果 $A$ 中的每一个元素都是 $B$ 中的元素, 则称 $A$ 是 $B$ 的子集 (subset), 记为 $A \subseteq B$, 读作" $A$ 包含于 $B$ ". 若 $A \subseteq B$ 且 $A \neq B$, 则称 $A$ 是 $B$ 的真子集, 记为 $A \subset B$, 读作" $A$ 真包含于 $B$ ". $A$ 的所有子集组成的集合称为 $A$ 的幂集(power set), 记为 $2^A$ 或 $P(A)$. 例如 $\mathbf{N} \subseteq \mathbf{Z},\ \mathbf{Z} \subseteq \mathbf{R}$.

不含任何元素的集合称为空集, 记为 $\varnothing$. 显然对于任何集合 $A$, 均有 $\varnothing \subseteq A$.

下面介绍集合的运算.

设 $A$ 和 $B$ 是两个集合, 则 $A$ 和 $B$ 的并集 (union)、交集 (intersection)、差集 (difference)、对称差 (symmetric difference) 及集合的补集 (complement)分别定义如下:

$A$ 和 $B$ 的并集, 记为 $A \cup B$, 定义为 $A \cup B = \{x | x \in A \text{ 或 } x \in B\}$.

$A$ 和 $B$ 的交集, 记为 $A \cap B$, 定义为 $A \cap B = \{x | x \in A \text{ 且 } x \in B\}$.

$A$ 和 $B$ 的差集, 记为 $A - B$, 定义为 $A - B = \{x | x \in A \text{ 且 } x \notin B\}$.

$A$ 和 $B$ 的对称差, 记为 $A \oplus B$, 定义为 $A \oplus B = \{x | x \in B - A \text{ 或 } x \in A - B\}$.

$A$ 的补集, 记为 $\sim A$, $\overline{A}$ 或 $A^c$, 定义为 $\sim A = \{x | x \in E \text{ 且 } x \notin A\}$.

注意, 补集定义中的 $E$ 称为全集 (universal set). 全集取决于我们所讨论具体问题的范围, 因此补集是个相对的概念. 这些运算可以用图 1.1.1 清晰的表示.

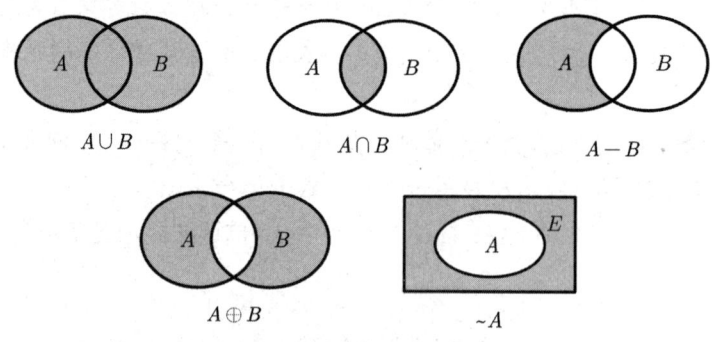

图 1.1.1 集合的运算

**例 1.1.1** 某地高考, 张三选择的科目为 $A=\{$语文, 数学, 英语, 物理, 化学$\}$, 李四选择的科目为 $B=\{$语文, 数学, 英语, 历史, 生物$\}$. 则张三和李四共同选择的科目为

$$A \cap B = \{语文,数学,英语\}$$

张三和李四只有一人选择的科目为

$$A \oplus B = \{物理,化学,生物,历史\}$$

**例 1.1.2** 证明集合恒等式: $A - B = A - A \cap B$.

**证明** 设 $x \in A - B$,即 $x \in A$ 且 $x \notin B$.由 $x \notin B$ 可知 $x \notin A \cap B$.由差集的定义可知 $x \in A - A \cap B$,即 $A - B \subseteq A - A \cap B$.

又设 $x \in A - A \cap B$,则 $x \in A$ 且 $x \notin A \cap B$.若 $x \in B$,则由 $x \in A$ 可知 $x \in A \cap B$,与设定矛盾,故 $x \notin B$.由差集的定义可知 $x \in A - B$,即 $A - A \cap B \subseteq A - B$.

因此 $A - B = A - A \cap B$,证毕.

注意,说明两个集合相互包含是证明集合恒等式的常用方法.课后练习中给出了更多的集合恒等式.

下面来介绍一个重要概念:笛卡儿积.

**定义 1.1.2** 设 $A$ 和 $B$ 是两个集合,则分别取自 $A$ 和 $B$ 的元素组成的有序对[1]的全体构成的集合称为 $A$ 和 $B$ 的笛卡儿积 (Cartesian product),记为 $A \times B$,即

$$A \times B = \{\langle x, y \rangle | x \in A, y \in B\}$$

有序对中的元素是有顺序的,例如 $\langle 1,2 \rangle \neq \langle 2,1 \rangle$.

**例 1.1.3** 设 $A = \{1, 2\}$,$B = \{1, 2, 3\}$,则

$A \times B = \{\langle 1,1 \rangle, \langle 1,2 \rangle, \langle 1,3 \rangle, \langle 2,1 \rangle, \langle 2,2 \rangle, \langle 2,3 \rangle\}$

$B \times A = \{\langle 1,1 \rangle, \langle 1,2 \rangle, \langle 2,1 \rangle, \langle 2,2 \rangle, \langle 3,1 \rangle, \langle 3,2 \rangle\}$

$A \times A = \{\langle 1,1 \rangle, \langle 1,2 \rangle, \langle 2,1 \rangle, \langle 2,2 \rangle\}$

$B \times B = \{\langle 1,1 \rangle, \langle 1,2 \rangle, \langle 1,3 \rangle, \langle 2,1 \rangle, \langle 2,2 \rangle, \langle 2,3 \rangle, \langle 3,1 \rangle, \langle 3,2 \rangle, \langle 3,3 \rangle\}$

因为有序对中的元素是有顺序的,所以上例中

$$A \times B \neq B \times A$$

因为两个集合的笛卡儿积仍是一个集合,故对于任意的正整数 $n \geq 2$,我们可以通过如下方式定义 $n$ 个集合的笛卡儿积:$A_1 \times A_2 \times \cdots \times A_n = (A_1 \times A_2 \times \cdots \times A_{n-1}) \times A_n$.特别地,$A \times A$ 可以写成 $A^2$,$A \times A \times A = A^3, \cdots, A \times A \times \cdots \times A$($n$ 个 $A$)$= A^n$.一般地,我们将 $A^n$ 定义为

$$A^n = \{\langle a_1, a_2, \cdots, a_n \rangle | a_i \in A, i = 1, 2, \cdots, n\}$$

---

[1] 注意我们并未定义也不打算定义有序对这个很容易理解的概念.另外有序对 $\langle x, y \rangle$ 常表示为 $(x, y)$,但圆括号有太多的含义,所以本教材没有采用.

### 1.1.2 映射和基数

集合的基数是描述集合中元素多少的概念，严格的定义需要借助映射(mapping). 映射是数学中非常重要的概念. 大家已经在高等数学甚至在中学数学中接触了映射的概念，下面简要介绍本书涉及的关于映射的内容.

**定义 1.1.3** 设 $X,Y$ 是两个非空集合，$X$ 到 $Y$ 的映射 $f$ 是 $X \times Y$ 的子集，且满足对于任意的 $x \in X$，存在唯一的 $y \in Y$，使得 $\langle x,y \rangle \in f$.

$X$ 到 $Y$ 的映射 $f$ 常记为 $f: X \to Y$，定义中存在的唯一 $y$ 也常记为 $f(x)$，称为 $x$ 的像，即

$$y = f(x)$$

称 $X$ 为映射 $f$ 的定义域(domain)，$Y$ 为陪域(codomain)，而 $\{f(x) \mid x \in X\}$ 为值域(range).

**例 1.1.4** 设 $X = \{1,2\}$, $Y = \{2,5,8\}$，那么

$$f = \{\langle 1,2 \rangle, \langle 2,5 \rangle\}$$

就是 $X$ 到 $Y$ 的映射. 而

$$g_1 = \{\langle 1,2 \rangle\}, g_2 = \{\langle 1,2 \rangle, \langle 1,8 \rangle, \langle 2,5 \rangle\}$$

都不是 $X$ 到 $Y$ 的映射. 因为映射的定义域中每个元素都有像，且像是唯一的.

上述定义将映射看作有序对的集合. 实际上，我们也常常用含 $x$ 的方程式来表示映射，例如当 $g(x)=x^2+1$ 的定义域和陪域如例 1.1.4 中所示时，映射 $g(x)$ 和例 1.1.4 中的映射 $f$ 是一回事(如图 1.1.2 所示). 映射也常常称为函数(function). 数学中，通常在定义域 $X$ 为数集时，称映射为函数，其他时候称为映射. 本书中我们不作区分，会交替使用这两个名词.

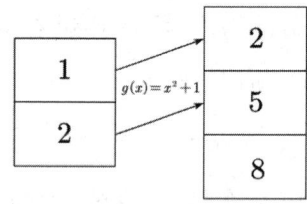

图 1.1.2 一个映射

**定义 1.1.4** 设 $f$ 是 $X$ 到 $Y$ 的映射.

(1) 若对任意 $x,y \in X, x \neq y$，有 $f(x) \neq f(y)$，则称 $f$ 是单射(injection).

(2) 若对任意 $y \in Y$，存在 $x \in X$，使得 $y = f(x)$，则称 $f$ 是满射(surjection).

(3) 既是单射又是满射的映射称为一一对应(one-to-one correspondence)或双射(bijection).

例 1.1.4 中的映射显然是单射但不是满射，因而也不是双射. 双射在集合的计数方面有着广泛的应用. 例如，乘坐长途大巴的乘客往往知道，很多时候大巴车上的乘客超过一定数

量才会发车. 而司乘人员要想知道车上乘客的数量通常不是去数乘客, 而是只需知道空座位数即可. 因为人坐满时, 座位和乘客之间建立了一一对应, 也即乘客数量和座位数相等. 因而将要发车时从少数的空座位数就可知道乘客数. 我们也可用类似的思想去定义一般集合的大小.

**定义 1.1.5** 设 $S$ 为非空集合, 若存在正整数 $n$, 使得 $S$ 和集合 $\{1,2,\cdots,n\}$ 之间存在一个双射, 则称 $S$ 的基数或势(cardinality)为 $n$, 记为 $|S|$.

空集的基数定义为 0. 若一个集合 $S$ 的基数为自然数 $n$, 则称 $S$ 为有限集; 不是有限集的集合称为无限集. 显然有限集的基数就是集合的元素个数.

**例 1.1.5** 设 $X = P(\varnothing)$ (即空集的幂集), $Y = P(\{\varnothing\})$. 则

$$|X| = |P(\varnothing)| = |\{\varnothing\}| = 1$$
$$|Y| = |P(\{\varnothing\})| = |\{\varnothing, \{\varnothing\}\}| = 2$$

相比有限集, 无限集的基数就要复杂一些. 下面我们先来看一类重要的无限集的基数.

**定义 1.1.6** 如果一个集合 $S$ 和正整数集 $\mathbf{Z}^+$ 之间存在一个双射, 则称 $S$ 为可数集或可列集, 或称 $S$ 具有基数 $\aleph_0$ (读作"阿列夫零").

按照上述定义, $\mathbf{Z}^+$ 的基数为 $\aleph_0$. 实际上很多无限集的基数都为 $\aleph_0$. 例如

$$f(n) = \begin{cases} 2n+1, & n = 0, 1, 2, \cdots \\ -2n, & n = -1, -2, \cdots \end{cases}$$

就是整数集 $\mathbf{Z}$ 和 $\mathbf{Z}^+$ 之间的一个双射, 因此整数集是可数集. 有理数集、偶数集等都是可数集.

注意, 存在无限集和它的真子集的基数相等的情况, 这也是无限集和有限集的本质区别.

**定理 1.1.1** 集合 $S$ 是无限集当且仅当 $S$ 和它的某个真子集之间存在一个双射.

对于有限集, 类似的结论如下.

**定理 1.1.2** 集合 $S$ 是有限集当且仅当不存在 $S$ 和它的真子集之间的双射.

前面指出整数集、有理数集等无限集的基数为 $\aleph_0$. 我们自然要问: 所有无限集的基数都是 $\aleph_0$ 吗? 也就是说所有无限集和 $\mathbf{Z}^+$ 都存在双射吗?

**定理 1.1.3** 实数集合 $\mathbf{R}$ 不是可数集. (该定理由 Cantor 提出.)

**证明** 假设 $\mathbf{R}$ 是可数集, 则所有实数有一个排列 $x_1, x_2, x_3 \cdots$. 把这些数的十进制小数(只考虑小数点后的情况)排列如下:

$$x_1 = \cdots . a_{11}a_{12}a_{13}a_{14}\cdots$$
$$x_2 = \cdots . a_{21}a_{22}a_{23}a_{24}\cdots$$
$$x_3 = \cdots . a_{31}a_{32}a_{33}a_{34}\cdots$$
$$x_4 = \cdots . a_{41}a_{42}a_{43}a_{44}\cdots$$
$$\vdots$$

构造一个新的实数 $x = 0.b_1b_2b_3\cdots$ 如下:

$$b_n = \begin{cases} a_{nn} - 1, & a_{nn} \neq 0 \\ 1, & a_{nn} = 0 \end{cases}$$

因为对任意 $n \in \mathbf{Z}^+$, $b_n \neq a_{nn}$, 因此 $x \neq x_n$. 这与题设的这个排列包含所有实数矛盾, 所以假设不成立. 因此 $\mathbf{R}$ 不是可数集.

定理 1.1.3 指出 $\mathbf{R}$ 不是可数集. 下面我们就以 $\mathbf{R}$ 为新的"标准", 来定义一类无限集的基数.

**定义 1.1.7** 如果一个集合 $S$ 和实数集合 $\mathbf{R}$ 之间存在一个双射, 则称 $S$ 具有连续统基数, 记为 $c$. 基数为 $c$ 的集合也称为不可数集.

**例 1.1.6** $y_1 = e^x$ 是 $\mathbf{R}$ 和 $\mathbf{R}^+$ 之间的双射, $y_2 = x/(1+x)$ 是 $\mathbf{R}^+$ 和开区间 $(0,1)$ 之间的双射. 容易验证 $y = e^x/(1+e^x)$ 是 $\mathbf{R}$ 和 $(0,1)$ 之间的双射, 故 $|(0,1)| = c$.

对于有限集, 基数就是所含元素的个数, 因此基数之间可以比较大小. 下面我们研究无限集的基数之间的大小.

**定义 1.1.8** 设 $X, Y$ 是两个集合. 如果存在 $X$ 到 $Y$ 的双射, 则称 $X$ 和 $Y$ 具有相同的基数(或等势), 记为 $|X| = |Y|$; 如果存在 $X$ 到 $Y$ 的单射, 则称 $X$ 的基数小于或等于 $Y$ 的基数, 记为 $|X| \leq |Y|$; 若 $|X| \leq |Y|$ 且 $|X| \neq |Y|$, 则称 $X$ 的基数小于 $Y$ 的基数, 记为 $|X| < |Y|$.

**定理 1.1.4** 设 $X, Y$ 是两个集合, 如果 $|X| \leq |Y|$ 且 $|Y| \leq |X|$, 则 $|X| = |Y|$. (该定理由 Cantor-Schröder-Bernstein 提出.)

定理 1.1.4 看起来简单明了, 但证明起来并非易事, 这里略去. 注意, 定理中的小于或等于并非实数之间的小于或等于符号, 而是依定义仅表示单射的存在. 从存在 $X$ 到 $Y$ 的单射和从 $Y$ 到 $X$ 的单射来构造双射, 现在尚未发现有简单的方法.

**例 1.1.7** 开区间 $(0,1)$ 和平面上的单位正方形(记为 $(0,1)^2$)的基数相同. 考虑从 $(0,1)^2$ 到 $(0,1)$ 的映射(如图 1.1.3 所示)

$$f : (0.x_1x_2x_3\cdots, 0.y_1y_2y_3\cdots) \to 0.x_1y_1x_2y_2x_3y_3\cdots$$

显然这是一个单射, 因此 $|(0,1)^2| \leq |(0,1)|$. 容易给出 $(0,1)$ 到 $(0,1)^2$ 的单射[1], 因此 $|(0,1)| \leq |(0,1)^2|$. 由定理 1.1.4 可知这两个集合的基数相等.

---

[1] 例如, 对任意 $x \in (0,1)$, $f(x) = (x, 0.5)$. 注意, $(0,1)^2$ 是两个开区间 $(0,1)$ 的笛卡儿积.

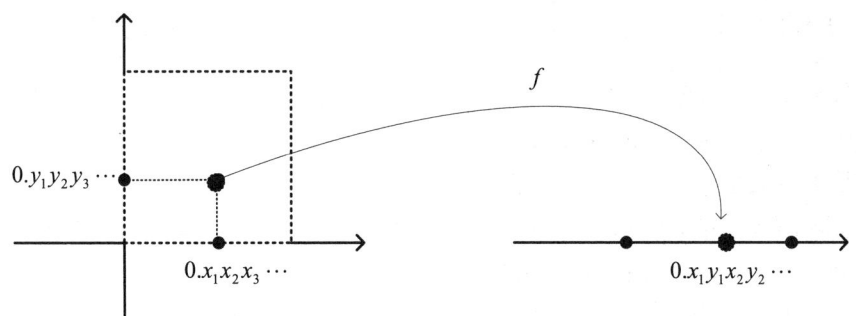

图 1.1.3 从 $(0,1)^2$ 到 $(0,1)$ 的映射

前面我们定义了基数之间的小于或等于关系,下面我们来讨论无限量的最小基数和最大基数.

**定理 1.1.5** 任意无限集包含一个可数集.

**证明** 设 $S$ 是一个无限集,从 $S$ 中任意选取一个元素 $s_1$,从 $S-\{s_1\}$ 中选取一个元素 $s_2$,从 $S-\{s_1,s_2\}$ 选取一个元素 $s_3$,这样一直下去 [1]. 因为 $S$ 是无限集,这个过程不会停止,也就是说对于任意的 $n$,$S-\{s_1,s_2,s_3,\cdots,s_n\}$ 不会是空集,从而可以选取元素 $s_{n+1}$. 这样我们就得到了 $S$ 的一个可数子集 $\{s_1,s_2,s_3,\cdots\}$.

由上述定理可知: $\aleph_0$ 是无限集的最小基数. 那么是否存在无限集的最大基数呢? 回答是否定的,因为我们有下面的定理(证明留作习题).

**定理 1.1.6** 设 $X$ 是非空集合,则 $|X|<|2^X|$.

可以证明自然数集 $\mathbf{N}$ 的幂集的基数为 $c$. 由定理 1.1.6 可知 $\aleph_0<c$,那么在 $\aleph_0$ 和 $c$ 之间是否还存在别的基数? Cantor 在 1877 年提出了著名的连续统假设(contimuun hypothesis)[2]: $\aleph_0$ 和 $c$ 之间不存在别的基数.

本书中关于集合知识的介绍大都属于 Cantor 的朴素集合论. 由于在定义集合的方法上缺乏限制, Cantor 的集合论会导致悖论. 这些悖论促使科学家们努力去解决这类问题,从而产生了公理化的集合论,其中最著名的是 Z-F 集合论公理系统. 在 Z-F 集合论公理系统里, Gödel 在 1940 年证明了连续统假设的相容性,即从 Z-F 出发不能证明连续统假设是错误的; Cohen 在 1963 年证明了连续统假设的独立性,即从 Z-F 出发不能证明连续统假设是正确的. 这样一来,在目前最广泛采用的集合论公理系统里面,这一问题就算有了一个答案.

本节最后我们指出由于可数集 $S$ 和 $\mathbf{Z}^+$ 之间存在一个双射,故可将 $S$ 中的元素附以自然数的下标排列起来,即可令 $S=\{s_1,s_2,s_3,\cdots\}$. 但若 $S$ 为不可数集,则 $S$ 到 $\mathbf{Z}^+$ 的双射不存在,因此不能这样表示. 这就是本节开头所述并非所有集合都可以用列举法表示的原因.

---

[1] 这里用到了著名的选择公理,不感兴趣的同学可以忽略.

[2] 1900 年,著名数学家 Hilbert 在巴黎举行的第二届国际数学家大会上提出了新世纪数学家应当努力解决的 23 个数学问题,这就是著名的"Hilbert 23 个问题",连续统假设位列首位.

### 1.1.3 良序性与数学归纳法

正整数集 $\mathbf{Z}^+$ 有下面的性质 [1]。

**1. 良序原则 (well-order principle)**

正整数集合的每一个非空子集都包含最小元素.

例如, 最小的正偶数为 2. $\mathbf{Z}$, $\mathbf{R}$ 都没有这个性质. 由良序原则我们可以推导出非常重要的数学归纳法原理 (mathematical induction).

**2. 数学归纳法原理**

设命题 $P(n)$ 与每个正整数 $n$ 有关 (当然它或者正确或者不正确). 如果

(1) $P(1)$ 是正确的 (基础步骤).

(2) 对任何正整数 $k$, 由 $P(k)$ 正确可以推导出 $P(k+1)$ 正确(归纳步骤).

那么 $P(n)$ 对于一切正整数 $n$ 都是正确的.

证明：设使 $P(k)$ 不正确的那些正整数 $k$ 组成的集合为 $S$, 只需证明 $S$ 是空集. 假设 $S$ 非空, 则由良序原则可知 $S$ 含有最小元素, 设为 $m$. 由于 $P(1)$ 是正确的, 所以 $m>1$. 显然 $m-1 \in \mathbf{Z}^+$ 且由 $m$ 的定义可知 $P(m-1)$ 是正确的. 由于 $m-1+1=m$, 故由数学归纳法原理的(2)可知 $P(m)$ 是正确的, 这样得到矛盾, 因此 $S$ 是空集, 证毕.

**例 1.1.8** 证明: $1^2+2^2+\cdots+n^2=\dfrac{1}{6}n(n+1)(2n+1)\ (n \in \mathbf{Z}^+)$.

**证明** 当 $n=1$ 时, 由于 $1=\dfrac{1}{6} \times 2 \times 3$, 所以等式成立(基础步骤).

假设当 $n=k$ 时等式成立, 即 $1^2+2^2+\cdots+k^2=\dfrac{1}{6}k(k+1)(2k+1)$, 则

$$1^2+2^2+\cdots+k^2+(k+1)^2=\frac{1}{6}k(k+1)(2k+1)+(k+1)^2=(k+1)[\frac{1}{6}k(2k+1)+k+1]$$

$$=\frac{1}{6}(k+1)(2k^2+7k+6)=\frac{1}{6}(k+1)(k+2)(2k+3)$$

即 $n=k+1$ 时等式也成立(归纳步骤). 由数学归纳法原理, 命题得证.

数学归纳法原理可以证明的结论并不限于"$P(n)$ 对于一切正整数 $n$ 都是正确的". 有时候要证明"对于 $n=m,m+1,m+2,\cdots$ ($m$ 为大于 1 的整数), $P(n)$ 是正确的", 只需要在基础步骤中验证 $P(m)$ 是正确的即可. 证明过程中的难点往往是假设 $P(k)$ 正确时如何说明 $P(k+1)$ 也是正确的. 其实我们甚至可以在更强的假设下, 即 $P(1),P(2),\cdots,P(k)$ 都正确时, 来证明 $P(k+1)$ 也是正确的. 这就是数学归纳法第二原理, 也称为完全归纳法或强归纳法.

**3. 数学归纳法第二原理**

设命题 $P(n)$ 与每个正整数 $n$ 有关(当然它或者正确或者不正确). 如果

(1) $P(1)$ 是正确的(基础步骤).

---

[1] 这些性质是容易理解的, 但它的正确性显然和正整数的严格定义有关, 本书不涉及这些内容.

(2) 对任何正整数 $k$，由 $P(1), P(2), \cdots, P(k-1), P(k)$ 正确可以推导出 $P(k+1)$ 正确(归纳步骤).

那么 $P(n)$ 对于一切正整数 $n$ 都是正确的.

我们已经由良序原则证明了数学归纳法原理的正确性. 两种归纳法原理的区别仅在于归纳步骤. 对于数学归纳法第二原理来说，它的归纳步骤的条件更强，因此由数学归纳法原理的正确性立即可得数学归纳法第二原理是正确的. 我们指出: 由数学归纳法第二原理的正确性可证明良序原则(留作习题). 因此，良序原则、数学归纳法原理、数学归纳法第二原理三者是等价的.

下面以两个例题结束本节.

**例 1.1.9** 证明: $2^n < n!$ ($n \in \mathbf{Z}^+$ 且 $n \geq 4$).

**证明** 当 $n=4$ 时, $2^4 = 16 < 4! = 24$ (基础步骤).

假设当 $n = k \geq 4$ 时, $2^k < k!$. 当 $n = k+1$ 时, 则有
$$\begin{aligned} 2^{k+1} &= 2 \cdot 2^k \\ &< 2 \cdot k! \text{ (归纳假设)} \\ &< (k+1)k! \text{ (因 } 2 < k+1) \\ &= (k+1)! \end{aligned}$$

所以，当 $n = k+1$ 时, $2^{k+1} < (k+1)!$ (归纳步骤).

由数学归纳法原理, 命题得证.

**例 1.1.10** 设数列 $F_1, F_2, \cdots$[1], 其定义为
$$F_1 = 1, F_2 = 1, F_n = F_{n-2} + F_{n-1} \ (n > 2)$$

证明: $F_n \leq 2^n$ ($n \in \mathbf{Z}^+$).

**证明** 因 $F_1 = 1 \leq 2 = 2^1, F_2 = 1 \leq 2^2 = 4$, 所以当 $n = 1, 2$ 时, 命题成立(基础步骤).

假设当 $n = 1, 2, \cdots, k$ 时, 命题都成立. (注意, 因为需要应用数列的递推公式, 故这里 $k \geq 2$, 这也是在基础步骤验证 $n=1$ 和 $n=2$ 而不单单 $n=1$ 时命题成立的原因.)

则
$$F_{(k+1)} = F_k + F_{(k-1)} \leq 2^k + 2^{(k-1)} \leq 2 \cdot 2^k = 2^{(k+1)}$$

即当 $n = k+1$ 时命题也成立(归纳步骤). 由数学归纳法第二原理, 命题得证.

# 习题 1.1

1. 求下列集合的幂集.

   (1) $\varnothing$          (2) $\{\varnothing, a\}$

   (3) $\{\varnothing, \{a\}\}$      (4) $\{a\}$

---

[1] 这就是著名的斐波那契(Fibonacci)数列, 也称为兔子数列. 第 2 章将计算其通项公式.

2. 求下列集合的基数.
(1) $\{a\}$
(2) $\{a,\{a\}\}$
(3) $\{\varnothing,\{\varnothing\},\{\varnothing,\{\varnothing\}\}\}$
(4) $\{\varnothing\}$

3. 证明:
(1) $A \oplus B = B \oplus A$.
(2) $(A \oplus B) \oplus B = A$.

4. 设 $A$、$B$ 和 $C$ 是 $U$ 的任意子集, 证明:
(1) $\sim(A \cup B) = \sim A \cap \sim B$.
(2) $\sim(A \cap B) = \sim A \cup \sim B$.
(3) $A - B = A \cap \sim B$.
(4) $A \cap (B \cup C) = (A \cap B) \cup (A \cap C)$.
(5) $A \cap (B \cup C) = (A \cup B) \cap (A \cup C)$.

注意：(1)和(2)称为德·摩根律 (DeMorgan's law); (4)和(5)称为分配律 (distributive law).

5. 设某班有 50 名同学, 选修英语的有 30 人, 选修法语的有 20 人, 既选修英语又选修法语的有 10 人. 令班里既没有选修英语又没有选修法语的同学构成集合为 $A$, 求 $|A|$.

6. 设 $A = \{a,b,c,d\}$, $B = \{1,2,3,4\}$, 判断下列哪些二元关系构成映射.
(1) $R_1 = \{\langle a,1\rangle,\langle b,1\rangle,\langle c,2\rangle,\langle d,3\rangle\}$.
(2) $R_2 = \{\langle a,1\rangle,\langle b,2\rangle,\langle c,3\rangle\}$.
(3) $R_3 = \{\langle a,2\rangle,\langle b,3\rangle,\langle c,4\rangle,\langle d,1\rangle\}$.
(4) $R_4 = \{\langle a,4\rangle,\langle a,3\rangle,\langle c,1\rangle,\langle d,1\rangle\}$.

7. 参考上题的题设条件, 继续回答以下的问题.
(1)上题中的映射哪些是满射? 哪些是单射? 哪些是双射?
(2)若 $f$ 为有限集 $A$ 到有限集 $B$ 之间的单射, 则 $|A|$ 和 $|B|$ 有什么关系?
(3)若 $f$ 为有限集 $A$ 到有限集 $B$ 之间的满射, 则 $|A|$ 和 $|B|$ 有什么关系?
(4)若 $f$ 为有限集 $A$ 到有限集 $B$ 之间的双射, 则 $|A|$ 和 $|B|$ 有什么关系?

8. 用良序原则证明数学归纳法第二原理.

9. 用数学归纳法原理证明 ($n \in \mathbf{Z}^+$):
(1) $2^n > n^2 \ (n \geq 5)$.
(2) $(1+2+\cdots+n)^2 = 1^3 + 2^3 + \cdots + n^3$.
(3) $(1+p)^n > 1 + np \ (p > -1, p \neq 0, n \geq 2)$.

10. 设 $U$ 是全集, 对于任意的 $A \subseteq U$, 定义映射 $f_A : U \to \{0,1\}$ 如下:
$$f_A(x) = \begin{cases} 0, x \notin A \\ 1, x \in A \end{cases}$$

上式称为集合 $A$ 的特征函数. 我们常用 $B^A$ 表示 $A$ 到 $B$ 的所有映射的集合, 证明: $\{0,1\}^U$ 和 $U$ 的幂集 $2^U$ 之间存在一个双射 [1].

---

[1] 若用 2 表示集合 $\{0,1\}$, 则 $2^U$ 和 $U$ 的幂集之间存在一个双射, 因此我们常用 $2^U$ 来表示 $U$ 的幂集.

11. 有限集 $A$ 和 $B$ 之间的雅卡尔相似度(Jaccard similarity)定义为

$$J(A,B) = |A \cap B|/|A \cup B|$$

若 $A$ 和 $B$ 都为空集,令 $J(\emptyset,\emptyset) = 1$,再定义 $A$ 和 $B$ 之间的雅卡尔距离

$$d_J(A,B) = 1 - J(A,B)$$

对下列集合对求 $J(A,B)$ 和 $d_J(A,B)$.

(1) $A = \{1,3,5\}, B = \{2,4,6\}$.

(2) $A = \{1,2,3,4\}, B = \{3,4,5,6\}$.

(3) $A = \{1,2,3,4,5,6\}, B = \{1,2,3,4,5,6\}$.

(4) $A = \{1\}, B = \{1,2,3,4,5,6\}$.

12. 参考上题的题设条件,当 $A$ 和 $B$ 为有限集时,证明下列性质成立.

(1) $J(A,A) = 1$ 且 $d_J(A,A) = 0$.

(2) $J(A,B) = J(B,A)$ 且 $d_J(A,B) = d_J(B,A)$.

(3) $J(A,B) = 1$ 且 $d_J(A,B) = 0$ 当且仅当 $A = B$.

(4) $0 \leq J(A,B) \leq 1$ 且 $0 \leq d_J(A,B) \leq 1$.

(5) 如果 $A$、$B$ 和 $C$ 是有限集,则 $d_J(A,C) \leq d_J(A,B) + d_J(B,C)$.

## 1.2 二元关系

### 1.2.1 关系的定义

"关系"是日常生活中的一个常见词汇,例如"朋友关系"、"老乡关系"和"师生关系"等.下面我们来给出数学中关系的定义.

**定义 1.2.1** 设 $A$ 和 $B$ 是两个集合,称笛卡儿积 $A \times B$ 的子集 $R$ 为 $A$ 到 $B$ 的二元关系(binary relation). 若 $A = B$,则称 $A^2$ 的子集为 $A$ 上的二元关系.

类似地,$A^n$ 的子集称为 $A$ 上的 $n$ 元关系. 我们主要讨论二元关系,除非特别指出,书中的关系均指二元关系. 对于二元关系 $R(R \subseteq A^2)$,若 $\langle a,b \rangle \in R$,则可记为 $aRb$,即 $a$ 和 $b$ 有关系 $R$;若 $\langle a,b \rangle \notin R$,则可记为 $a\cancel{R}b$,即 $a$ 和 $b$ 没有关系 $R$.

**例 1.2.1** 张三、李四等三位同学会外语的情况如表 1.2.1 所示. 设

$$A = \{张三,李四,王五\}, B = \{英语,日语,法语\}$$

定义 $A$ 到 $B$ 的关系 $R$ 为:$\langle a,b \rangle \in R$ 当且仅当 $a$ 会外语 $b$,则 $R$ 为

$$\{张三,英语,张三,日语,李四,法语,王五,英语\}$$

表 1.2.1 三位同学会外语的情况

| 同学 | 英语 | 日语 | 法语 |
|---|---|---|---|
| 张三 | √ | √ | — |
| 李四 | — | — | √ |
| 王五 | √ | — | — |

**例 1.2.2** 定义 1.1.3 给出了映射的定义. 显然 $X$ 到 $Y$ 的映射 $f$ 就是 $X$ 到 $Y$ 的关系, 反之, $X$ 到 $Y$ 的任意关系未必是 $X$ 到 $Y$ 的映射. 例如上例中 $A$ 到 $B$ 的关系 $R$ 就不是 $A$ 到 $B$ 的映射. 为什么?

**例 1.2.3** 设 $A$ 是 $\mathbf{R}$ 的任意非空子集, 则称 $A$ 上的二元关系

$$\leqslant_A = \{\langle x,y\rangle | x,y \in A, x \leqslant y\}$$

为小于或等于关系. 若 $A=\{1,2\}$, 则 $\leqslant_A = \{\langle 1,1\rangle, \langle 2,2\rangle, \langle 1,2\rangle\}$. 按照前面的约定, $\langle 1,1\rangle \in \leqslant_A$ 也常记为 $1 \leqslant_A 1$, 在不引起混淆的情况下我们简单记为 $1 \leqslant 1$. 当 $A = \mathbf{R}$ 时, $\leqslant_A$ 就是我们熟知的实数集合 $\mathbf{R}$ 上的小于或等于关系 "$\leqslant$". 类似地, 实数集上的 $\geqslant, >, <$ 都是常见的二元关系.

**例 1.2.4** 设 $A$ 是 $\mathbf{Z}$ 的任意非空子集, $n$ 为任意正整数, 则称 $A$ 上的关系

$$\{\langle x,y\rangle | x,y \in A, n|(x-y)\}$$

为模 $n$ 同余关系. 注意上式中 $n|(x-y)$ 表示 $n$ 整除 $x-y$ (即 $n$ 分别除 $x,y$ 所得余数相同), 常记为 $x \equiv y \pmod{n}$, 读作 "$x, y$ 对模 $n$ 同余". 模 $n$ 同余是非常重要的一种关系, 在后面我们将多次提到. 笔者此刻单击电脑右下角, 出现了如图 1.2.1 所示的日历. 设 $X=\{5,6,\cdots,29\}$, 即 2024 年 2 月中的 25 天. 记 $X$ 上的模 7 同余关系为 $R$. 今天是 2024 年 2 月 8 号、星期四, 则和元素 8 对模 7 同余的元素有 8, 15, 22, 29, 即 $\langle 8,8\rangle, \langle 8,15\rangle, \langle 8,22\rangle, \langle 8,29\rangle$ 都属于 $R$. 注意这些日子都是星期四.

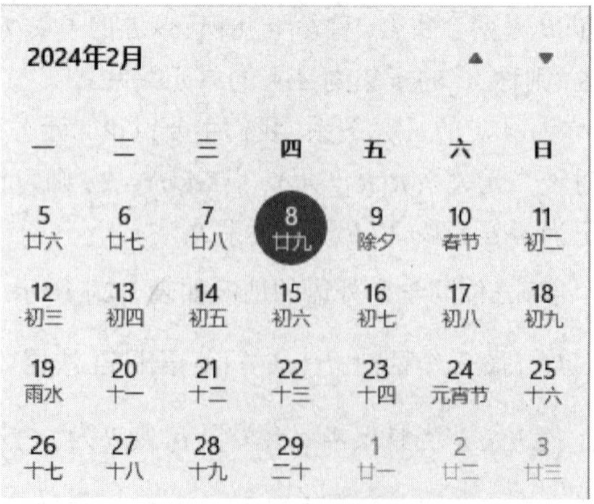

图 1.2.1 日历

我们将在第 2 章详细讨论集合计数问题，这里先涉及一些. 若两个集合 $A$ 和 $B$ 分别含有 $m$ 和 $n$ 个元素，则 $A \times B$ 有 $mn$ 个元素. 因为含有 $k$ 个元素的集合一共有 $2^k$ 个子集 (见推论 2.1.1)，所以从 $A$ 到 $B$ 共有 $2^{mn}$ 个不同的二元关系. 特别地，若 $A$ 含有 $n$ 个元素，则 $A$ 上的二元关系共有 $2^{n^2}$ 个.

### 1.2.2 关系的表示与复合

关系是一种特殊的集合，前面都是用集合形式来表示关系的. 对于有限集上的关系，还可以用矩阵或者图形形式来表示. 下面给出关系矩阵和关系图的定义.

**定义 1.2.2** 设 $X = \{x_1, x_2, \cdots, x_m\}$, $Y = \{y_1, y_2, \cdots, y_n\}$, $R$ 是 $X$ 到 $Y$ 的关系. 令

$$r_{ij} = \begin{cases} 1, & \langle x_i, y_j \rangle \in R \\ 0, & \langle x_i, y_j \rangle \notin R \end{cases} \quad (i=1,2,\cdots,m; j=1,2,\cdots,n)$$

则

$$\begin{bmatrix} r_{11} & r_{12} & \cdots & r_{1n} \\ r_{21} & r_{22} & \cdots & r_{2n} \\ \vdots & \vdots & \ddots & \vdots \\ r_{m1} & r_{m2} & \cdots & r_{mn} \end{bmatrix}$$

称为 $R$ 的关系矩阵 (relational matrix).

**定义 1.2.3** 设 $X = \{x_1, x_2, \cdots, x_m\}$, $Y = \{y_1, y_2, \cdots, y_n\}$, $R$ 是 $X$ 到 $Y$ 的关系. 用点表示 $X$ 和 $Y$ 中的元素. 如果 $x_i R y_j$，则在点 $x_i$ 和 $y_j$ 之间连接一条有向边，由 $x_i$ 指向 $y_j$，这样得到的图形称为 $R$ 的关系图 (relational graph).

**例 1.2.5** 设 $X = \{1, 2, 3\}$, $Y = \{3, 6, 7, 8\}$，且 $X$ 到 $Y$ 的关系 $R$ 为

$$\{\langle 1,3 \rangle, \langle 2,3 \rangle, \langle 2,6 \rangle, \langle 2,7 \rangle, \langle 3,3 \rangle\}$$

则 $R$ 的关系矩阵为

$$\begin{bmatrix} 1 & 0 & 0 & 0 \\ 1 & 1 & 1 & 0 \\ 1 & 0 & 0 & 0 \end{bmatrix}$$

关系图如图 1.2.2 所示.

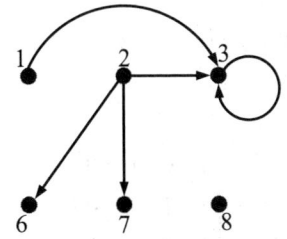

图 1.2.2　例 1.2.5 中的关系图

设 $R$ 是集合 $X$ 到 $Y$ 的关系，并不是 $X$ 和 $Y$ 中的每个元素都会出现在 $R$ 的有序对中. 例如例 1.2.5 中，元素 8 就没有出现在关系 $R$ 的有序对中. 研究关系时一般只需要关注那些参与到关系 $R$ 中的 $X$ 或 $Y$ 中的元素. 下面引入关系的定义域和值域的概念.

**定义 1.2.4**　由关系 $R$ 的所有有序对中的第一个元素构成的集合称为 $R$ 的定义域(domain)，记为 $\mathrm{dom}R$；由关系 $R$ 的所有有序对中的第二个元素构成的集合称为 $R$ 的值域 (range)，记为 $\mathrm{ran}R$.

**例 1.2.6**　设 $Y=\{3,6,7,8\}, Z=\{7,8,9,10\}$，且 $Y$ 到 $Z$ 的关系 $S$ 为

$$\{\langle 3,7\rangle,\langle 7,8\rangle,\langle 8,7\rangle,\langle 8,8\rangle,\langle 8,9\rangle\}$$

则 $S$ 的定义域 $\mathrm{dom}S=\{3,7,8\}$；值域 $\mathrm{ran}S=\{7,8,9\}$. $S$ 的关系矩阵为

$$\begin{bmatrix} 1 & 0 & 0 & 0 \\ 0 & 0 & 0 & 0 \\ 0 & 1 & 0 & 0 \\ 1 & 1 & 1 & 0 \end{bmatrix}$$

关系图如图 1.2.3 所示。

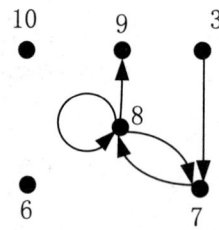

图 1.2.3　例 1.2.6 中的关系图

**定义 1.2.5**　设 $R_1$ 是集合 $X$ 到 $Y$ 的关系，$R_2$ 是集合 $Y$ 到 $Z$ 的关系，则称 $X$ 到 $Z$ 的关系

$$\{\langle x,z\rangle | \text{存在 } y\in Y, \text{使得} \langle x,y\rangle\in R_1, \langle y,z\rangle\in R_2\}$$

为 $R_1$ 和 $R_2$ 的复合 (composite)，记为 $R_1\bullet R_2$.

**例 1.2.7**　例 1.2.5 中关系 $R$ 和例 1.2.6 中关系 $S$ 的复合关系

$$R\bullet S=\{\langle 1,7\rangle,\langle 2,7\rangle,\langle 2,8\rangle,\langle 3,7\rangle\}$$

此复合关系 $R\bullet S$ 的关系矩阵为

$$\begin{bmatrix} 1 & 0 & 0 & 0 \\ 1 & 1 & 0 & 0 \\ 1 & 0 & 0 & 0 \end{bmatrix}$$

注意 R 的关系矩阵和 S 的关系矩阵的乘积为

$$\begin{bmatrix} 1 & 0 & 0 & 0 \\ 1 & 1 & 1 & 0 \\ 1 & 0 & 0 & 0 \end{bmatrix} \begin{bmatrix} 1 & 0 & 0 & 0 \\ 0 & 0 & 0 & 0 \\ 0 & 1 & 0 & 0 \\ 1 & 1 & 1 & 0 \end{bmatrix} = \begin{bmatrix} 1 & 0 & 0 & 0 \\ 1 & 1 & 0 & 0 \\ 1 & 0 & 0 & 0 \end{bmatrix}$$

对于此例来说, 复合关系的关系矩阵等于相应的关系矩阵的乘积. 其实这个结果不是偶然的, 我们有以下定理.

**定理 1.2.1** 设 $R_1$ 是集合 $X$ 到 $Y$ 的关系, $R_1$ 的关系矩阵为 $M_1$; $R_2$ 是集合 $Y$ 到 $Z$ 的关系, $R_2$ 的关系矩阵为 $M_2$, 则复合关系 $R_1 \bullet R_2$ 的关系矩阵为矩阵乘积 $M_1 \bullet M_2$.

关于定理 1.2.1 的证明留作习题. 注意, 这里为了保证 $M_1 \bullet M_2$ 仍是 0-1 矩阵, 计算矩阵乘积时用到的加法不是通常的加法. 不妨设 $M_1 \bullet M_2$ 的第 $i$ 行 $j$ 列的元素为

$$a_{i1}b_{1j} + a_{i2}b_{2j} + \cdots + a_{in}b_{nj}$$

则这里的加法为 0+0=0; 0+1=1; 1+0=1; 1+1=1.

根据定理 1.2.1, 我们可以通过关系矩阵计算关系的复合.

**定义 1.2.6** 设 $R$ 为集合 $X$ 上的关系, $n \in \mathbf{N}$, 则 $R$ 的 $n$ 次幂定义如下:

(1) $R^0 = \{\langle x, x \rangle | x \in X\}$.

(2) $R^n = R^{n-1} \bullet R, n \geq 1$.

前面指出有限集 $X$ 上一共有 $2^{|X|^2}$ 个二元关系. 若 $R$ 为有限集 $X$ 上的关系, 则 $R^n$(对任意的自然数 $n$)也是 $X$ 上的关系. 但由于 $X$ 上的关系个数是有限的, 因此 $R$ 的不同幂只有有限个(此结论对于无限集不成立, 见习题 1.2 第 4 题).

**定义 1.2.7** 设 $R$ 是集合 $X$ 到 $Y$ 的关系, 关系 $R$ 的逆关系记为 $R^{-1}$, 是一个从 $Y$ 到 $X$ 的二元关系, 定义为

$$R^{-1} = \{\langle y, x \rangle | \langle x, y \rangle \in R\}$$

由逆关系的定义可知 $xRy$ 当且仅当 $yR^{-1}x$; $R$ 的关系矩阵若为 $M$, 则 $R^{-1}$ 的关系矩阵为其转置矩阵 $M^T$. 逆关系还有下面的性质.

**定理 1.2.2** 设 $R, R_1, R_2$ 是集合 $X$ 到 $Y$ 的关系, 则

(1) $(R^{-1})^{-1} = R$.

(2) $(R_1 \cap R_2)^{-1} = R_1^{-1} \cap R_2^{-1}$.

(3) $(R_1 \cup R_2)^{-1} = R_1^{-1} \cup R_2^{-1}$.

(4) 若 $R_1 \subseteq R_2$, 则 $R_1^{-1} \subseteq R_2^{-1}$.

**证明** 仅以(2)为例进行证明. 设 $\langle x,y \rangle \in (R_1 \cap R_2)^{-1}$, 则 $\langle y,x \rangle \in R_1 \cap R_2$, 即有 $\langle y,x \rangle \in R_1$ 且 $\langle y,x \rangle \in R_2$. 由 $\langle y,x \rangle \in R_1$ 可知 $\langle x,y \rangle \in R_1^{-1}$; 同理由 $\langle y,x \rangle \in R_2$ 可知 $\langle x,y \rangle \in R_2^{-1}$, 故 $\langle x,y \rangle \in R_1^{-1} \cap R_2^{-1}$. 这样就证明了 $(R_1 \cap R_2)^{-1} \subseteq R_1^{-1} \cap R_2^{-1}$. 同理可证 $(R_1 \cap R_2)^{-1} \supseteq R_1^{-1} \cap R_2^{-1}$, 因此 $(R_1 \cap R_2)^{-1} = R_1^{-1} \cap R_2^{-1}$.

本节最后我们指出, 由于映射也是特殊的关系, 因此类似关系的复合和逆关系可以定义映射的复合和逆映射. 例 1.1.6 中 $y = e^x/(1+e^x)$ 其实就是另两个映射的复合, 而且容易验证两个双射的复合还是双射, 因此 $y$ 是双射.

### 1.2.3 关系闭包

先介绍几种重要的关系.

**定义 1.2.8** 设 $R$ 是集合 $A$ 上的关系. 对任意 $x,y,z \in A$,
(1) 若 $\langle x,x \rangle \in R$, 则称 $R$ 是自反的.
(2) 当 $\langle x,y \rangle \in R$ 时有 $\langle y,x \rangle \in R$, 则称 $R$ 是对称的.
(3) 当 $\langle x,y \rangle,\langle y,z \rangle \in R$ 时有 $\langle x,z \rangle \in R$, 则称 $R$ 是传递的.

例如, 实数集合 **R** 上的小于关系"<"不是自反的, 也不是对称的, 而是传递的; 三角形的相似关系是自反的, 对称的, 传递的; 集合的包含关系是自反的和传递的, 不是对称的; 父子关系不是自反的, 不是对称的, 也不是传递的; 老乡关系是自反的, 对称的, 也是传递的.

同时满足上述三个性质 (自反性 (reflexivity)、对称性 (symmetry)、传递性(transitivity)) 的关系称为等价关系 (equivalence relation). 等价关系是一类非常重要的关系, 下一节将专门研究.

**例 1.2.8** 设 $X$ 是 $n$ 个元素的集合. $X$ 上的关系是 $X \times X$ 的子集. 而 $|X \times X| = n^2$, 因此 $X$ 上有 $2^{n^2}$ 个关系. 若考虑自反关系, 则对于任意 $x \in X$, $\langle x,x \rangle$ 都必须在关系中, 此时只需考虑另外 $n^2 - n$ 个有序对是否在关系中. 因此 $X$ 上有 $2^{n(n-1)}$ 个自反关系. 从关系矩阵的角度, 自反关系的关系矩阵对角线都是 1, 其余 $n^2 - n$ 个位置有 $2^{n(n-1)}$ 种可能, 即 $X$ 上有 $2^{n(n-1)}$ 个自反关系.

关于对称关系的个数类似可得(是多少呢?). 传递关系的情形就复杂很多, 还没有关于 $n$ 的通用公式.

**定义 1.2.9** 设 $R$ 是非空集合 $X$ 上的关系, $R$ 的自反(对称或传递)闭包是 $X$ 上的关系 $R'$, 且 $R'$ 满足以下条件:
(1) $R'$ 是自反(对称或传递)的.
(2) $R \subseteq R'$.
(3) 对于任何包含 $R$ 的自反(对称或传递)关系 $R''$, 有 $R' \subseteq R''$.

通常将 $R$ 的自反闭包、对称闭包和传递闭包分别记为 $r(R), s(R)$ 和 $t(R)$. 由定义可知, $R$

的自反(对称或传递)闭包是包含$R$的最小自反(对称或传递)关系[1]. 若$R$本身就是自反(对称或传递)关系, 那么$R$的自反(对称或传递)闭包就是$R$.

求关系闭包实际上是关系的一种运算, 下面的定理给出了求关系闭包的方法.

**定理 1.2.3** 设$R$是非空有限集合$X$上的关系, 则

(1) $r(R) = R \cup R^0$.

(2) $s(R) = R \cup R^{-1}$.

(3) $t(R) = R \cup R^2 \cup R^3 \cup \cdots$.

**证明** (1)和(2)证明较易, 留给读者自己完成, 下面证明(3).

先证$t(R) \supseteq R \cup R^2 \cup R^3 \cup \cdots$. 由传递闭包的定义可知$t(R) \supseteq R$. 根据数学归纳法原理, 假设$t(R) \supseteq R^n (n \geq 1)$, 下面证明$t(R) \supseteq R^{n+1}$. 设$\langle x, y \rangle \in R^{n+1} = R^n \bullet R$, 故存在$a \in X$使得$\langle x, a \rangle \in R^n$且$\langle a, y \rangle \in R$. 由假设可知$\langle x, a \rangle \in R^n \subseteq t(R)$, 再由$\langle a, y \rangle \in R \subseteq t(R)$及传递闭包的定义可知$\langle x, y \rangle \in t(R)$, 所以$t(R) \supseteq R^{n+1}$. 故$t(R) \supseteq R \cup R^2 \cup R^3 \cup \cdots$.

再证$t(R) \subseteq R \cup R^2 \cup R^3 \cup \cdots$. 为此只需证明$R \cup R^2 \cup R^3 \cup \cdots$是传递的(因为包含$R$的任何传递关系都包含$t(R)$). 设$\langle x, y \rangle, \langle y, z \rangle \in R \cup R^2 \cup R^3 \cup \cdots$, 则存在整数$m, n$使得$\langle x, y \rangle \in R^m, \langle y, z \rangle \in R^n$. 由于$R^m \bullet R^n = R^{m+n}$ (证明留作习题), 故

$$\langle x, z \rangle \in R^m \bullet R^n = R^{m+n} \subseteq R \cup R^2 \cup R^3 \cup \cdots$$

这说明$R \cup R^2 \cup R^3 \cup \cdots$是传递关系.

因此, $t(R) = R \cup R^2 \cup R^3 \cup \cdots$, 证毕.

根据定理 1.2.3, 我们可以由$R$的关系矩阵$M$得到$r(R), s(R)$和$t(R)$的关系矩阵$M_r, M_s$和$M_t$. 也就是

$$M_r = M + E$$
$$M_s = M + M^T$$
$$M_t = M + M^2 + M^3 + \cdots$$

注意这里的矩阵运算: 在某一位置, 两个关系矩阵至少一个为 1, 则"相加"后的位置也为 1; 否则为 0.

利用定理 1.2.3 求传递闭包还存在困难, 因为我们不能一直把关系的幂运算进行下去. 其实由定理 1.2.3 我们可以推导出一个更强的结论, 如下所述(证明留作习题).

**定理 1.2.4** 设$R$是非空有限集$X$上的关系且$|X| = n$, 则

$$t(R) = R \cup R^2 \cup R^3 \cup \cdots \cup R^n$$

---

[1] 以传递闭包$t(R)$为例, 条件(1)是说$t(R)$是传递关系; 条件(2)是说$t(R)$包含原来的关系; 条件(3)是说$t(R)$是满足(1)和(2)的关系里面最小的. 闭包是数学中的一个重要的概念. 在拓扑学中, 集合的闭包是指包含该集合的最小的闭集. 大家体会两者的相似点.

**例 1.2.9** 设 $R$ 是非空集合 $X = \{a,b\}$ 上的关系，其关系矩阵为

$$M = \begin{bmatrix} 1 & 1 \\ 1 & 0 \end{bmatrix}$$

则 $r(R)$ 的关系矩阵为

$$M + E = \begin{bmatrix} 1 & 1 \\ 1 & 0 \end{bmatrix} + \begin{bmatrix} 1 & 0 \\ 0 & 1 \end{bmatrix} = \begin{bmatrix} 1 & 1 \\ 1 & 1 \end{bmatrix}$$

$s(R)$ 的关系矩阵为

$$M + M^T = \begin{bmatrix} 1 & 1 \\ 1 & 0 \end{bmatrix} + \begin{bmatrix} 1 & 1 \\ 1 & 0 \end{bmatrix} = \begin{bmatrix} 1 & 1 \\ 1 & 0 \end{bmatrix}$$

其实由 $R$ 的关系矩阵是对称矩阵直接可知 $R$ 是对称关系，故对称闭包就是 $R$ 本身。
$t(R)$ 的关系矩阵为

$$M + M^2 = \begin{bmatrix} 1 & 1 \\ 1 & 0 \end{bmatrix} + \begin{bmatrix} 1 & 1 \\ 1 & 0 \end{bmatrix}\begin{bmatrix} 1 & 1 \\ 1 & 0 \end{bmatrix} = \begin{bmatrix} 1 & 1 \\ 1 & 1 \end{bmatrix}$$

## 习题 1.2

1. 自反、对称关系的关系矩阵和关系图分别有什么特点？

2. 集合 $X$ 上自反且对称的二元关系称为相容关系。那么相容关系的复合、并和交是相容关系吗？

3. 证明定理 1.2.1。

4. 举例说明无限集上的关系的不同幂可以有无限个。

5. 证明定理 1.2.2 中的其余三个关系式。

6. 设 $R$ 为集合 $A$ 上的关系，$m,n$ 为自然数，证明：

(1) $R^m \cdot R^n = R^{m+n}$。

(2) $(R^m)^n = R^{mn}$。

7. 设 $A = \{a,b,c,d\}$，且 $A$ 上的关系 $R$ 的关系矩阵为

$$\begin{bmatrix} 0 & 1 & 0 & 0 \\ 1 & 0 & 1 & 0 \\ 0 & 0 & 0 & 1 \\ 0 & 0 & 0 & 0 \end{bmatrix}$$

求 $R^n$ ($n \in \mathbf{N}$)。

8. 分别画出如图 1.2.4 所示的有向图所表示的关系的自反和对称闭包的有向图.

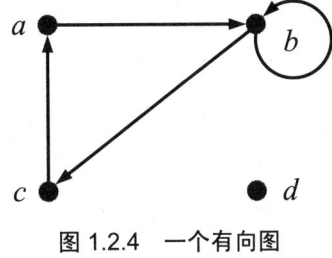

图 1.2.4  一个有向图

9. 设关系 $R$ 的关系矩阵为

$$\begin{bmatrix} 1 & 0 & 1 \\ 0 & 1 & 0 \\ 1 & 1 & 0 \end{bmatrix}$$

求 $R$ 的传递闭包的关系矩阵.

10. 证明定理 1.2.4.

11. 设 $|A|=n$, 举例说明存在 $A$ 上的关系 $R$ 使得 $R^1, R^2, \cdots, R^n$ 两两无交(交集为空集). 这也说明定理 1.2.4 中的结果是不可改进的.

12. 设 $|A|=n$, 是否存在 $A$ 上的关系 $R$ 使得 $c$ 两两不同? 若不存在, 请说明原因; 若存在, 请举例并说明这种情况为什么和定理 1.2.4 不矛盾.

## 1.3 等价关系与划分

本节我们首先介绍一种重要的关系: 等价关系; 然后引出和等价关系密切相关的概念: 划分; 最后简要介绍建立在等价关系基础上的粗糙集理论.

### 1.3.1 等价关系与等价类

在 1.2 节中我们提到了等价关系, 在此给出其定义.

**定义 1.3.1**  满足自反性、对称性、传递性的关系称为等价关系.

**例 1.3.1**  设 $X$ 为所有汉字的集合, 定义其上的关系 $R$ 如下:
对任意 $x, y \in X$, $\langle x, y \rangle \in R$ 当且仅当 $x, y$ 有相同的部首[1].
例如 $\langle 汉, 江 \rangle \in R$. 容易看出 $R$ 是自反、对称和传递的, 因此 $R$ 是一个等价关系.

图 1.3.1 是《新编学生字典》的部首页截图. 在"小部"下, 有 6 个汉字, 这 6 个汉字两两都是有关系的(有相同的部首); 在"尢部"下, 有 4 个汉字; 而"尢部"和"小部"的汉字没有公共元素.

---

[1] 这里依据《新编学生字典》(人民教育出版社, 2013), 约定每个汉字有且仅有一个部首.

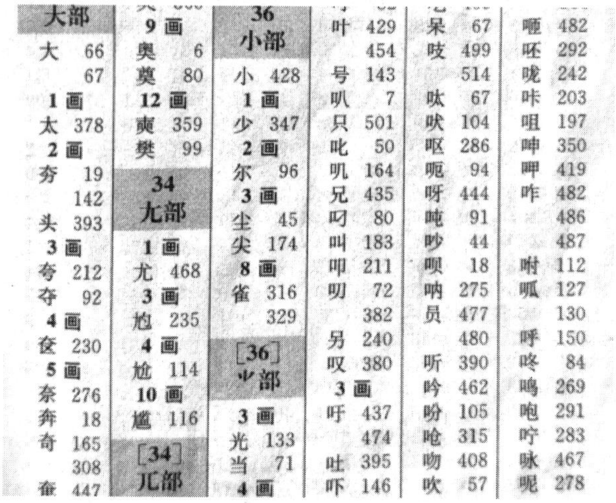

图 1.3.1 《新编学生字典》的部首页截图

**例 1.3.2** 设关系 $R$ 的关系矩阵为

$$M = \begin{bmatrix} 1 & 1 & 0 \\ 1 & 1 & 0 \\ 0 & 0 & 1 \end{bmatrix}$$

首先，由于此矩阵对角线上都为 1，故 $R$ 为自反关系；其次，由于此矩阵为对称矩阵，故 $R$ 为对称关系；最后，由于

$$M + M^2 + M^3 = \begin{bmatrix} 1 & 1 & 0 \\ 1 & 1 & 0 \\ 0 & 0 & 1 \end{bmatrix} + \begin{bmatrix} 1 & 1 & 0 \\ 1 & 1 & 0 \\ 0 & 0 & 1 \end{bmatrix}\begin{bmatrix} 1 & 1 & 0 \\ 1 & 1 & 0 \\ 0 & 0 & 1 \end{bmatrix} + \begin{bmatrix} 1 & 1 & 0 \\ 1 & 1 & 0 \\ 0 & 0 & 1 \end{bmatrix}\begin{bmatrix} 1 & 1 & 0 \\ 1 & 1 & 0 \\ 0 & 0 & 1 \end{bmatrix}\begin{bmatrix} 1 & 1 & 0 \\ 1 & 1 & 0 \\ 0 & 0 & 1 \end{bmatrix}$$

$$= \begin{bmatrix} 1 & 1 & 0 \\ 1 & 1 & 0 \\ 0 & 0 & 1 \end{bmatrix} + \begin{bmatrix} 1 & 1 & 0 \\ 1 & 1 & 0 \\ 0 & 0 & 1 \end{bmatrix} + \begin{bmatrix} 1 & 1 & 0 \\ 1 & 1 & 0 \\ 0 & 0 & 1 \end{bmatrix}$$

$$= \begin{bmatrix} 1 & 1 & 0 \\ 1 & 1 & 0 \\ 0 & 0 & 1 \end{bmatrix} = M$$

故 $R$ 是传递关系. 综上，$R$ 为等价关系.

下面说明例 1.2.4 的模 $n$ 同余关系为等价关系.

**例 1.3.3** 考虑 $\mathbf{Z}$ 上的模 $n$ 同余关系 $R = \{\langle x, y \rangle | x, y \in \mathbf{Z}, x \equiv y \pmod{n}\}$.

设 $x, y, z \in \mathbf{Z}$. 首先因为 $n | (x-x)$，故 $\langle x, x \rangle \in R$，这就验证了自反性. 接下来验证对称性：若 $\langle x, y \rangle \in R$，由定义可知 $n | (x-y)$，故 $n | (y-x)$，即 $y \equiv x \pmod{n}$，因此 $\langle y, x \rangle \in R$. 最后验证传递性：若 $\langle x, y \rangle, \langle y, z \rangle \in R$，则可设 $x - y = nt_1$，$y - z = nt_2$ ($t_1, t_2 \in \mathbf{Z}$)，故 $x - z = n(t_1 + t_2)$，即 $n | (x-z)$，因此 $\langle x, z \rangle \in R$. 证毕.

设 $R$ 是集合 $X$ 上的等价关系,对于任意 $a \in X$,称集合 $[a]_R = \{x \mid x \in X, aRx\}$ 为以 $a$ 为代表元的关于 $R$ 的等价类(equivalence class),简称 $a$ 的等价类. 在不引起混淆的情况下也可简记为 $[a]$. $X$ 在等价关系 $R$ 下的等价类的全体称为商集(quotient set),记为 $X/R$. 即 $X/R = \{[a]_R \mid a \in X\}$.

例如,**Z** 上的模 4 同余关系形成的所有等价类为

$$[0]_R = [4]_R = [-4]_R = \cdots = \{\cdots, -8, -4, 0, 4, 8, \cdots\}$$
$$[1]_R = [5]_R = [-3]_R = \cdots = \{\cdots, -7, -3, 1, 5, 9, \cdots\}$$
$$[2]_R = [6]_R = [-2]_R = \cdots = \{\cdots, -6, -2, 2, 6, 10, \cdots\}$$
$$[3]_R = [7]_R = [-1]_R = \cdots = \{\cdots, -5, -1, 3, 7, 11, \cdots\}$$

如前所示,我们可以任意选择等价类中的一个元素来表示这个等价类,但选择规则的、典型的代表元往往会给研究带来方便. 例如上例的模 4 同余关系形成的 4 个等价类,我们往往选择代表元 0, 1, 2 和 3. 另外,可以看出这 4 个等价类互不相交(交集为空集)且并起来就是 **Z**. 这个结论带有一般性.

**定理 1.3.1** 设 $R$ 是集合 $X$ 上的等价关系,对于任意的 $a, b \in X$,有

(1) $[a]_R \neq \varnothing, [a]_R \subseteq X$.

(2) 若 $aRb$,则 $[a]_R = [b]_R$.

(3) 若 $a\overline{R}b$,则 $[a]_R \cap [b]_R = \varnothing$.

(4) $\bigcup_{a \in X} [a]_R = X$.

### 1.3.2 划分

**定义 1.3.2** 设 $A$ 是非空集合,$\{A_1, A_2, \cdots, A_m\} \subseteq 2^A$. 对于任意的 $i, j \in \{1, 2, \cdots, m\}$,若 $A_i \neq \varnothing$,$A_i \cap A_j = \varnothing (i \neq j)$,且 $\bigcup_{i=1}^{m} A_i = A$,则称 $\{A_1, A_2, \cdots, A_m\}$ 为集合 $A$ 的一个划分 (partition).

**例 1.3.4** 设 $X = \{1, 2, 3, 4, 5, 6\}$,则一族集合 $A_1 = \{1, 3, 4\}$,$A_2 = \{2, 6\}$,$A_3 = \{5\}$ 是 $X$ 的一个划分(如图 1.3.2 所示).

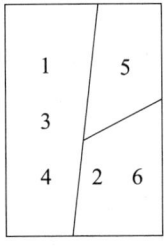

图 1.3.2 集合的划分

由定义可知,划分就是一族非空且两两不相交的子集,它们的并是原集合. 由定理 1.3.1 可知,集合 $X$ 上的等价关系 $R$ 下的所有等价类构成了 $X$ 上的一个划分. 例如,模 4 同余关系

下的等价类$[0]_R, [1]_R, [2]_R$ 和 $[3]_R$ 就构成了 **Z** 的一个划分. 反过来, 由划分可以导出等价关系或等价类吗?

设 $\{A_i \mid i \in I\}$ 为 $X$ 的划分. 定义 $X$ 上的关系 $R$ 如下:

对任意 $x, y \in X$, $\langle x, y \rangle \in R$ 当且仅当存在 $k \in I$ 使得 $x, y$ 都属于 $A_k$.

不难验证(习题 1.3 第 4 题) $R$ 是等价关系, 且等价类为 $A_i (i \in I)$. 综上, 我们可以得出以下的结论.

**定理 1.3.2** (1) 设 $R$ 是集合 $X$ 上的等价关系, 则 $R$ 产生的等价类是 $X$ 的一个划分.

(2) 反过来, 设 $\pi$ 是集合 $X$ 的一个划分, 则存在一个等价关系 $R$, 使得它的等价类为 $\pi$ 的成员.

由定理 1.3.2 可知, 虽然划分和等价关系的定义不同, 但其实这两个概念是描述同一情形的两种不同方式.

**例 1.3.5** 设 $X = \{a, b, c\}$, 则 $X$ 的划分有 5 个[1], 分别为

$$\{\{a,b,c\}\};\ \{\{a\},\{b,c\}\};\ \{\{b\},\{a,c\}\};\ \{\{c\},\{a,b\}\};\ \{\{a\},\{b\},\{c\}\}$$

## *1.3.3 粗糙集

本节简要介绍建立在等价关系基础上的粗糙集理论. 该理论于 1982 年由波兰学者 Pawlak 提出, 在机器学习、数据分析、决策科学等领域有着广泛应用.

设 $\mathscr{R}$ 是 $X$ 上的一族等价关系, 则 $\mathscr{R}$ 中所有等价关系的交也是一个等价关系, 称为 $\mathscr{R}$ 的不可分辨关系, 记为 $\mathrm{IND}(\mathscr{R})$. 为简单起见, $U / \mathrm{IND}(\mathscr{R})$ 常记为 $U / \mathscr{R}$. 对任意的 $x \in X$, 有

$$[x]_{\mathrm{IND}(\mathscr{R})} = \bigcap [x]_R$$

**例 1.3.6** 表 1.3.1 给出了一个关于房子信息的表格(信息表). 论域(所讨论问题的对象全体, 记此信息表对象的集合为 $U$)由 6 个房子构成. 信息表从"尺寸""价格""位置""年代"四个方面(称为属性或特征, 记此信息表属性的集合为 $C$)来刻画房子. 每个属性产生一个等价关系(划分). 例如尺寸产生的划分为 $\{\{x_1, x_5\}, \{x_2, x_3, x_4, x_6\}\}$. 所有属性的等价关系构成的不可分辨关系产生的划分为

$$U / \mathrm{IND}(C) = \{\{x_1\}, \{x_2\}, \{x_4\}, \{x_5\}, \{x_3, x_6\}\}$$

**定义 1.3.3** 信息表是一个四元组 $(U, A, V, f)$, $U$ 为论域构成的非空有限集合; $A$ 为属性

---

[1] 设 $p(n)$ 是定义在 $n$ 个元素集合上的划分(等价关系)的个数, 例 1.3.5 则有 $p(3) = 5$. $p(n)$ 叫作贝尔数, 以出生于苏格兰的美国数学家 E.T. Bell (1883—1960) 的名字命名. 值得注意的是, 令曾任美国数学协会(MAA)主席的 Bell 更加出名的原因是他还是一系列著名数学科普、数学史作品的作者. 他的著作 *Man of Mathematics* (1937)、*The Development of Mathematics* (1940)、*Mathematics: Queen and Servant of Science* (1951)等都已被翻译成中文引入国内, 有的甚至多次出版. 例如, 商务印书馆在 1991 年就出版了 *Man of Mathematics* 的中译本. 而最新的 *Man of Mathematics* 中译本由贵州人民出版社于 2023 年 7 月出版.

构成的非空有限集合; $V$ 为属性的取值构成的集合, 即 $V = \bigcup_{a \in A} V_a$ ($V_a$ 表示 $a$ 的值域); $f$ 是 $U \times A$ 到 $V$ 的映射, 即为每个对象的每个属性赋值. 若信息表的属性由条件属性和决策属性两部分构成, 则称此信息表为决策表. 表 1.3.1 是一个信息表, 表 1.3.2 是一个决策表.

表 1.3.1 房子的信息表

| 房子 | 尺寸 | 价格 | 位置 | 年代 |
|---|---|---|---|---|
| $x_1$ | 大 | 中 | 郊区 | 新 |
| $x_2$ | 中 | 中 | 市中心 | 新 |
| $x_3$ | 中 | 中 | 市中心 | 旧 |
| $x_4$ | 中 | 高 | 市中心 | 新 |
| $x_5$ | 大 | 高 | 郊区 | 新 |
| $x_6$ | 中 | 中 | 市中心 | 旧 |

**例 1.3.7** 表 1.3.2 给出了一个关于流感的决策表. 条件属性集 $C = \{c_1, c_2, c_3\}$, 决策属性集 $D = \{d\}$.

表 1.3.2 关于流感的决策表

| 病人 | 头痛 $c_1$ | 肌肉痛 $c_2$ | 体温 $c_3$ | 流感 $d$ |
|---|---|---|---|---|
| $x_1$ | 是 | 是 | 正常 | 否 |
| $x_2$ | 是 | 是 | 高 | 是 |
| $x_3$ | 是 | 是 | 很高 | 是 |
| $x_4$ | 否 | 是 | 正常 | 否 |
| $x_5$ | 否 | 否 | 高 | 否 |
| $x_6$ | 否 | 是 | 很高 | 是 |
| $x_7$ | 否 | 否 | 高 | 是 |
| $x_8$ | 否 | 是 | 很高 | 否 |

**注 1.3.1** (1) 从决策表中的每个对象, 我们可以得到决策规则. 例如, 由病人 $x_1$ 可知, (头疼=是) $\wedge$ (肌肉痛=是) $\wedge$ (体温=正常) $\Rightarrow$ (流感=否). 但有时表中信息完全相同(即所有条件属性的取值相同)的两个对象的决策属性的取值不同(例如表 1.3.2 中的 $x_6$ 和 $x_8$), 这样的决策表称为不一致决策表, 否则称为一致决策表.

(2) 信息表中有些信息是冗杂的, 例如表 1.3.1 中的尺寸和位置这两个属性, 对对象的分类能力来说是完全一样的. 因此对信息表进一步处理之前, 我们常常要简化信息表, 即要对信息表进行属性约简. 类似的操作在机器学习中常常称为特征选择.

下面我们介绍相对约简的概念, 它对应于信息表的属性约简. 设 $P$ 和 $Q$ 是 $U$ 上的两个等价关系, 则 $Q$ 的 $P$ 正域

$$\mathrm{POS}_P(Q) = \bigcup_{X \in U/Q} \{Y \subseteq X \mid Y \in U/P\}$$

设 $P$ 和 $Q$ 是 $U$ 上的等价关系族. 为简单起见, $\text{POS}_{\text{IND}(s)}(\text{IND}(Q))$ 常记为 $\text{POS}_S(Q)$.

若 $S \subseteq P$ 且满足:

(1) $\text{POS}_S(Q) \neq \text{POS}_{S-R}(Q)$ ($\forall R \in S$)(称 $R$ 为 $S$ 中 $Q$ 必要的等价关系).

(2) $\text{POS}_S(Q) = \text{POS}_P(Q)$.

则称 $S$ 为 $P$ 的 $Q$ 约简, 也称为相对约简. $P$ 中所有 $Q$ 必要的等价关系构成的集合称为 $P$ 的 $Q$ 核, 也称为相对核. 不难证明相对核恰好等于所有相对约简的交. 当 $P=Q$ 时, 上述相对约简和相对核的概念就退化为($P$ 的)约简和核的概念. 它对应于(无决策属性的)信息表的约简.

**例 1.3.8** (续例 1.3.7) 容易验证 $\text{POS}_{C-\{c_1\}}(D) \neq \text{POS}_C(D), \text{POS}_{C-\{c_3\}}(D) \neq \text{POS}_C(D)$, 且 $\text{POS}_{C-\{c_2\}}(D) = \text{POS}_C(D)$. 故 $C$ 的 $D$ 核为 $\{c_1, c_3\}$, 此核也恰好是 $C$ 的 $D$ 约简. 这样表 1.3.2 就可以简化为表 1.3.3. 我们从表 1.3.3 可以得到八条决策规则, 其中有四条确定性规则(表 1.3.3 中决策值用下画线标出, 例如 (头疼=是) $\wedge$ (体温=正常) $\Rightarrow$ (流感=否))和四条不确定决策规则(在注 1.3.1 中描述的属性值取值相同而决策不同的规则). 对于此信息表,

$$U = \{x_1, x_2, \cdots, x_8\}, U/\{c_1, c_3\} = \{\{x_1\}, \{x_2\}, \{x_3\}, \{x_4\}, \{x_8, x_6\}, \{x_7, x_5\}\}.$$

设 $X = \{x_2, x_3, x_6, x_7\}$, 则显然有:

(1) $x$ 患流感当且仅当 $[x]_{U/\{c_1, c_3\}} \subseteq X$.

(2) $x$ 可能患流感当且仅当 $[x]_{U/\{c_1, c_3\}} \cap X \neq \varnothing$.

(3) $x$ 没患流感当且仅当 $[x]_{U/\{c_1, c_3\}} \cap X = \varnothing$.

表 1.3.3 关于流感的决策表

| 病人 | 头痛 $c_1$ | 体温 $c_3$ | 流感 $d$ |
|---|---|---|---|
| $x_1$ | 是 | 正常 | 否 |
| $x_2$ | 是 | 高 | 是 |
| $x_3$ | 是 | 很高 | 是 |
| $x_4$ | 否 | 正常 | 否 |
| $x_5$ | 否 | 高 | 否 |
| $x_6$ | 否 | 很高 | 是 |
| $x_7$ | 否 | 高 | 是 |
| $x_8$ | 否 | 很高 | 否 |

下面引入粗糙集的概念.

**定义 1.3.4** 设 $R$ 是论域 $U$ 上的一个等价关系. $\forall X \subseteq U$, 定义

$$\begin{cases} \underline{R}(X) = \bigcup\{[x] \in U/R \mid [x] \subseteq X\} \\ \overline{R}(X) = \bigcup\{[x] \in U/R \mid [x] \cap X \neq \varnothing\} \end{cases}$$

则称 $\underline{R}(X)$ 和 $\overline{R}(X)$ 分别为集合 $X$ 的下近似和上近似. 若 $\underline{R}(X) = \overline{R}(X)$, 则称 $X$ 是精确集或可定义集, 否则称 $X$ 是粗糙集(rough set).

粗糙集的上、下近似如图 1.3.3 所示.

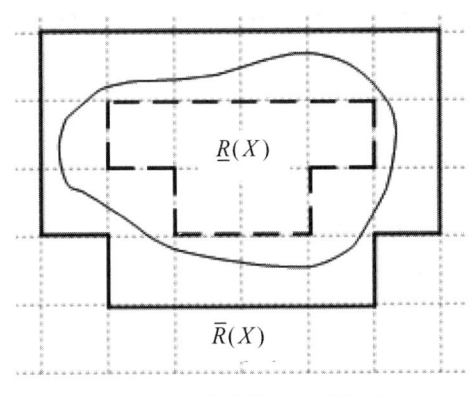

图 1.3.3  集合的上、下近似

**注 1.3.2** (1) $X$ 的上、下近似将论域 $U$ 分成如下三个互不相交的集合(分别称为正域、负域和边界域):

$$\begin{cases} \text{POS}(X) = \underline{R}(X) \\ \text{NEG}(X) = U - \overline{R}(X) \\ \text{BND}(X) = \overline{R}(X) - \underline{R}(X) \end{cases}$$

当然, 反过来这三个集合也唯一确定了 $X$ 的上、下近似.

(2) 如果 $X$ 表示某个决策属性的决策类(参考例 1.3.8), 那么 $X$ 的下近似就抽象地表示了全部以 $X$ 表示的决策属性值为后件(即每条规则中决策属性描述部分)的确定性规则; $X$ 的上近似与下近似的差集就抽象地表示了全部以 $X$ 表示的决策属性值为后件的可能性规则.

(3) 粗糙集的概念是建立在等价关系(或划分)的基础上的. 当等价关系扩展为一般关系或模糊等价关系(见 1.5 节)时, 我们就可以得到基于一般关系的模糊粗糙集模型. 当划分扩展为覆盖时, 就可以定义各种各样的覆盖粗糙集模型.

# 习题 1.3

1. 设选修离散数学课程的学生构成集合 $X$, 定义 2 个 $X$ 上的等价关系.

2. 判断下面矩阵表示的关系是否为等价关系.

$$\begin{bmatrix} 1 & 0 & 1 & 0 \\ 0 & 1 & 0 & 1 \\ 0 & 0 & 1 & 0 \\ 0 & 1 & 0 & 1 \end{bmatrix}$$

3. 设 $R$ 为定义在实数集上的关系, $(x, y) \in R$ 当且仅当 $|x - y| < 1$. 判断 $R$ 是否为等价关系.

4. 设 $\{A_i \mid i \in I\}$ 为 $X$ 的划分, 定义 $X$ 上的关系 $R$ 为: 对任意 $x, y \in X$, $(x, y) \in R$ 当且仅当存

在 $k \in I$,使得 $x, y \in A_k$. 证明 $R$ 是等价关系.

5. 设 $S(n,m)$ 是 $n$ 个元素集合划分成 $m$ 个子集的划分个数($S(n,m)$ 称为第二类 Stirling 数,见 2.5.2 节). 证明:$S(n+1,m) = mS(n,m) + S(n,m-1)$.

## 1.4 偏序集与布尔格

布尔格(Boole[1] lattice)在分析和设计电路等应用中发挥着重要作用. 本节从偏序集出发引出格的概念,进而定义分配格和布尔格. 此外还将介绍两个经典结论:一个是有限偏序集的Dilworth定理;另一个是有限布尔格的Stone表示定理.

### 1.4.1 偏序集

**定义 1.4.1** 设 $R$ 是非空集合 $X$ 上的关系,如果 $R$ 满足:对任意 $x, y, z \in X$,
(1) $\langle x, x \rangle \in R$(即 $R$ 是自反的).
(2) 当 $\langle x, y \rangle, \langle y, x \rangle \in R$ 时有 $x = y$(即 $R$ 是反对称的).
(3) 当 $\langle x, y \rangle, \langle y, z \rangle \in R$ 时有 $\langle x, z \rangle \in R$(即 $R$ 是传递的).

则称 $R$ 是 $X$ 上的偏序(partial order)关系.

显然偏序关系和等价关系的区别在于由对称性换成了反对称性. 另外这里"偏"的英文为 partial,意思是"部分",意味着可能只有部分元素有顺序(即比较大小). 对任意 $x, y \in X$,若 $\langle x, y \rangle \in R$ 或 $\langle y, x \rangle \in R$,则称 $x$ 和 $y$ 是可比较的(comparable),否则是不可比较的(incomparable). 若 $X$ 中任意一对元素都是可比较的,则称 $R$ 为全序(total order)或线性序(liner order).

**例 1.4.1** 考虑正整数集 $\mathbf{Z}^+$ 上的整除关系"|". 显然它是自反的、传递的. 对于任意的 $m, n \in \mathbf{Z}^+$,若 $m \mid n$ 且 $n \mid m$,则可知 $m = n$. 因此整除关系是反对称的,从而是偏序关系. 当然并非任意两个正整数都是可比较的,这也就是"偏"的含义. 例如 3 和 7 在整除关系下就不可比较,所以整除关系不是全序.

偏序关系常用符号"≤"来表示. 若 $\langle x, y \rangle \in \leq$,常记作 $x \leq y$. $(X, \leq)$ 称为偏序集(poset或 partial ordered set). 若 $X$ 为有限集,则称 $(X, \leq)$ 为有限偏序集. 有时无须特别指出偏序关系时也常简单地说偏序集 $X$. 实数集 $\mathbf{R}$ 上的小于或等于关系"≤"[2],集合间的包含关系"⊆"都是偏序关系.

---

[1] 乔治·布尔(George Boole, 1815—1864),英国著名数学家.

[2] 符号"≤"被借用来表示一般偏序关系时,叫法也和表示实数集中大小关系时类似. 例如,若 $(X, \leq)$ 为偏序集,$\langle x, y \rangle \in \leq$,则称 $x$ 小于或等于 $y$;$\langle x, y \rangle \in \leq$ 且 $x \neq y$,则记为 $x < y$,称 $x$ 小于 $y$.

**例 1.4.2** 设 $X = \{a,b,c,d,e\}$,令
$$R_1 = \{\langle a,a\rangle,\langle b,b\rangle,\langle c,c\rangle,\langle d,d\rangle,\langle e,e\rangle\}$$
$$R_2 = \{\langle a,c\rangle,\langle b,c\rangle,\langle d,e\rangle\} \cup R_1$$
$$R_3 = \{\langle a,b\rangle,\langle a,c\rangle,\langle a,d\rangle,\langle a,e\rangle,\langle b,e\rangle,\langle c,d\rangle,\langle c,e\rangle,\langle d,e\rangle\} \cup R_1$$
$$R_4 = \{\langle a,b\rangle,\langle a,c\rangle,\langle a,d\rangle,\langle a,e\rangle,\langle b,e\rangle,\langle c,e\rangle,\langle d,e\rangle\} \cup R_1$$
$$R_5 = \{\langle a,b\rangle,\langle a,c\rangle,\langle a,d\rangle,\langle a,e\rangle,\langle b,c\rangle,\langle b,d\rangle,\langle b,e\rangle,\langle c,d\rangle,\langle c,e\rangle,\langle d,e\rangle\} \cup R_1$$

可以验证集合 $X$ 上的这 5 个关系都是偏序关系. 这 5 个偏序关系对应的偏序集分别记为 $(X,\leqslant_1)$、$(X,\leqslant_2)$、$(X,\leqslant_3)$、$(X,\leqslant_4)$ 和 $(X,\leqslant_5)$.

偏序集对初学者来说抽象且难以捉摸. 下面介绍一种可以直观明了地表示偏序集的方法: Hasse[1] 图. 先做一些准备工作.

设 $(X,\leqslant)$ 是偏序集, $Y \subseteq X$. 如果 $Y$ 中任意两个元素都可比较, 则称 $Y$ 为链 (chain); 如果 $Y$ 中任意两个元素都不可比较, 则称 $Y$ 为反链 (antichain). 若 $x < y$ (即 $x \leqslant y$ 且 $x \neq y$), 则当 $\{z \in X | x \leqslant z \leqslant y, z \neq x, z \neq y\} = \varnothing$ 时就称 $y$ 覆盖 $x$, 记作 $x \prec y$. $y$ 覆盖 $x$ 的意思就是 $y$ 大于 $x$ 且不存在第三个元素介于两者之间.

偏序集 $(X,\leqslant)$ 可以用 Hasse 图表示. 方法如下: 用实心(或空心)小圆圈表示 $X$ 中的元素; 若 $x < y$, 则 $y$ 画在 $x$ 的上方; 若 $x \prec y$, 则 $x$ 和 $y$ 直接用线段相连. 例 1.4.2 中的 5 个偏序集的 Hasse 图如图 1.4.1 所示.

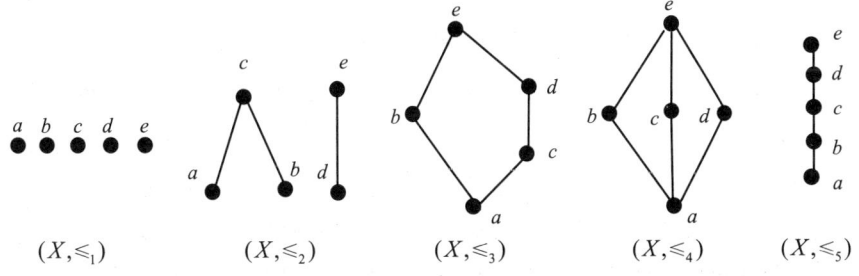

图 1.4.1　5 个偏序集

从图中容易看出 $a \leqslant b \leqslant c \leqslant d \leqslant e$ 是 $(X,\leqslant_1)$ 中的反链, 是 $(X,\leqslant_5)$ 中的链; 在偏序集 $(X,\leqslant_2)$ 中, $a$ 和 $b$ 不可比较; $e$ 是偏序集 $(X,\leqslant_3)$ 的最大元(即 $\forall x \in X, x \leqslant e$), $a$ 是偏序集 $(X,\leqslant_3)$ 的最小元(即 $\forall x \in X, a \leqslant x$); $(X,\leqslant_1)$ 和 $(X,\leqslant_2)$ 中既没有最大元, 也没有最小元.

和最大元、最小元相关的概念是极大元和极小元. 偏序集 $(X,\leqslant)$ 中的极大元(极小元) $z$ 定义为: $X$ 中不存在大于(小于) $z$ 的元素. 显然最大元(最小元)一定是极大元(极小元), 反之不然. 例如, $(X,\leqslant_2)$ 中 $a$ 是极小元, 不是最小元; $c$ 是极大元而不是最大元.

---

[1] Helmut Hasse (1898—1979), 德国数学家.

最后注意: $(X,\leqslant_3)$ 中的最长链的大小为 4 (链和反链的大小都定义为所指集合的元素个数), 而 $\{a\},\{b,c\},\{d\},\{e\}$ 是 $X$ 的由 4 个反链构成的划分; $(X,\leqslant_4)$ 中的最长链的大小为 3, 而 $\{a\},\{b,c,d\},\{e\}$ 是 $X$ 的由 3 个反链构成的划分. 下面指出这个结论具有一般性.

**定理 1.4.1** 设 $(X,\leqslant)$ 是有限偏序集, 最长链的大小为 $r$, 则存在 $r$ 个反链构成 $X$ 的一个划分.

**证明** 设 $X_1 = X$ 且 $M_1$ 是 $X_1$ 的极小元的集合. 再设 $X_2 = X_1 - M_1$ 且 $M_2$ 是 $X_2$ 的极小元的集合. 继续设 $X_3 = X_2 - M_2$ 且 $M_3$ 是 $X_3$ 的极小元的集合. 这样一直下去直到得到满足条件的正整数 $m$: $X_m \neq \varnothing$ 且 $X_{m+1} = X_m - M_m = \varnothing$ (参考图 1.4.2).

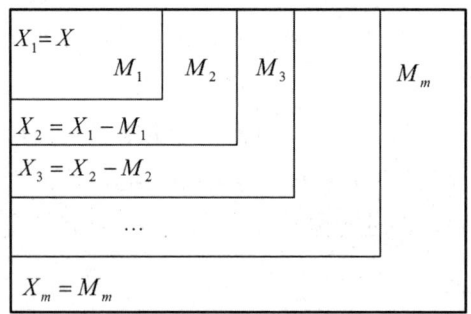

图 1.4.2　划分的构造

极小元的集合是反链, 这样 $M_1, M_2, \cdots, M_m$ 就是 $m$ 个反链构成的 $X$ 的一个划分. 根据定义 $M_i$ 是 $X_i = X_{i-1} - M_{i-1}$ 的极小元构成的集合 ($i = 2,3,\cdots,m$). 显然对于 $M_i$ 中每个元素 $a_i$ 都存在 $M_{i-1}$ 中比 $a_i$ 小的 $a_{i-1}$ (如若不然, 则 $a_i$ 为 $X_{i-1}$ 中的极小元, 即 $a_i \in M_{i-1}$, 矛盾). 这样就可以得到一个链 $a_1 < a_2 < \cdots < a_m$ ($a_i \in M_i, i = 1,2,\cdots,m$). 由 $r$ 的定义可知 $r \geqslant m$. 又因为 $X$ 被划分为 $m$ 个反链, 所以 $r \leqslant m$ (若 $r > m$, 由于构成最长链的 $r$ 个元素分在了 $m$ 个反链里, 因此存在某个反链含有最长链中的 2 个元素, 这是一个矛盾 [1]). 因此 $r = m$, 证毕.

上述定理的"对偶"定理通常叫作 Dilworth 定理, 其证明复杂一些, 这里略去.

**定理 1.4.2 (Dilworth 定理)** 设 $(X,\leqslant)$ 是有限偏序集, 最大反链的大小为 $r$, 则存在 $r$ 个链构成 $X$ 的一个划分.

最后我们介绍拓扑排序问题 [2]. 设小李有三件事情要做: 给汽车加油(记为 $a$); 开车去超市(记为 $b$); 开车去还东西(记为 $c$). 则这三件事情的集合上存在一个如图 1.4.3(a)所示的偏序. $a < b$ 表示给车加油后才能去超市; $b$ 和 $c$ 不可比较, 意思是完成这两件事情没有先后顺序. 但是现实生活中不可能同时去干这两件事情, 因此我们需要构造一个全序, 且不改变原来偏序

---

[1]　这里用到了 2.2 节将要介绍的鸽巢原理.

[2]　"拓扑排序"是计算机学科中的术语, 习题中我们采用的是数学中的术语"偏序的线性扩展". 拓扑是数学的一个分支, 属于几何学范畴, 主要研究对象在连续形变下保持不变的一些特性. 计算机学科中, 除了"拓扑排序", 还有"拓扑结构"这样的术语.

集中的元素. 图 1.4.3(b)就是这样的一个全序, 它给出了我们完成这些事情的一种合理的顺序. 从一个偏序构造一个相容的全序称为拓扑排序. 这里"相容"的意思是不破坏原先偏序集中的大小关系. 习题 1.4 第 1 题给出了拓扑排序的算法.

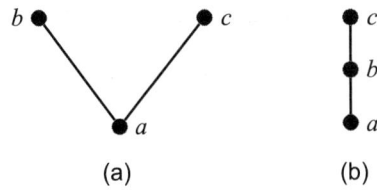

图 1.4.3　偏序集及其拓扑排序

### 1.4.2　布尔格

下面介绍格的概念, 为此先做一些准备工作.

设 $(X, \leqslant)$ 为偏序集, $a \in X, Y \subseteq X$. 若对任意的 $y \in Y$, 都有 $y \leqslant a (a \leqslant y)$, 则称 $a$ 是 $Y$ 的上界(下界); 若 $a$ 是 $Y$ 的上界(下界), 且对于 $Y$ 的任意上界(下界)$b$, 都有 $a \leqslant b (b \leqslant a)$, 则称 $a$ 是 $Y$ 的最小上界(最大下界), 记为 $a = \bigvee_{y \in Y} y \ (a = \bigwedge_{y \in Y} y)$. 有时 $Y$ 的最小上界 (supremum)和最大下界 (infimum)也可简单地记为 $\vee Y$ 和 $\wedge Y$. 两个元素 $x, y$ 的最小上界和最大下界通常分别记为 $x \vee y$ 和 $x \wedge y$, 分别称为 $x$ 和 $y$ 的并和交.

**定义 1.4.2**　设 $(X, \leqslant)$ 为偏序集, 若 $X$ 中任意两个元素都有最小上界和最大下界 (即并和交存在), 则称 $(X, \leqslant)$ 为格 (lattice).

格的最大元和最小元分别记为 1 和 0. 若一个格有最大元和最小元, 则称为有界格. 当然, 有限格都是有界格.

**例 1.4.3**　例 1.4.2 中的 5 个偏序集, 前两个不是格, 后三个都是格. 其中 $(X, \leqslant_3)$ 和 $(X, \leqslant_4)$ 是非常重要的格, 我们分别记为 $N_5$ 和 $M_3$. 类似 $M_3$ 的构造, 我们可以构造 $M_n$, 它虽然是无限格, 但是是有界格. 如图 1.4.4 所示.

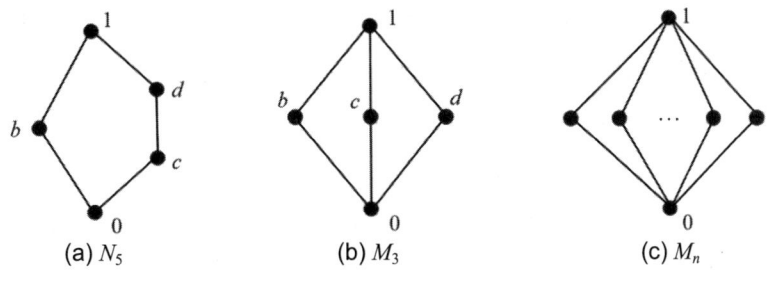

图 1.4.4　3 个特殊的格

**定义 1.4.3**　设 $(X, \leqslant)$ 是格且对任意的 $x, y, z \in X$,

(1) 如果当 $x \geqslant z$ 时有 $x \wedge (y \vee z) = (x \wedge y) \vee z$ (模律), 则称此格为模格 (modular lattice).

(2) 如果 $x \wedge (y \vee z) = (x \wedge y) \vee (x \wedge z)$, $x \vee (y \wedge z) = (x \vee y) \wedge (x \vee z)$ (分配律)成立, 则称

此格为分配格(distributive lattice).

由上述定义容易看出分配格都是模格,但反之不成立.

**例 1.4.4**　$N_5$ 不是模格.

如图 1.4.4(a)所示, $d > c$, $d \wedge (b \vee c) = d \wedge 1 = d$, 而 $(d \wedge b) \vee c = 0 \vee c = c$. 故
$$d \wedge (b \vee c) \neq (d \wedge b) \vee c$$

因此 $N_5$ 不是模格.

$N_5$ 虽不是模格,但重要的是可以用 $N_5$ 来刻画模格:只要一个格不包含 $N_5$ 这种结构[1],它就是模格[2]. $M_3$ 显然不包含 $N_5$ 这种结构,因此它是模格. $M_3$ 不是分配格.

下面介绍布尔格,先介绍几个概念.

对有界格 $(X, \leqslant)$ 中的元素 $x$, 若存在 $y \in X$ 满足 $x \vee y = 1, x \wedge y = 0$, 则称 $y$ 是 $x$ 的补, 记作 $y = x'$. 注意格中元素不一定有补, 就算有补也不一定唯一. 例如图 1.4.5 中的左边格中 $a, b$ 两个元素都没有补; $N_5$ 中元素 $b$ 有两个补 $d$ 和 $c$.

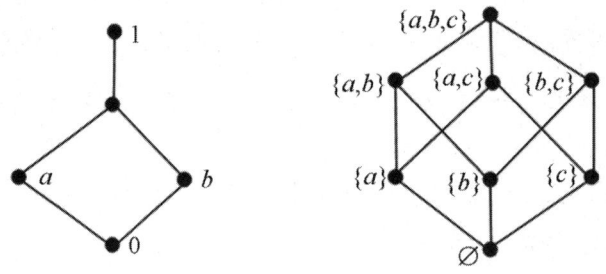

图 1.4.5　两个格

**定义 1.4.4**　设 $(X, \leqslant)$ 是有界格. 若 $(X, \leqslant)$ 是分配格且每个元素都有补, 则称 $(X, \leqslant)$ 是布尔格或布尔代数[3](Boolean lattice或Boolean algebra).

**例 1.4.5**　设 $X$ 是非空集合, 则 $X$ 的所有子集构成的集合 $2^X$ 在集合的包含关系 $\subseteq$ 下构成一个格 $(2^X, \subseteq)$, 称为 $X$ 的幂集格. 在此格中, 两个元素的最小上界和最大下界分别为集合的并和交[4]. $(2^X, \subseteq)$ 的最大元为 $X$, 最小元为 $\varnothing$, 因此幂集格为有界格. 又因为集合的交和并运算满足分配律(习题 1.1 第 4 题), 因此幂集格为分配格. 幂集格中任意元素的补就是集合的补[5], 这就说明了幂集格是布尔格. 图 1.4.5 中的右边格就是 3 元素集合 $\{a, b, c\}$ 的幂集格.

---

1　严格地说,一个格是模格当且仅当它不含子格 $N_5$. 子格的概念见习题 1.4 第 7 题.

2　数学中不同结论有时有某些相似之处,这也是数学有趣和吸引人的原因之一. 例如,这里刻画模格用到了不含某种结构的方式,后面第 5 章的定理 5.4.3 在刻画平面图时也用到了类似的思想.

3　布尔格和布尔代数是一回事. 本节从偏序集出发引入了格的概念, 而布尔格则定义为一种特殊的分配格. 因此本节其余部分都使用布尔格这个名称. 布尔格还可从代数系统的角度去定义,参见第 6 章.

4　设 $Y, Z \in 2^X$, $Y \wedge Z = Y \cap Z$, $Y \vee Z = Y \cup Z$.

5　设 $Y \in 2^X$, $Y' = \sim Y$.

上例指出幂集格是布尔格, 著名的 Stone 表示定理指出在一定意义下有限布尔格和有限集的幂集格是一回事. 先来介绍格同构的概念.

**定义 1.4.5**   设 $(X, \leqslant_1)$ 和 $(Y, \leqslant_2)$ 是两个格. 如果映射 $f: X \to Y$ 满足

$$f(x_1 \vee x_2) = f(x_1) \vee f(x_2),\ f(x_1 \wedge x_2) = f(x_1) \wedge f(x_2)(\forall x_1, x_2 \in X)\ [1]$$

则称 $f$ 是一个格同态 (lattice homomorphism), 单射的格同态称为格嵌入(lattice embedding), 一一对应的格同态称为格同构(lattice isomorphism).

同构是数学中非常重要的概念. 同构的两个格的序结构是一样的, 常常不加区分. 下面我们介绍 Stone 表示定理(证明留作习题).

**定理 1.4.3**   设 $(X, \leqslant)$ 是有限布尔格, 则 $X$ 同构于某个有限集的幂集格.

因为 $n$ 个元素集合的幂集的基数为 $2^n$, 故有以下推论.

**推论 1.4.1**   有限布尔格必定含有 $2^n$ 个元素$(n \in \mathbf{N})$.

**注 1.4.1**   (1) 由定理 1.4.3 可知含有 $2^n$ 个元素的布尔格在同构意义下只有一个, 就是 $n$ 个元素集合的幂集格.

(2) 推论 1.4.1 中的 $n$ 为布尔格中原子的个数 (习题 1.4 第 10 题).

(3) 对于一个抽象的格, 我们往往希望其能与一个具体的、熟悉的格同构或者与具体格的部分同构(即嵌入具体格), 这样便于理解抽象格. 相应的结论常称为表示定理. 格论中有几个著名的表示定理, 定理 1.4.3 是有限布尔格的表示定理, 习题 1.4 中给出了有限分配格的表示定理. 一般分配格的表示定理需要借助拓扑学的工具, 感兴趣的读者可参考书后关于格论的文献.

本节介绍的概念较多, 图 1.4.6 给出了主要概念之间的关系.

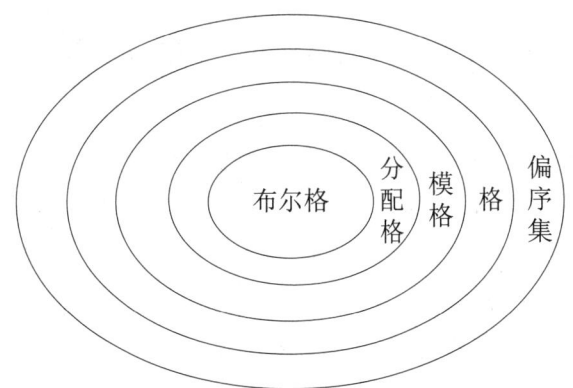

图 1.4.6   本节主要概念之间的关系

---

1   简单地讲, 格同态就是两个格间保持交和并运算的映射. 要注意的是, 等式中的交和并符号是对不同的格而言的, 即严格来说应为 $f(x_1 \vee_1 x_2) = f(x_1) \vee_2 f(x_2)$, $f(x_1 \wedge_1 x_2) = f(x_1) \wedge_2 f(x_2)$, 其中 $\wedge_i, \vee_i (i=1,2)$ 分别表示 $(X, \leqslant_1)$ 和 $(Y, \leqslant_2)$ 中的交和并. 通常为简单起见, 我们省略运算符的下角标. 对于定义中的格 $(X, \leqslant_1)$ 和 $(Y, \leqslant_2)$, 也常简记为 $(X, \leqslant)$ 和 $(Y, \leqslant)$, 甚至直接称为"格 $X$ 和格 $Y$".

## 习题 1.4

1. 任意两个元素都可以比较大小的偏序集称为全序集(或线性序集). 设 $(X, \leqslant_1)$ 是一个有限偏序集, 若存在全序集 $(X, \leqslant_2)$ 使得对任意的 $x \leqslant_1 y$, 都有 $x \leqslant_2 y$, 则称 $(X, \leqslant_2)$ 是 $(X, \leqslant_1)$ 的线性扩展(liner extension). 对于有限偏序集 $(X, \leqslant)$, 下面的简单算法可以构造一个线性扩展: 选取 $X$ 中的极小元 $x_1$ (关于偏序 $\leqslant$ 的), 从 $X - \{x_1\}$ 中选取极小元 $x_2$, 从 $X - \{x_1, x_2\}$ 中选取极小元 $x_3 \cdots \cdots$ 直到 $X$ 中元素被选完就得到了 $(X, \leqslant)$ 的线性扩展 $x_1 \leqslant x_2 \leqslant \cdots \leqslant x_{|X|}$.

(1) 证明算法的正确性.

(2) 求图 1.4.1 中偏序集 $(X, \leqslant_2)$ 和 $(X, \leqslant_3)$ 的线性扩展.

2. 考虑 $X = \{1, 2, 3, \cdots, 10\}$ 上由整除关系"|"确定的偏序集 $(X, |)$.

(1) 画出此偏序集的 Hasse 图.

(2) 确定此偏序集的最长链及将 $X$ 划分成最少个数的反链的划分.

(3) 确定此偏序集的最长反链及将 $X$ 划分成最少个数的链的划分.

3. 有限格一定是有界格吗? 有界格一定是有限格吗?

4. 证明:

(1) 图 1.4.1 中的 $(X, \leqslant_3)$ (也记为 $N_5$) 和 $(X, \leqslant_4)$ (也记为 $M_3$) 都不是分配格.

(2) $N_5$ 不是模格.

5. 证明: 定义 1.4.3 中的两条分配律等价.

6. 证明: 分配格中元素的补是唯一的.

7. 设 $(X, \leqslant)$ 是格. 若 $Y \subseteq X$ 且 $x \wedge y \in Y, x \vee y \in Y (\forall x, y \in Y)$, 则称 $(Y, \leqslant)$ 是 $(X, \leqslant)$ 的子格(sublattice).

(1) 设 $f: (X, \leqslant_1) \to (Y, \leqslant_2)$ 是一个格嵌入, 证明: $(f(X), \leqslant_2)$ 是 $(Y, \leqslant_2)$ 的一个子格 (其中 $f(X) = \{f(x) | x \in X\}$).

(2) 找出图 1.4.5 中右边格的一个子格, 使其和左边格同构.

8. 设 $(X, \leqslant)$ 是格. 如果格中元素 $a(a \neq 0)$ 满足 $a = x \vee y \Rightarrow a = x$ 或 $a = y$, 则称 $a$ 为并不可约元(join-irreducible); 若 $0 \prec a$, 则称 $a$ 为原子(atom). 格 $(X, \leqslant)$ 的所有并不可约元构成的集合记为 $\text{Join}(X)$, 所有原子构成的集合记为 $\text{Atom}(X)$.

(1) 证明: 原子都是并不可约元. 举例说明反之不成立.

(2) 证明: 布尔格中一个元素是原子当且仅当它是并不可约元.

9. 设 $f$ 是布尔格 $(X, \leqslant_1)$ 和 $(Y, \leqslant_2)$ 之间的一个同构映射. 证明:

(1) $f(0)$ 是 $(Y, \leqslant_2)$ 的最小元; $f(1)$ 是 $(Y, \leqslant_2)$ 的最大元.

(2) $\forall x \in X, f(x') = f(x)'$.

10. 分以下几步证明定理 1.4.3.

(1) 设 $(X, \leqslant)$ 是有限格, 证明: 对任意 $x \in X, x = \vee D(x)$, 其中 $D(x)$ 为小于或等于 $x$ 的并

不可约元构成的集合, 即 $D(x) = \{y \leqslant x \mid y \in \mathrm{Join}(X)\}$.

(2) 设 $(X, \leqslant)$ 是有限分配格. 定义映射 $f: X \to 2^{\mathrm{Join}(X)}$ 为 $f(x) = D(x)$ $(\forall x \in X)$. 证明: $f$ 是格 $(X, \leqslant)$ 到集合 $\mathrm{Join}(X)$ 的幂集格 $(2^{\mathrm{Join}(X)}, \subseteq)$ 的一个格同态.

(3) 证明: (2)中定义的映射 $f$ 是一个单射.

(4) 证明: 当 $(X, \leqslant)$ 是有限布尔格时, (2) 中定义的映射 $f$ 是一个满射.

(5) 证明: 有限布尔格 $(X, \leqslant)$ 与其所有原子 $\mathrm{Atom}(X)$ 形成的幂集格 $(2^{\mathrm{Atom}(X)}, \subseteq)$ 同构.

(其实我们已经证明了一个更强的结论——有限分配格的表示定理. 由(1)、(2)和(3)可知有限分配格 $(X, \leqslant)$ 可以嵌入幂集格 $(2^{\mathrm{Join}(X)}, \subseteq)$ 中, 再由第 7 题的(1)可知: 有限分配格 $(X, \leqslant)$ 和幂集格 $(2^{\mathrm{Join}(X)}, \subseteq)$ 的一个子格同构. 以图 1.4.7 中的两个格来说明这个结论. 为了清楚起见, 重新给元素标号. 注意左边的分配格中的并不可约元用小方块标出. 用加粗的线条标出了和左边分配格同构的右边幂集格的子格.)

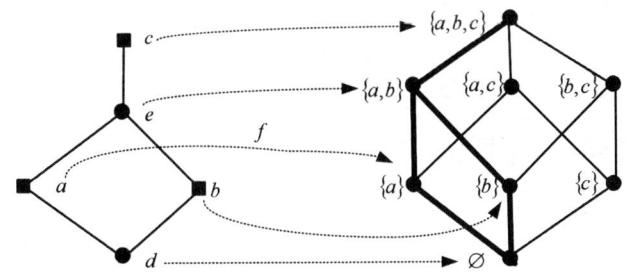

图 1.4.7　有限分配格嵌入某个幂集格

## *1.5　模糊集

19 世纪末期发展起来的经典集合论是现代数学的基础. 前面几节介绍了经典集合论的一些知识. 经典集合论中, 元素和集合的关系只有两种: 属于和不属于. 然而, 日常生活中存在着许多不确定性或者模糊性概念. 例如, 张三是不是年轻人可能对不同人来说就没有统一答案, 原因在于"年轻"具有一定的模糊性. 美国控制论专家 Zadeh 教授(1921—2017)在 1965 年创造性地将隶属度的思想用来描述模糊现象, 从而提出了模糊(fuzzy)集的概念.

### 1.5.1　模糊集定义

如果将经典集合论中的"属于"和"不属于"对应的隶属度分别用 1 和 0 表示的话, 那么为什么非要将隶属度限制到只取 1 和 0 呢?

设 $A$ 为论域 $X$ 的一个子集, 则 $\forall x \in X$, 要么 $x \in A$, 要么 $x \notin A$. 这一性质可以用一个函数表示为

$$\chi_A(x) = \begin{cases} 1, & x \in A \\ 0, & x \notin A \end{cases}$$

$\chi_A$ 即为特征函数. 一方面, 一个集合唯一确定了一个特征函数; 另一方面, 一个取值 1 和 0

的二值函数也唯一确定了一个集合. 也就是说, 特征函数 $\chi_A$ 其实和经典集合 $A$ 是一回事, 只不过是从映射的角度刻画了经典集合 $A$.

将特征函数的取值推广到区间[0, 1]中的任意值, 就得到了模糊集的概念.

**定义 1.5.1** 设 $\tilde{A}$ 是论域 $X$ 到[0,1]的一个映射, 即

$$\tilde{A}: X \to [0,1]$$

则称 $\tilde{A}$ 是 $X$ 上的模糊集(合), $\tilde{A}(x)$ 称为 $x$ 对模糊集 $\tilde{A}$ 的隶属度(degree of membership), $\tilde{A}(x)$ 也称为隶属函数.

**注 1.5.1** (1) $X$ 上的全体模糊集所构成的集合记为 $F(X)$.

(2) 论域 $X$ 的一个子集 $A$ 显然就是特殊的模糊集, 即 $\chi_A \in F(X)$.

(3) 空集和 $X$ 是特殊的模糊集(即取值分别恒为 0 和 1 的模糊集).

(4) 在不混淆的情况下, 常省去模糊集 $\tilde{A}$ 上面的"~", 简写成 $A$.

(5) 若 $X$ 为有限集, 则 $X$ 上的模糊集 $A$ 的基数为

$$|A| = \sum_{x \in X} A(x)$$

**例 1.5.1** 设论域 $X = [0,100]$, 模糊集 $A$ 表示"年老", $B$ 表示"年轻". Zadeh 给出 $A, B$ 的隶属函数分别为

$$A(x) = \begin{cases} 0, & 0 \leq x \leq 50 \\ \left(1 + \left(\dfrac{x-50}{5}\right)^{-2}\right)^{-1}, & 50 < x \leq 100 \end{cases}$$

$$B(x) = \begin{cases} 1, & 0 \leq x \leq 25 \\ \left(1 + \left(\dfrac{x-25}{5}\right)^{2}\right)^{-1}, & 25 < x \leq 100 \end{cases}$$

如图 1.5.1 所示, $A(70) \approx 0.94$, 即"70 岁"属于"年老"的程度为 0.94. 又易知 $A(60) \approx 0.8$, $B(60) \approx 0.02$, 故可认为"60 岁"是"较老的".

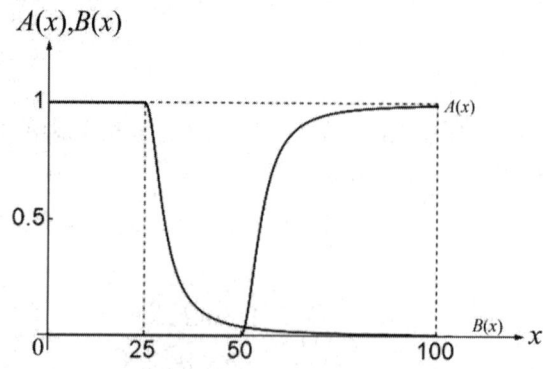

图 1.5.1 "年老""年轻"的隶属函数

**例 1.5.2** 设论域 $X = (0,3]$, 用 $A$ 表示"高个子男人"的集合, 认为身高为 1.8m 以上的男子必为高个子, 1.6m 以下的男子不是高个子. 用 $x$ 表示某男子的身高, 并给出 $A$ 的隶属函数 (如图 1.5.2 所示) 为

$$A(x) = \begin{cases} 0, & 0 < x < 1.6 \\ 2\left(\dfrac{x-1.6}{0.2}\right)^2, & 1.6 \leqslant x < 1.7 \\ 1 - 2\left(\dfrac{x-1.8}{0.2}\right)^2, & 1.7 \leqslant x < 1.8 \\ 1, & 1.8 \leqslant x \leqslant 3 \end{cases}$$

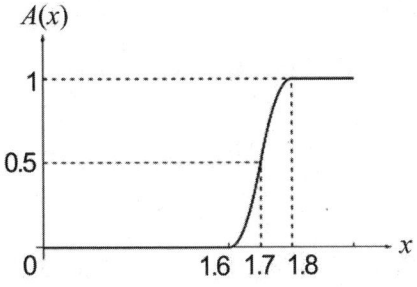

图 1.5.2 "高个子男人"的隶属函数

当 $x$ 分别等于 1.65, 1.7, 1.75 时, $A(x)$ 分别等于 0.125, 0.5, 0.875. 即身高为 1.7m 的男子属于高个子的程度是 0.5, 身高为 1.75m 的男子属于高个子的程度是 0.875. 一般地, 我们称

$$A(x) = \begin{cases} 0, & x \leqslant a \\ 2\left(\dfrac{x-a}{b-a}\right)^2, & a \leqslant x < m \\ 1 - 2\left(\dfrac{x-b}{b-a}\right)^2, & m \leqslant x \leqslant b \\ 1, & b < x \end{cases}$$

为 S-型隶属函数. 本例中的模糊集即为 S-型隶属函数.

下面介绍模糊数学中非常重要的一个概念: 截集.

**定义 1.5.2** 若 $A \in F(X)$, $\forall \alpha \in [0,1]$, 记

$$A_\alpha = \{x \in X \mid A(x) \geqslant \alpha\}$$

则称 $A_\alpha$ 为模糊集 $A$ 的 $\alpha$-截集或 $\alpha$-水平集, 称 $A_{\bar{\alpha}} = \{x \in X \mid A(x) > \alpha\}$ 为模糊集 $A$ 的强 $\alpha$-截集、强 $\alpha$-水平集或 $\alpha$-开截集, 其中 $\alpha$ 称为阈值或置信水平.

截集建立起了模糊集和经典集合之间的联系.

当 $\alpha = 0$ 时, $A_{\bar{0}} = \{x \in X \mid A(x) > 0\}$ 记为 $\operatorname{supp} A$, 称为 $A$ 的支集或支撑集;

当 $\alpha=1$ 时，$A_1=\{x\in X\mid A(x)=1\}$ 记为 $\ker A$，称为 $A$ 的核.

**例 1.5.3** 设论域 $X=\{x_1,x_2,x_3,x_4,x_5\}$，模糊集 $A=(0.1,0.3,0.8,0.6,1)^1$，则

$$\ker A = A_1 = \{x_5\} \subseteq A_{0.4} = A_{0.5} = \{x_3,x_4,x_5\},$$
$$A_{0.7}=\{x_3,x_5\}, A_{0.6}=\{x_3,x_4,x_5\}, \operatorname{supp} A = A_{\bar 0} = X$$

### 1.5.2 模糊集的表示法

模糊集有下列不同的表示方法.

(1) 隶属函数法

由定义可知，模糊集就是论域到单位区间的函数，因此我们可以用一个函数(隶属函数)表示模糊集. 例如，设论域为 $R$，

$$A(x)=\begin{cases}\dfrac{2}{3}(x+1), & -1\leqslant x\leqslant \dfrac{1}{2}\\ 2(1-x), & \dfrac{1}{2}\leqslant x\leqslant 1\\ 0, & x\in R-[-1,1]\end{cases}$$

上述模糊集 $A$ 的函数图像如图 1.5.3 所示. 可以看到这是一个形如"三角形"的模糊集，称为三角模糊数.

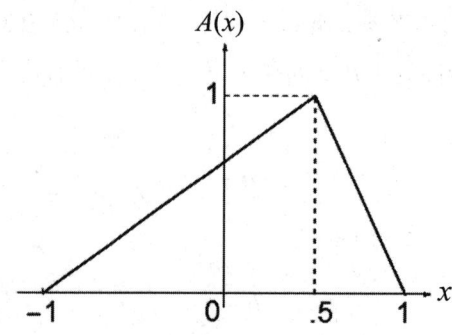

图 1.5.3 三角模糊数 $A$ 的隶属函数

(2) 序对表示法

模糊集可以表述为 $A=\{(x,A(x))\mid x\in X\}$.

**例 1.5.4** 设论域为 $R$，用 $B$ 表示"接近 10 的数"，则

$$B=\{(x,B(x))\mid B(x)=(1+(x-10)^2)^{-1}, x\in R\}$$

显然 $B$ 的隶属函数为 $B(x)=(1+(x-10)^2)^{-1}$. 一般地，形如

---

1 这里用到了后面即将介绍的模糊集的向量表示法：用第 $i$ 个分量表示 $x_i$ 的隶属度($i=1,2,\cdots,5$).

$$A(x) = \frac{1}{1+k(x-m)^2}, k > 0$$

的隶属函数我们称之为类指数型隶属函数. 其图像大概如图 1.5.4 所示, $m$ 为对称轴, $k$ 变小时图像变"宽".

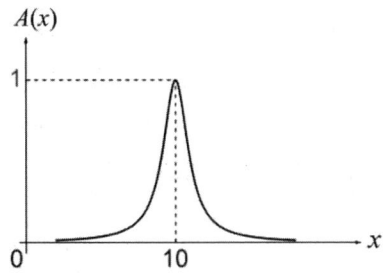

图 1.5.4 "接近 10 的数"的隶属函数

下面我们介绍一种常见的指数型隶属函数——高斯型隶属函数:

$$A(x, m, \sigma) = e^{\frac{(x-m)^2}{\sigma^2}}$$

其图像如图 1.5.5 所示.

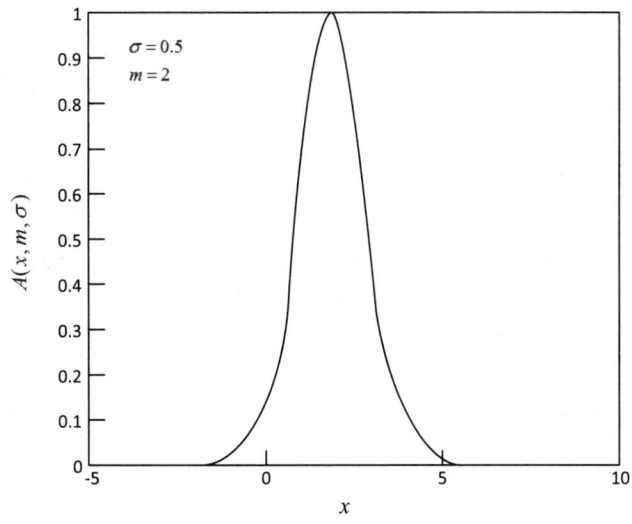

图 1.5.5 高斯型隶属函数

(3) 向量表示法

若 $X$ 为有限集 $\{x_1, x_2, \cdots, x_n\}$, 则 $A \in F(X)$ 可以表示为

$$A = (A(x_1), A(x_2), \cdots, A(x_n))$$

例 1.5.3 中用到的就是向量表示法.

(4) Zadeh 表示法

若 $X$ 为有限集 $\{x_1, x_2, \cdots, x_n\}$, 则 $A \in F(X)$ 可以表示为

$$A = \frac{A(x_1)}{x_1} + \frac{A(x_2)}{x_2} + \cdots + \frac{A(x_n)}{x_n} = \sum_{i=1}^{n} \frac{A(x_i)}{x_i}$$

上式称为 Zadeh 表示法. 若 $X$ 为无限集, Zadeh 使用记号 $A = \int_X \frac{A(x)}{x}$ 来表示模糊集 $A$.

**注 1.5.2** 这里的 $\int, \sum$ 并不是普通意义下的积分号与和号. 习惯上, 如果 $A(x) = 0$, 则 Zadeh 表达式中对应项省去不写, 但在向量表示法中应写出全部分量; 若 $X$ 是无限集且 $\{A(x) | x \in X\}$ 中的非零项只有有限个, 也可用有限集的 Zadeh 表示法.

**例 1.5.5** (1) 设 $X = \{a, b, c, d\}$, 则 $X$ 上的模糊集

$$A = \{(a, 0), (b, 0.3), (c, 0), (d, 0.8)\}$$

也可表示为 $(0, 0.3, 0, 0.8)$ 或

$$\frac{0.3}{b} + \frac{0.8}{d}$$

(2) 例 1.5.4 中"接近 10 的数"也可以表示为

$$B = \int_R \frac{1}{1 + (x - 10)^2} / x$$

### 1.5.3 模糊集的运算

下面将经典集合中的并和交运算推广到模糊集中.

**定义 1.5.3** 设 $A, B \in F(X)$, 若 $\forall x \in X, A(x) \leq B(x)$, 则称 $B$ 包含 $A$, 或 $A$ 被包含于 $B$, 并记为 $A \subseteq B (B \supseteq A)$; 而 $\forall x \in X, A(x) = B(x)$, 则称 $A$ 与 $B$ 相等, 记为 $A = B$.

若 $A \subseteq B$, 但 $A \neq B$, 则称 $A$ 真包含于 $B$, 记为 $A \subset B (B \supset A)$.

**定理 1.5.1** 设 $A, B, C \in F(X)$, 则下列各式成立.

(1) 有界性: $\varnothing \subseteq A \subseteq X$.

(2) 自反性: $A \subseteq A$.

(3) 反对称性: $A \subseteq B, B \subseteq A \Rightarrow A = B$.

(4) 传递性: $A \subseteq B, B \subseteq C \Rightarrow A \subseteq C$.

由定义可知 "$\subseteq$" 是 $F(X)$ 上的一种偏序关系, 从而 $(F(X), \subseteq)$ 是一个偏序集.

**定义 1.5.4** 设 $X$ 为非空论域, $A, B$ 为 $X$ 上的模糊集. 则 $A$ 与 $B$ 的并(记为 $A \cup B$)、交(记为 $A \cap B$)和补(记为 $A^c$)也是 $X$ 上的模糊集(如图 1.5.6 所示), 其隶属函数分别定义为($\forall x \in X$)

$$(A \cup B)(x) = \max\{A(x), B(x)\} = A(x) \vee B(x)$$
$$(A \cap B)(x) = \min\{A(x), B(x)\} = A(x) \wedge B(x)$$
$$A^c(x) = 1 - A(x)$$

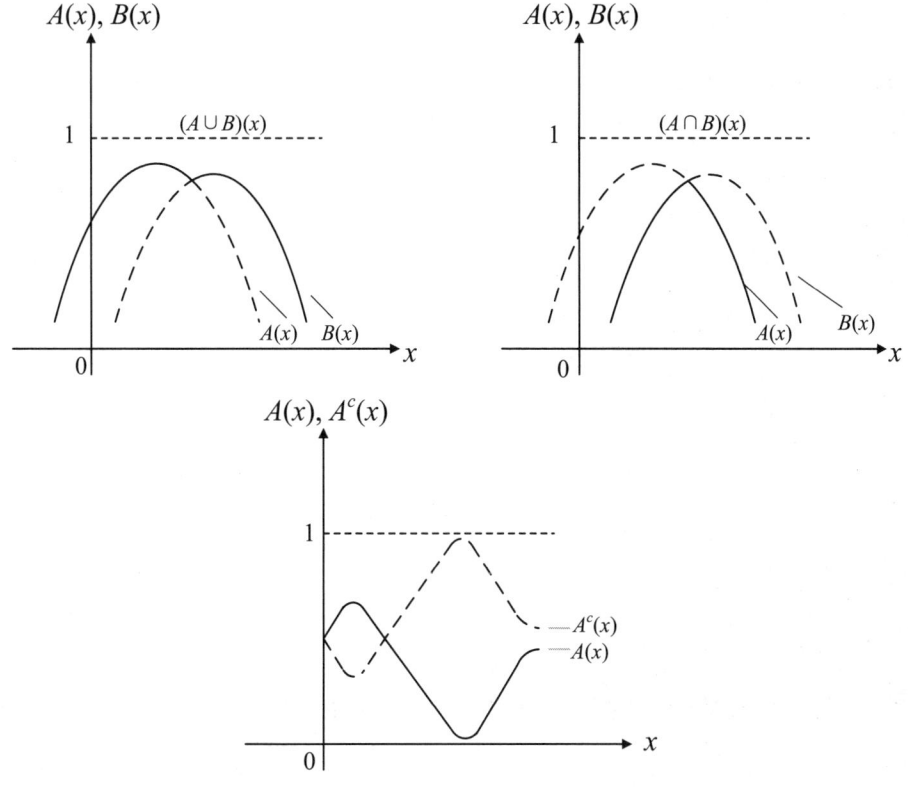

图 1.5.6 模糊集之间的交、并、补关系

**注 1.5.3** 上面用取大 $\vee$ 和取小 $\wedge$ 运算[1]来定义模糊集之间的并和交运算, 符号 $\vee, \wedge$ 在模糊数学中常被称为Zadeh算子.

上述的并和交运算可以推广到一般情形, 即对任意指标集 $I$, 若 $A_i(\forall i \in I)$ 是 $X$ 上的模糊集, 则模糊集的(任意)并、(任意)交分别定义为

$$\bigcup_{i\in I} A_i : X \to [0,1], \left(\bigcup_{i\in I} A_i\right)(x) = \sup_{i\in I} A_i(x) = \bigvee_{i\in I} A_i(x), \forall x \in X$$

$$\bigcap_{i\in I} A_i : X \to [0,1], \left(\bigcap_{i\in I} A_i\right)(x) = \inf_{i\in I} A_i(x) = \bigwedge_{i\in I} A_i(x), \forall x \in X$$

式中, $\sup_{i\in I} A_i(x)$ 或 $\bigvee_{i\in I} A_i(x)$ 表示 $\{A_i(x) : i \in I\}$ 的上确界, 显然 $\bigcup_{i\in I} A_i \in F(X)$. 类似也有

$$\bigcap_{i\in I} A_i \in F(X)$$

**例 1.5.6** 设论域 $X = \{x_1, x_2, x_3\}$ 为三人集合, $X$ 上的模糊集 $A$ 表示"高个子", 即

---

1　$\vee$ 和 $\wedge$ 是 $X$ 上的一对二元运算(或二元算子), 而所谓非空集合 $X$ 上的二元运算是指 $X \times X$ 到 $X$ 的映射(参见6.1节).

$$A=\{(x_1,0.7),(x_2,0.4),(x_3,1)\}$$

$X$ 上的模糊集 $B$ 表示"瘦", 即

$$B=\{(x_1,0.4),(x_2,0.6),(x_3,0.2)\}$$

求模糊集"高或瘦""又高又瘦""个子不高".

**解** 模糊集"高或瘦"为

$$A\cup B=\{(x_1,0.7\vee 0.4),(x_2,0.4\vee 0.6),(x_3,1\vee 0.2)\}$$
$$=\{(x_1,0.7),(x_2,0.6),(x_3,1)\}$$

模糊集"又高又瘦"为

$$A\cap B=\{(x_1,0.7\wedge 0.4),(x_2,0.4\wedge 0.6),(x_3,1\wedge 0.2)\}$$
$$=\{(x_1,0.4),(x_2,0.4),(x_3,0.2)\}$$

模糊集"个子不高"为

$$A^c=\{(x_1,0.3),(x_2,0.6),(x_3,0)\}$$

**定理 1.5.2(模糊集的运算性质)** 设 $X$ 为论域, $A,B,C$ 为 $X$ 上的模糊集, 则下列各式成立.

(1) 幂等律: $A\cup A=A, A\cap A=A$.

(2) 交换律: $A\cup B=B\cup A, A\cap B=B\cap A$.

(3) 结合律: $(A\cup B)\cup C=A\cup(B\cup C),(A\cap B)\cap C=A\cap(B\cap C)$.

(4) 吸收律: $A\cup(A\cup B)=A, A\cap(A\cap B)=A$.

(5) 分配律: $A\cap(B\cup C)=(A\cap B)\cup(A\cap C), A\cup(B\cap C)=(A\cup B)\cap(A\cup C)$.

(6) 复原律: $(A^c)^c=A$.

(7) 两极律: $A\cap X=A, A\cup X=X, A\cap\varnothing=\varnothing, A\cup\varnothing=A$.

(8) 对偶律: $(A\cup B)^c=A^c\cap B^c,(A\cap B)^c=A^c\cup B^c$.

注意在模糊集中, 互补律 ($A\cup A^c=X, A\cap A^c=\varnothing$) 不一定成立.

本节我们介绍了模糊集的定义及运算. 可以看出, 模糊集是经典集合的推广, 而模糊集的运算也推广了经典集合的运算. 本章我们还介绍了关系、格等概念, 这些概念都有相应的模糊推广. 模糊理论现在已经枝繁叶茂, 在机器学习、决策理论、控制理论等方面有着广泛的应用, 感兴趣的读者可阅读相关的著作.

# 习题 1.5

1. 考虑一个不同于前文所述的模糊性概念, 并试着给出其隶属函数.

2. 给出例 1.5.2 中表示"高个子男人"的模糊集的 0.5 -截集、支集和核.

3. 用 Zadeh 表示法表示例 1.5.1 中的模糊集 $A, B$.

4. 证明定理 1.5.1.

5. 基于例 1.5.6 中的模糊集, 求模糊集"个子不高且瘦".

6. 证明定理 1.5.2 中所给的模糊集的运算性质.

7. 对于经典集合互补律是成立的, 但在模糊集中互补律不一定成立, 试着给出一个反例.

8. 模糊集的运算推广了经典集合的运算, 验证: 同一论域上的两个模糊集的交分别包含于这两个模糊集中.

# 第 2 章 计数

计数是离散数学和组合数学中的重要内容，在算法分析、概率论等方面有着重要应用。本章首先介绍关于计数问题的几个基本原理，而后引入生成函数并介绍其在求解递推关系中的应用，最后介绍两个著名的计数序列: Catalan 数和 Stirling 数。

## 2.1 排列与组合

排列和组合是普遍存在的重要计数问题。本节先介绍两个基本的计数原理，再介绍有关排列和组合的基本概念和典型例题。

### 2.1.1 两个原理和排列

**加法原理** 有 $p$ 种方法从一堆物体中选出一个物体，又有 $q$ 种方法从另外一堆物体中选出一个物体，那么从这两堆物体中选出一个物体有 $p+q$ 种方法。

**乘法原理** 完成一件事情分两步，第一步有 $p$ 种方法，第二步有 $q$ 种方法，则完成这件事情有 $p \times q$ 种方法。

不难将加法原理和乘法原理推广到多于两堆物体或两个步骤的情况。下面举例来说明两个原理的应用。

**例 2.1.1** 大一学生需要选择一门选修课以获得课外学分。选修课分数学类和人文社科类，其中数学类有 2 门选修课，人文社科类有 5 门选修课，则由加法原理可知大一学生有 2+5=7 种不同的选择。

**例 2.1.2** 班里有 10 名女生和 20 名男生，班会上需要一个男生和一个女生发言，则由乘法原理可知选择的方法有 $10 \times 20=200$ 种。如果班会上需要一个同学发言，则由加法原理可知选择的方法有 10+20=30 种。

**例 2.1.3** 能整除 7200 的正整数有多少个？

**解** 因为 $7200 = 2^5 \times 3^2 \times 5^2$，故能整除 7200 的正整数都可以写成

$$2^i \times 3^j \times 5^k$$

其中 $0 \leq i \leq 5, 0 \leq j \leq 2, 0 \leq k \leq 2$. 由乘法原理可知 7200 的正整数因子有 $6 \times 3 \times 3 = 54$ 个.

从 $n$ 个元素的集合中取 $r$ 个不同元素按顺序排成一列, 称为 $n$ 元素集合的 $r$ 排列 (permutation)[1]. 例如对于集合 $\{a,b,c\}$ 来说, 它的 3 排列有

$$abc, acb, bac, bca, cab, cba$$

一共 6 个. 下面考虑一般情况, 设 $P(n,r)$ 表示 $n$ 元素集合的 $r$ 排列的个数, 如果 $r > n$, 则 $P(n,r) = 0$; 当 $r \leq n$ 时, 有下面的定理成立.

**定理 2.1.1** 设 $n, r \in \mathbf{Z}^+$, $r \leq n$, 有

$$P(n,r) = n \times (n-1) \times \cdots \times (n-r+1)$$

**证明** 构造 $n$ 元素集合的 $r$ 排列时, 有 $n$ 种方法选择第一项; 不管第一项怎么选择, 都有 $n-1$ 种方法选择第二项……不管前 $r-1$ 项如何选择, 都有 $n-(r-1)$ 种方法选择第 $r$ 项. 于是由乘法原理可知 $n$ 元素集合的 $r$ 排列有 $n \times (n-1) \times \cdots \times (n-r+1)$ 种.

对非负整数 $n$, 定义 $n! = n \times (n-1) \times \cdots \times 2 \times 1$, 并称之为 $n$ 的阶乘. 规定 $0! = 1$, 则

$$P(n,r) = \frac{n!}{(n-r)!}$$

特别地, $P(n,n) = n!$.

**例 2.1.4** 数字 2, 3, 4, 5 和 6 可以组成多少个三位数? 多少个没有重复数字的三位数?

**解** 三位数的每个位上有 5 种选择. 根据乘法原理, 可以组成 $5 \times 5 \times 5 = 5^3$ 个三位数. 没有重复数字的三位数就是这 5 个数字的一个 3 排列, 因此共有

$$P(5,3) = \frac{5!}{3!} = 5 \times 4 \times 3 = 60$$

个. 注意排列是由不同元素构成的, 即从某集合中不重复的选取. 而上题的第一问可以看作重复排列(选取)的问题, 根据乘法原理可得结果.

**例 2.1.5** 2 个女生和 8 个男生排成一行, 要求两个女生不相邻的排序方法共有多少种?

**解** 方法一, 先排列 8 个男生, 共有 $P(8,8) = 8!$ 种方法. 两个女生因为不能相邻, 故只能出现在 8 个男生构成的 9 个空位上, 有 $P(9,2) = 9 \times 8$ 种方法, 根据乘法原理, 所求排序方法共 $8! \times 8 \times 9 = 9! \times 8$ 种.

方法二, 10 个学生一共有 $P(10,10) = 10!$ 种排序方法. 两个女生相邻的排序方法有 $2 \times 9!$ 种(可以把两个女生"绑"在一起来考虑, 则 9 个学生的排序方法有 9! 种, 但两个女生是有左右之分的, 所以两个女生相邻的排序方法有 $2 \times 9!$ 种), 故所求排序方法共 $10! - 2 \times 9! = 9! \times 8$ 种.

---

[1] permutation 在这里习惯上翻译为"排列", 有的书上也写作"arrangement", 同样翻译为"排列". 在第 6 章我们介绍置换群的时候, permutation 习惯上翻译为"置换". 排列和置换本质上是一回事, 只不过常常从"序列"角度来定义排列, 而置换则是从映射角度刻画"序列".

刚才的排列是把对象排列成一行，现在我们考虑把对象排成一个圆，这时排列的个数就会减少，这是因为排成圆周后有些排列就变成一样的了．例如，5 个元素 $a,b,c,d,e$ 在圆周上的排列 $abcde$，$bcdea$，$cdeab$，$deabc$ 和 $eabcd$ 都是一回事(其中任一个可以通过旋转与另一个重合)．不难看出这 5 个元素在圆周上的排列一共有 5!/5=4! 个．一般地，$n$ 元素集合在圆周上的 $r$ 排列的个数为

$$\frac{P(n,r)}{r} = \frac{n!}{r(n-r)!}$$

特别地，$n$ 个元素在圆周上 $n$ 排列的个数为 $(n-1)!$．

**例 2.1.6** 8 个人围圆桌而坐，有多少种安置方法？若其中两个人不愿挨着就座，有多少种安置方法？

**解** 8 个人围圆桌而坐有 7!=5040 种方案．假设 $a,b$ 不愿挨着就座，我们可以用如下三种方法考虑这个问题．

方法一，考虑 $a,b$ 相邻而坐的方案数．将 $a,b$ 捆绑在一起，7 个人围圆桌而坐有 6!种方案，但 $a,b$ 是分左右的，故 8 人围圆桌而坐且 $a,b$ 相邻的方案数为 $2\times 6!$．因此两人不相邻的就座方案有 $7!-2\times 6!=3600$ 种．

方法二，先将 $a$ 排除在外，其余 7 人围圆桌而坐的排列方法有 6!种．这 7 个人将圆周分成 7 段，$a$ 只能插入坐在其中的 5 段中，由乘法原理可知两人不相邻的就座方案有 $5\times 6!=3600$ 种．

方法三，给 $a$ 先安排一个位置．因为 $b$ 不能在 $a$ 的两边，故 $a$ 的左边有 6 种选择方法，$a$ 的右边有 5 种选择方法．其余 5 个位置的方案有 5!种，故两个人不相邻的就座方案有 $6\times 5\times 5!=3600$ 种．

## 2.1.2 组合和二项式定理

现在来介绍组合的概念．从 $n$ 个元素的集合中取 $r$ 个元素组成一组，称为 $n$ 元素集合的 $r$ 组合(combination)，选择的方案数记为 $\binom{n}{r}$ 或 $C(n,r)$．组合和排列的区别在于组合选取的元素没有顺序上的区别．因此 $C(n,r)$ 的含义为基数为 $n$ 的集合中含有基数为 $r$ 的子集的个数．

**定理 2.1.2** 对于 $0 \leq r \leq n$，有

$$C(n,r) = \frac{P(n,r)}{r!} = \frac{n!}{r!(n-r)!}$$

**证明** 从 $n$ 元素集合产生一个 $r$ 排列可以分为两步：第一步，从 $n$ 元素集合选出 $r$ 个元素；第二步，按某种顺序排列这 $r$ 个元素．第一步的方法数为 $C(n,r)$，第二步的方法数为 $P(r,r)=r!$．根据乘法原理 $r!C(n,r)=P(n,r)$，证毕．

**例 2.1.7** 设西安电子科技大学要成立校离散数学教学委员会．该委员会计划由 7 名教

师构成: 4 名数学系教师和 3 名计算机系教师. 数学系有包含李小南教授在内的 6 名候选人, 计算机系有 4 名候选人, 则该委员会有多少种构成方式? 如果该委员会必须有李小南教授参加, 则有多少种构成方式?

**解** 根据乘法原理, 若无限制, 则委员会的构成方式数为

$$C(6,4) \times C(4,3) = 15 \times 4 = 60$$

若李小南教授必须参加, 则构成方式数为

$$C(5,3) \times C(4,3) = 10 \times 4 = 40$$

**例 2.1.8** 平面上有 20 个点且不存在三点共线, 这 20 个点可以确定多少条直线和多少个三角形?

**解** 由于不存在三点共线, 因此每两个点确定一条直线, 这样直线数目就和二元子集 (即含有两个元素的子集) 数目相同, 为 $C(20,2) = 190$ 个. 同理可知三角形的个数为 $C(20,3) = 1140$ 个.

**例 2.1.9** 把 $n+1$ 个不同的小球放入 $n$ 个不同的抽屉, 且不能有空的抽屉, 则有多少种方法?

**解** 由题意一定有两个小球被放进同一个抽屉. 可以将事件分为三步: 第一步, 选出两个小球; 第二步, 将选出的小球放进某一个抽屉; 第三步, 将其余 $n-1$ 个小球放入剩下的 $n-1$ 个抽屉. 各步的方法数分别为 $C(n+1,2)$, $n$ 和 $P(n-1,n-1)$. 由乘法原理可知一共有 $C(n+1,2) \times n \times P(n-1,n-1) = n \times (n+1)!/2$ 种方法.

**例 2.1.10** 由 1 到 20 之间的三个整数构成的不含两个连续整数的集合有多少个?

**解** 由 1 到 20 之间的整数构成的三个元素的集合有 $C(20,3)$ 个. 需要排除两种情况: 一种是由三个连续整数构成的子集, 显然有 18 个; 另一种是由两个连续整数构成的子集. 后一种情况又分连续整数在首尾和中间两种情况(如图 2.1.1 所示). 若连续整数出现在首尾, 则有 $2 \times 17$ 种, 若出现在中间则有 $17 \times (20-i-2+i-2) = 17 \times 16$ 种. 因此由 1 到 20 之间的三个整数构成的不含两个连续整数的集合共有 $C(20,3) - 2 \times 17 - 17 \times 16 - 18$ 个.

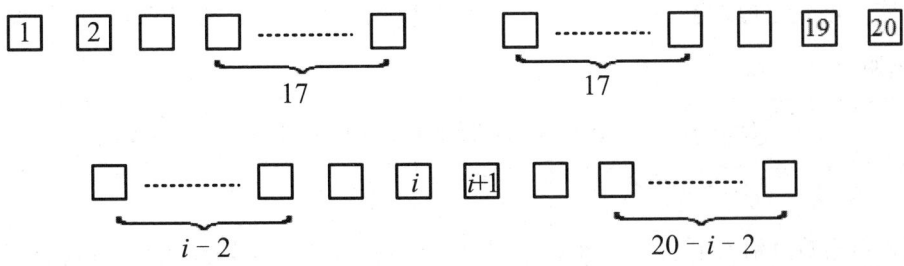

图 2.1.1 两个连续整数的情况

下面证明二项式定理.

**定理 2.1.3** 设 $n$ 是正整数,对所有 $x$ 和 $y$,有

$$(x+y)^n = x^n + C(n,1)x^{n-1}y + C(n,2)x^{n-2}y^2 + \cdots + C(n,n-1)x^1y^{n-1} + y^n$$

或利用求和记号写成

$$(x+y)^n = \sum_{k=0}^{n} C(n,k)x^{n-k}y^k$$

**证明** $(x+y)^n$ 可以写成 $n$ 个因子的乘积形式 $(x+y)^n = (x+y)(x+y)\cdots(x+y)$. 在各项相乘时,每一个因子 $(x+y)$ 提供一项(或是 $x$ 或是 $y$), 这样得到的都是形如 $x^{n-k}y^k$ 的项. 下面考虑 $x^{n-k}y^k$ 的系数,从 $n$ 个 $(x+y)$ 中选取 $k$ 个 $y$ 的方法有 $C(n,k)$ 种,因此

$$(x+y)^n = \sum_{k=0}^{n} C(n,k)x^{n-k}y^k$$

**推论 2.1.1** 设 $n$ 是正整数,则 $C(n,0) + C(n,1) + \cdots + C(n,n) = 2^n$.

**证明** 由二项式定理 $(1+1)^n = 2^n = C(n,0) + C(n,1) + \cdots + C(n,n)$.

**推论 2.1.2** 设 $n$ 是正整数,则

$$C(n,0) - C(n,1) + \cdots + (-1)^n C(n,n) = 0$$

**证明** 由二项式定理 $(1-1)^n = 0 = C(n,0) - C(n,1) + \cdots + (-1)^n C(n,n)$.

注意: $C(n,r)$ 表示从 $n$ 个元素的集合中选取 $r$ 个元素所形成的子集的个数,推论 2.1.1 表明集合 $X$ 的所有子集有 $2^{|X|}$ 个;而推论 2.1.2 表明集合的偶数个元素的子集数目等于集合的奇数个元素的子集数目.

**例 2.1.11** 在 $(2x-y)^{13}$ 的展开式中 $x^5y^8$ 的系数是多少?

**解** 由 $(2x-y)^{13} = (2x+(-y))^{13}$ 和二项式定理可知

$$(2x+(-y))^{13} = \sum_{k=0}^{13} C(13,k)(2x)^{n-k}(-y)^k$$

因此, $k=8$ 时得到 $x^5y^8$ 的系数为 $C(13,8)2^5(-1)^8$.

根据二项式定理,当 $n=0,1,2,\cdots$ 时,我们可以把二项式系数如图 2.1.2 所示按行进行排列. 例如

$$(x+y)^3 = C(3,0)x^3y^0 + C(3,1)x^2y^1 + C(3,2)xy^2 + C(3,3)x^0y^3$$
$$= x^3 + 3x^2y + 3xy^2 + y^3$$

该二项式中系数分别为 1, 3, 3, 1, 对应于图 2.1.2 中三角形的第 4 行. 另外,注意该三角形的一个有趣性质: 三角形中两个相邻数之和就是下一行的数,例如图 2.1.2 中已标出的 6+4=10,

即 $C(n+1,k) = C(n,k-1) + C(n,k)$，这就是著名的帕斯卡[1]公式(证明留作习题). 图 2.1.2 中的三角形称为帕斯卡三角形，也叫杨辉三角[2].

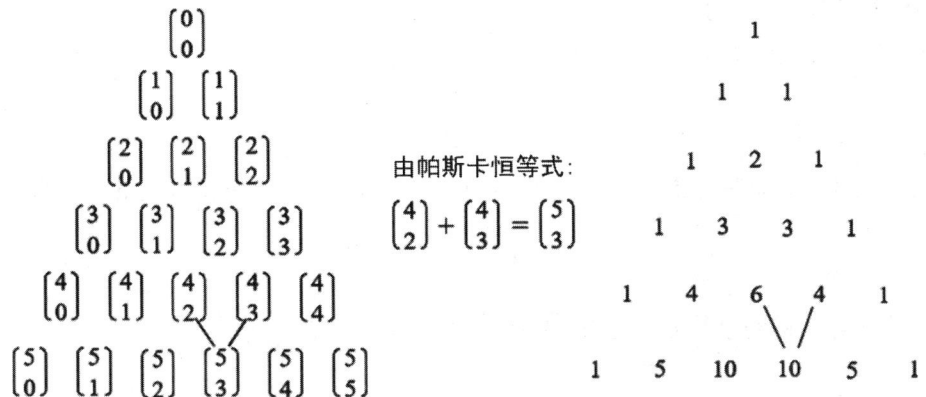

图 2.1.2　杨辉三角

## *2.1.3　Sperner 定理

最后证明一个经典的结果: Sperner 定理.

下面设 $X = \{x_1, x_2, \cdots, x_n\}$ 是 $n$ 个元素的集合. 显然,

$$\varnothing \subseteq \{x_{i_1}\} \subseteq \{x_{i_1}, x_{i_2}\} \subseteq \cdots \subseteq \{x_{i_1}, x_{i_2}, \cdots, x_{i_n}\}$$

是 $X$ 的一个最大链[3]. 容易看出构造 $X$ 的最大链可以分 $n$ 步，每步加入 $X$ 中的一个元素，这样最大链的个数就是 $n \times (n-1) \times \cdots \times 1 = n!$. 至于反链, 显然所有的 $k$ 元素子集构成的集合 $\wp_k$ 就是一个反链.

注意 $|\wp_k| = C(n,k)$，而最大的二项式系数为 $C(n, \lfloor n/2 \rfloor)$，即

$$C(n, \lfloor n/2 \rfloor) = \max\{C(n,1), C(n,2), \cdots, C(n,n)\}$$

证明见习题 2.1 第 7 题. 这就说明存在大小为 $C(n, \lfloor n/2 \rfloor)$ 的反链(即所有 $C(n, \lfloor n/2 \rfloor)$ 元素子集构成的反链). 下面的 Sperner 定理指出没有更大的反链了.

**定理 2.1.4**　$n$ 个元素的集合的最大反链含有 $\lfloor n/2 \rfloor$ 个元素.

**证明**　设 $\wp$ 是 $n$ 个元素的集合 $X$ 的一个反链，下证 $|\wp| \leq \lfloor n/2 \rfloor$. 分 3 步:

---

[1] 帕斯卡(Blaise Pascal, 1623—1662)，法国著名数学家、物理学家和哲学家，对微积分和概率论的发展做出了突出贡献，物理学中压强的单位就是以他的名字命名的.

[2] 杨辉(13 世纪中叶活动于苏杭一带)是我国南宋时期著名的数学家. 其实北宋时期的数学家贾宪(生活于 11 世纪上半叶)更早发现了此性质，即在帕斯卡发现此性质之前多个世纪，这个三角形就被包括我国数学家在内的多个亚洲数学家分别发现.

[3] 这里说集合 $X$ 的链或者反链是指偏序集 $(2^X, \subseteq)$ 中的链或反链.

(1) 对 $\wp$ 中每个元素 $Y$,若 $|Y|=k$,则包含 $Y$ 的最大链可以看作是先在 $X$ 中选取 $k$ 个元素一个个添加构成 $Y$,然后把剩下的元素一个个添加进去直到最后一步形成 $X$. 这样可知包含 $Y$ 的最大链有 $k!(n-k)!$ 个.

(2) 设 $m_k$ 表示 $\wp$ 中含有 $k$ 个元素的子集的个数,则

$$|\wp| = \sum_{k=0}^{n} m_k$$

由(1)及每个最大链最多包含一个 $\wp$ 中元素可知,包含 $\wp$ 中某个元素的最大链的个数为

$$\sum_{k=0}^{n} m_k k!(n-k)!$$

(3) 由于最大链的个数为 $n!$,因此 $\sum_{k=0}^{n} m_k k!(n-k)! \leq n!$,故 $\sum_{k=0}^{n} \frac{m_k}{C(n,k)} \leq 1$. 又

$$\frac{1}{C(n, \lfloor n/2 \rfloor)} \sum_{k=0}^{n} m_k \leq \sum_{k=0}^{n} \frac{m_k}{C(n,k)} \leq 1$$

故 $|\wp| = \sum_{k=0}^{n} m_k \leq C(n, \lfloor n/2 \rfloor)$,证毕 [1].

## 习题 2.1

1. 能整除 63000 的正奇数有多少个?
2. 求各个位数上数字都不相同且不含 2 和 7 的大于 5400 的四位数的个数.
3. 从 $1,2,\cdots,30$ 中选取 3 个互不相同的正整数,使得这 3 个数的和是 3 的倍数,则这样的选取方法有多少种?
4. 教室有两排,每排 8 个座位. 现有 15 个学生,其中 5 人总坐第一排,4 人总坐第二排. 有多少种方法将学生安排到座位上?
5. 给 26 个英文字母排序,使得 5 个元音字母中的任意两个都不能连续出现,这样的排序方法有多少种? 下面的解答是否正确?

**解** 给 26 个英文字母排序有 $P(26,26)$ 种方法. 从 5 个元音中任选两个的排列为 $P(5,2)$. 将这两个元音"绑"在一起,和其余 24 个字母的排列有 $P(25,25) \times P(5,2)$ 种. 这样两个元音不连续出现的排序方法有 $P(26,26) - P(25,25) \times P(5,2)$ 种.

6. 证明: $\binom{n}{k} = \binom{n}{n-k}$ (不利用定理 2.1.2).
7. 证明: 对于正整数 $n$,二项式系数

---

[1] P. Erdös 认为上帝在数学天书中保存着数学定理的完美证明,而定理 2.1.4 的证明就属于"天书般"的证明. P. Erdös(1913—1996),杰出的匈牙利数学家,一生成果颇丰,其中与他人合作发表的论文就超过 500 篇,因在组合数学等相关领域的突出贡献获得了 1983 年的沃尔夫奖,后面的多个脚注都会提到他.

$$\binom{n}{0}, \binom{n}{1}, \cdots, \binom{n}{n}$$

中的最大者为 $\binom{n}{\lfloor n/2 \rfloor}$.

8. 不用二项式定理证明 $n$ 个元素的集合的子集有 $2^n$ 个 (提示: 用乘法原理).

9. 证明: $\binom{n}{k} = \frac{n}{k}\binom{n-1}{k-1}$ $(k > 0)$.

10. 对满足 $1 \leq k \leq n-1$ 的整数 $n$ 和 $k$, 用尽可能多的方法证明下面的恒等式.
$$\binom{n}{k} = \binom{n-1}{k} + \binom{n-1}{k-1} \text{(帕斯卡公式)}$$

11. 证明: $\sum_{k=0}^{n}\binom{n}{k}^2 = \binom{2n}{n}$ $(n \geq 0)$.

12. 证明范德蒙德卷积公式 (Vandermonde convolution): $\sum_{k=0}^{n}\binom{r}{k}\binom{s}{n-k} = \binom{r+s}{n}$.

## 2.2 鸽巢原理与容斥原理

本节介绍组合数学中的两个重要原理. 鸽巢原理 (pigeonhole principle) 浅显易懂, 但却常常有令人惊奇的应用. 容斥原理 (inclusion-exclusion principle) 给出了一个非常重要的计数公式, 虽然稍显复杂, 但应用广泛. 下面先来介绍鸽巢原理(也叫抽屉原理).

### 2.2.1 鸽巢原理[1]

**定理 2.2.1(鸽巢原理的简单形式)** 把 $n+1$ 个物体放进 $n$ 个盒子, 那么至少有一个盒子包含的物体多于一个.

上面的定理显然成立, 用通俗的语言表述就是: $n+1$ 只鸽子飞进 $n$ 个鸽巢, 则至少有一个鸽巢里面多于一只鸽子. 鸽巢原理有很多应用, 例如, 366 个人中一定有两个人的生日在同一天; 由 $n$ 对夫妇构成的 $2n$ 个人中任意选取 $n+1$ 个人, 则这 $n+1$ 个人中至少有一对夫妇. 下面给出一些"不十分显然"的例子.

**例 2.2.1** 从 $\{1, 2, \cdots, 2n\}$ 中任意选取 $n+1$ 个数, 其中一定有两个数互素.

**证明** 只需说明任意选取的这 $n+1$ 个数中有两个相差为 1. 这 $2n$ 个数可以看成来自 $n$ 个盒子(第 $i$ 个盒子装着 $2i-1$ 和 $2i$), 即从 $n$ 个盒子中选取 $n+1$ 个数, 因此必有两个数来自

---

[1] 鸽巢原理也称为狄利克雷抽屉原理. 狄利克雷(G. L. Dirichlet, 1805—1859), 德国著名数学家, 1855 年在当时的世界数学中心哥廷根大学成了"数学王子"高斯(1777—1855)的接替者, 同学们熟悉的有微积分课程中以其名字命名的狄利克雷函数.

同一个盒子,所以这两个数相差为 1, 从而互素.

和例 2.2.1 "相反"的命题如下.

**例 2.2.2** 从 $\{1,2,\cdots,2n\}$ 中任意选取 $n+1$ 个数,其中一定有两个数使得一个可以整除另一个 [1].

**证明** 这 $n+1$ 个数中的每个数都可以写成 $2^s \times t$,其中 $t$ 为 1 和 $2n-1$ 之间的奇数. 由于 1 和 $2n-1$ 之间的奇数有 $n$ 个,因此这 $n+1$ 个数中有两个数的奇数部分相同,所以这两个数中一个是另一个的倍数,证毕.

**例 2.2.3** 任意的 2014 个自然数中存在若干个数,使得 2014 整除这若干个数的和.

**证明** 设 $X = \{x_1, x_2, \cdots, x_{2014}\}$, 令
$$y_i = x_1 + x_2 + \cdots + x_i (i = 1, 2, \cdots, 2014)$$

若 $\{y_1, y_2, \cdots, y_{2014}\}$ 中有元素能被 2014 整除则结论成立. 假设 $\{y_1, y_2, \cdots, y_{2014}\}$ 中的每个元素都不能被 2014 整除, 也就是每个元素除以 2014 后的余数都是 $\{1, 2, \cdots, 2013\}$ 中的某个元素. 由定理 1.5.1 可知存在 $\{y_1, y_2, \cdots, y_{2014}\}$ 中的两个元素除以 2014 后的余数相等, 即存在整数 $m, n (m < n)$ 使得
$$y_m = x_1 + x_2 + \cdots + x_m = 2014 \times s + r;\ y_n = x_1 + x_2 + \cdots + x_n = 2014 \times t + r$$

因此, $y_n - y_m = 2014 \times (t-s) = x_m + x_{m+1} + \cdots + x_n$, 证毕.

下面介绍鸽巢原理的一般形式,结论显然成立,故略去证明.

**定理 2.2.2** 把 $n$ 个物体放进 $m$ 个盒子,那么至少有一个盒子包含的物体多于 $\left\lfloor \dfrac{n-1}{m} \right\rfloor$ 个.

**例 2.2.4** 每一个由 $n^2 + 1$ 个实数构成的数列 $a_1, a_2, \cdots, a_{n^2+1}$, 或者含有一个长度为 $n+1$ 的递增子序列,或者含有一个长度为 $n+1$ 的递减子序列 [2].

**证明** 假设不存在长度为 $n+1$ 的递增子序列,下证存在长度为 $n+1$ 的递减子序列. 设 $t_i$ 为从 $a_i$ 开始的最长的递增子序列的长度 $(i = 1, 2, \cdots, n^2 + 1)$. 由假设可知 $1 \leq t_i \leq n$, 也就是说有 $n^2 + 1$ 个整数 $t_1, t_2, \cdots, t_{n^2+1}$ 在 1 和 $n$ 之间. 由鸽巢原理可知 $t_1, t_2, \cdots, t_{n^2+1}$ 中有 $\lfloor (n^2 + 1 - 1)/n \rfloor + 1$ 个数是相等的, 即存在 $t_{k_1} = t_{k_2} = \cdots = t_{k_{n+1}}$, 其中 $0 \leq k_1 < k_2 < \cdots < k_{n+1} \leq n^2 + 1$. 假设存在

---

1　Paul Erdös 曾将这个问题讲给还在读小学的 Lajos Pósa (1947— , 匈牙利数学家), 后者很快给出了答案.

2　P. Erdös and G. Szekeres, A combinatorial problem in geometry, Compositio mathematica, 2(1935) 463-470. 这篇经典论文背后有一个美好的爱情故事. 1933 年, Esther Klein (1910—2005) 曾向一伙朋友提出一个问题: 平面上不存在 3 点共线的 5 个点中是否一定存在 4 个点构成一个凸四边形? George Szekeres (1911—2005) 很快就给出了一个肯定的证明. 随后他继续思考这个问题, 后来在 1935 年和 P. Erdös 合作的这篇文章中证明了一个更一般的结论: 给定整数 $m$, 存在一个最小整数 $M$, 使得平面上任意 3 点不共线的 $M$ 个点中存在 $m$ 个点构成一个凸 $m$ 边形. G. Szekeres 和 E. Klein 后来因为这个问题走到了一起, P. Erdös 就称这个问题为幸福终点问题 (happy ending problem). 当时两人为了躲避纳粹对犹太人的迫害来到中国上海工作, 之后又去了澳大利亚. 2005 年 8 月 28 日, 两人在澳大利亚阿德莱德相继去世, 前后相继不到一小时.

$i \in \{1, 2, \cdots, n\}$ 使得 $a_{k_i} < a_{k_{i+1}}$, 将 $a_{k_i}$ 放在从 $a_{k_{i+1}}$ 开始的最长递增子序列之前就得到了从 $a_{k_i}$ 开始的长度为 $k_{i+1}+1$ 的递增子序列, 而从 $a_{k_i}$ 开始的最长递增子序列的长度为 $t_i$, 故 $t_{k_i} \geq t_{i+1} + 1 > t_{k_i}$, 矛盾. 因此 $a_{k_i} \geq a_{k_{i+1}} (\forall i \in \{1, 2, \cdots, n\})$, 此时 $a_{k_1} \geq a_{k_2} \geq \cdots \geq a_{k_{n+1}}$ 是一个长度为 $n+1$ 的递减子序列.

**例 2.2.5** 在 6 个人中, 或者有 3 个人相互认识, 或者有 3 个人相互不认识.

**证明** 6 人中 $a$ 与其他 5 人要么认识, 要么不认识. 由鸽巢原理可知 $a$ 与 5 人中的 3 人或者认识, 或者不认识. 不妨设 $a$ 与 $b, c, d$ 相识 (与 3 人不认识证明类似). 若 $b, c, d$ 相互不认识则已完成证明, 否则 $b, c, d$ 中有两人认识, 这两人和 $a$ 就构成了相互认识的 3 人.

我们可以用图 2.2.1 描述例 2.2.5 中的问题, 用实心点表示每个人, 两个人认识就在两个点之间画一条红线 (用粗边表示), 若两个不认识则画一条蓝线 (用细边表示).

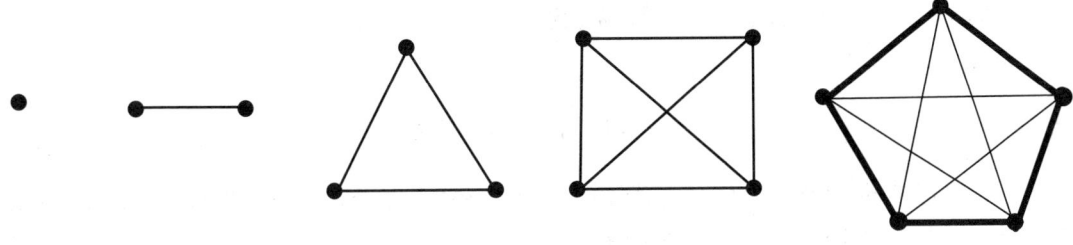

图 2.2.1 $K_n (n = 1, 2, \cdots, 5)$

如果用 $K_n$ 表示 $n$ 个点且每两个点有线连接的图形(图 2.2.1 从左到右依次为 $K_1, K_2, K_3, K_4, K_5$), 那么例 2.2.5 就是说: $K_6$ 中每条边画成红色或者蓝色, 则一定存在一个红色的 $K_3$ 或者一个蓝色的 $K_3$. 注意, $K_5$ 没有这个性质(图 2.2.1 中给出了 $K_5$ 的一种着色方案)[1]. 这说明满足 $n$ 个人中存在 3 个人相互认识或存在 3 个人相互不认识这种性质的最小的整数为 6. 我们用 $R(s, t)$ 表示满足 $n$ 个人中存在 $s$ 个人相互认识或者存在 $t$ 个人相互不认识这种性质的整数的最小值, 则 $R(3, 3) = 6$. $R(s, t)$ 称为Ramsey数[2]. 这里要指出, 求Ramsey数是一件非常困难的事情[3], 关于Ramsey理论的很多工作都集中在改进上界或下界.

**定理 2.2.3** 若 $s, t \geq 2$, 则
$$R(s, t) \leq R(s-1, t) + R(s, t-1)$$
此处略去这个定理的证明. 由此定理我们可以得到 Ramsey 数的一个上界.

**定理 2.2.4** $R(s, t) \leq C(s+t-2, s-1)$.

---

[1] 这里涉及图论中的一些内容, 第 4 章和第 5 章将学习图论这个主题.

[2] Frank Ramsey(1903—1930), 英国数学家、哲学家和经济学家. 虽然因腹部手术失败去世时不足 27 岁, 但他为今天的 Ramsey 理论奠定了基础. 除数学领域之外, 他在哲学及经济学领域也贡献颇多.

[3] P. Erdös 曾用一个比喻来说明求 Ramsey 数的困难程度: 外星人来到地球, 要求人类求出 $R(5,5)$, 否则将毁灭地球的话, 我们应该调集全世界所有计算机和数学家来攻克 $R(5,5)$; 但如果要求人类求出 $R(6,6)$, P. Erdös 认为我们应该和外星人拼了.

**证明** 对 $s+t$ 用数学归纳法原理. 显然, $R(1,t)=R(s,1)=1$ 且 $R(2,t)=t,R(s,2)=s$. 由这两个等式可知当 $s+t\leq 5$ 时命题成立. 对于任意满足 $5<m+n$ 的正整数 $m$ 和 $n$, 假设当 $s+t<m+n$ 时命题成立, 则由定理 2.2.3 可知

$$R(m,n) \leq R(m,n-1)+R(m-1,n)$$
$$\leq C(m+n-3,m-1)+C(m+n-3,m-2)$$
$$= C(m+n-2,m-1).$$

因此, 对于任意的整数 $s$ 和 $t$ 定理成立.

### 2.2.2 容斥原理

我们常常需要对集合的并集进行计数, 先看一种简单情况.

设 $A,B$ 为有限集, 则

$$|A\cup B|=|A|+|B|-|A\cap B|$$

这个结论是显然的. 如图 2.2.2 所示, 计算 $|A|+|B|$ 时图中各部分被计数的次数已经标出, 可以看到 $A\cap B$ 部分被计数了 2 次, 故减去 $|A\cap B|$.

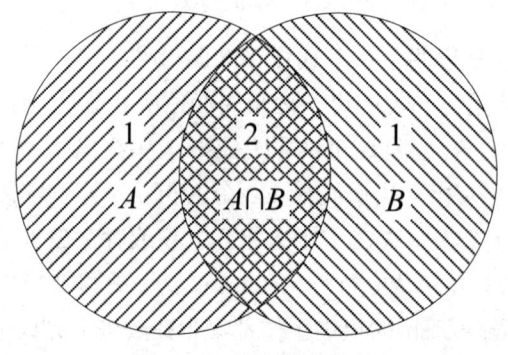

**图 2.2.2 两个集合的并**

我们考虑三个集合的情况. 设 $A,B,C$ 为有限集, 则

$$|A\cup B\cup C|=?$$

如图 2.2.3 所示, 集合 $A\cup B\cup C$ 在图中被分成了 7 个区域, 每个区域的数字表示计算 $|A|+|B|+|C|$ 时该区域被计数的次数. 而 $|A|+|B|+|C|-|A\cap B|-|A\cap C|-|B\cap C|$ 则表示除了中心区域 $A\cap B\cap C$ 没有被计数, 其余都计数了 1 次. 因此

$$|A\cup B\cup C|=|A|+|B|+|C|-|A\cap B|-|A\cap C|-|B\cap C|+|A\cap B\cap C|$$

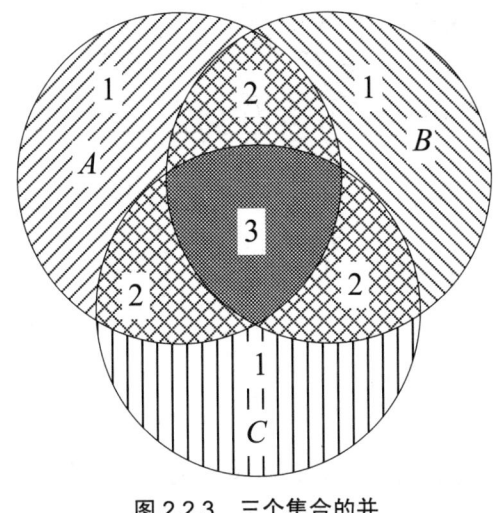

图 2.2.3  三个集合的并

下面考虑一般情况.

**定理 2.2.5**  设集合 $A_i \subseteq X (i=1,2,\cdots,n)$，则

$$|\overline{A_1} \cap \overline{A_2} \cap \cdots \cap \overline{A_n}| = |X| - \sum_{1 \leq i_1 \leq n} |A_{i_1}| + \sum_{1 \leq i_1 \leq i_2 \leq n} |A_{i_1} \cap A_{i_2}| - \sum_{1 \leq i_1 \leq i_2 \leq i_3 \leq n} |A_{i_1} \cap A_{i_2} \cap A_{i_3}| + \cdots$$
$$+ (-1)^n |A_1 \cap A_2 \cap \cdots \cap A_n|$$

**证明**  等式左边表示不在 $A_1, A_2, \cdots, A_n$ 中的 $X$ 的元素的个数. 下面只需证明:

(1) 不属于 $A_1, A_2, \cdots, A_n$ 这 $n$ 个集合的 $X$ 中的元素对等式右边的数值贡献为 1.

(2) 属于这 $n$ 个集合中某一个集合的元素对等式右边的数值贡献为 0.

(1) 是显然的，下面来说明(2). 假设 $x$ 属于 $A_1, A_2, \cdots, A_n$ 中的 $m$ 个集合，则 $x$ 对 $\sum_{1 \leq i_1 \leq n} |A_{i_1}|$ 的数值贡献为 $\binom{m}{1}$，对 $\sum_{1 \leq i_1 \leq i_2 \leq n} |A_{i_1} \cap A_{i_2}|$ 的数值贡献为 $\binom{m}{2}$，对 $\sum_{1 \leq i_1 \leq i_2 \leq i_3 \leq n} |A_{i_1} \cap A_{i_2} \cap A_{i_3}|$ 的数值贡献为 3, 依次下去. 这样 $x$ 对等式右边的数值贡献为

$$\binom{m}{0} - \binom{m}{1} + \binom{m}{2} - \binom{m}{3} + \cdots + (-1)^n \binom{m}{n}$$
$$= \binom{m}{0} - \binom{m}{1} + \binom{m}{2} - \binom{m}{3} + \cdots + (-1)^m \binom{m}{m} \quad (\text{当 } k > m \text{ 时}, \binom{m}{k} = 0)$$
$$= 0 \text{ (推论 2.1.2)}$$

证毕.

**推论 2.2.1**  设集合 $A_i \subseteq X (i=1,2,\cdots,n)$，则

$$|A_1 \cup A_2 \cup \cdots \cup A_n| = \sum_{1 \leq i_1 \leq n} |A_{i_1}| - \sum_{1 \leq i_1 \leq i_2 \leq n} |A_{i_1} \cap A_{i_2}| + \sum_{1 \leq i_1 \leq i_2 \leq i_3 \leq n} |A_{i_1} \cap A_{i_2} \cap A_{i_3}| + \cdots +$$
$$(-1)^{n+1} |A_1 \cap A_2 \cap \cdots \cap A_n|$$

**证明** 注意 $\overline{A_1} \cap \overline{A_2} \cap \cdots \cap \overline{A_n} = \overline{(A_1 \cup A_2 \cup \cdots \cup A_n)}$,因此

$$|A_1 \cup A_2 \cup \cdots \cup A_n| = |X| - |\overline{A_1} \cap \overline{A_2} \cap \cdots \cap \overline{A_n}|$$

再由定理 2.2.5 可知推论 2.2.1 成立.

注意,$\overline{A_1} \cap \overline{A_2} \cap \cdots \cap \overline{A_n}$ 和 $A_1 \cup A_2 \cup \cdots \cup A_n$ 互为补集. 定理 2.2.5 和推论 2.2.1 是容斥原理的两种形式.

**例 2.2.6** 1 到 2014 之间不能被 3,4 和 10 整除的整数有多少个?

**解** 设 $X = \{1, 2, \cdots, 2014\}$,$A_1$,$A_2$ 和 $A_3$ 分别表示 $X$ 中能被 3,4 和 10 整除的整数之集合,则 $\overline{A_1} \cap \overline{A_2} \cap \overline{A_3}$ 表示不能被 3,4 和 10 整除的整数之集合. 显然

$$|A_1| = \left\lfloor \frac{2014}{3} \right\rfloor = 671, \quad |A_2| = \left\lfloor \frac{2014}{4} \right\rfloor = 503, \quad |A_3| = \left\lfloor \frac{2014}{10} \right\rfloor = 201$$

一个数能同时被 3 和 4 整除当且仅当能被 3 和 4 的最小公倍数整除,因此

$$|A_1 \cap A_2| = \left\lfloor \frac{2014}{12} \right\rfloor = 167$$

同理

$$|A_2 \cap A_3| = \left\lfloor \frac{2014}{20} \right\rfloor = 100, \quad |A_3 \cap A_1| = \left\lfloor \frac{2014}{30} \right\rfloor = 67$$

又 $|A_1 \cap A_2 \cap A_3| = \left\lfloor \frac{2014}{60} \right\rfloor = 33$,所以

$$|\overline{A_1} \cap \overline{A_2} \cap \overline{A_3}| = |X| - (|A_1| + |A_2| + |A_3|) + (|A_1 \cap A_2| + |A_2 \cap A_3| + |A_3 \cap A_1|) - |A_1 \cap A_2 \cap A_3|$$
$$= 2014 - (671 + 503 + 201) + (167 + 100 + 67) - 33$$
$$= 940$$

**例 2.2.7** 数学系某班有 50 人,15 人选修了离散数学,20 人选修了模糊数学,10 选修了拓扑学,5 人既选修了离散数学又选修了模糊数学,8 人既选修了模糊数学又选修了拓扑学,3 人既选修了拓扑学又选修了离散数学,1 人同时选修了这三门课. 问有多少人这三门课一门都没有选?

**解** 设 $X$ 表示 50 个学生的集合,$F, T, D$ 分别表示选修了模糊数学、拓扑学和离散数学的学生的集合. 那么三门课一门都没有选的学生人数为

$$|X| - |D \cup F \cup T|$$

而
$$|D|+|F|+|T|=15+20+10=45$$
$$|D\cap F|+|F\cap T|+|T\cap D|=5+8+3=16$$
$$|D\cap F\cap T|=1$$

由容斥原理可得

$$|D\cup F\cup T|=|D|+|F|+|T|-(|D\cap F|+|F\cap T|+|T\cap D|)+|D\cap F\cap T|=45-16+1=30$$

所以, 三门课一门都没选的学生有 50-30=20 人.

## 习题 2.2

1. (1) 证明: 2014 个整数中至少有两个整数的差是 2013 的倍数.
   (2) 推广(1)并证明.

2. (1) 证明: 从 $\{1,2,\cdots,3n\}$ 中任意选取的 $n+1$ 个数中一定有两个数相差最多为 2.
   (2) 推广(1)并证明.

3. 在边长为 1 的正三角形内任意放置 5 点, 证明: 至少有两个点的距离不超过 1/2.

4. 在边长分别为 3 和 4 的长方形中有 7 个点, 证明: 至少有两个点的距离不超过 $\sqrt{5}$.

5. 如图 2.2.4 所示, 给每个方格涂成红色或者蓝色, 证明: 至少存在两列有相同的颜色.

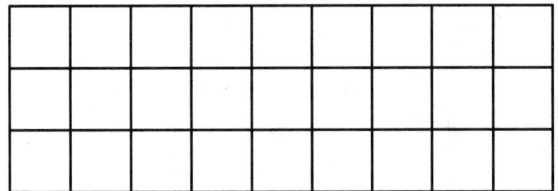

图 2.2.4　第 5 题的图

6. 证明下面的鸽巢原理的加强版.

设 $p_1, p_2, \cdots, p_n$ 是正整数. 如果将 $p_1+p_2+\cdots+p_n-n+1$ 个物体放入 $n$ 个盒子内, 那么或者第一个盒子至少含有 $p_1$ 个物体, 或者第二个盒子至少含有 $p_2$ 个物体……或者第 $n$ 个盒子至少含有 $p_n$ 个物体.

7. 1 到 500 的整数中, 有多少个数能被 3 和 5 整除但不能被 7 整除?

8. 1 到 1000 之间既不是完全平方数又不是完全立方数的整数有多少个?

9. 1 到 10000 之间不能被 4, 5 和 6 整除的整数有多少个?

10. 确定 $S=\{1,2,\cdots,8\}$ 的没有偶数在其自然位置上的排列数(例如 24753681 就是一个偶数在自然位置的排列, 因为 6 在第 6 个位置).

## 2.3 组合型生成函数

本节中,我们通过引入组合型生成函数来讨论多重集的组合计数问题. 进一步,通过组合型生成函数求解计数工具——线性常系数递推关系.

### 2.3.1 多重集的组合计数方法

来看一个例子,如果要两个色子掷出 6 点,有多少种选法? 我们注意到,出现 1,5 有两种选法,出现 2,4 也有两种选法,而出现 3,3 只有一种选法,这些选法互斥且穷尽了出现 6 点的一切可能的选法,按加法法则共有 2+2+1=5 种. 我们也可以从另一角度来看,要使两个色子掷出 6 点,第一个色子除了 6 以外的都可选,这有 5 种选法,一旦第一个色子选定,第二个色子就只有一种可能的选法,按乘法法则有 5×1=5 种. 但当碰到用三个或四个色子掷出 $n$ 点的问题时,上述两种方法就不胜其烦了,因此需要引进新的方法.

我们设想把色子出现的点数 1,2,3,4,5,6 和 $t$ 到 $t^6$ 对应起来,则第一个色子可能出现的点数就与 $t+t^2+\cdots+t^6$ 中 $t$ 的各次幂一一对应. 这种对应把组合问题的加法法则和幂级数的 $t$ 的乘幂的相加对应了起来,故用两个色子掷出 6 点的方法数等价于求 $(t+t^2+\cdots+t^6)^2$ 中 $t^6$ 的系数. 因此,生成函数的思想就是把离散数列和幂级数一一对应起来,把离散数列间的相互结合关系对应成为幂级数间的运算关系,最后由幂级数形式来确定离散数列的构造,显然这也是多重集的组合计数问题.

现在引进组合型生成函数的概念.

**定义 2.3.1** 对于序列 $a_0, a_1, a_2, \cdots$,构造一个函数

$$G(x) = a_0 + a_1 x + a_2 x^2 + \cdots$$

称函数 $G(x)$ 是序列 $a_0, a_1, a_2 \cdots$ 的组合型生成函数.

我们先举几个例子.

**例 2.3.1** 求序列 $1, 1, \cdots, 1, \cdots$ 的组合型生成函数.

**解** $(1-x)^{-1} = 1 + x + x^2 + \cdots + x^n + \cdots$

**例 2.3.2** 求序列 $C(n,0), C(n,1), \cdots, C(n,n)$ 的组合型生成函数.

**解** $(1+x)^n = C(n,0) + C(n,1)x + C(n,2)x^2 + \cdots + C(n,n)x^n$

**例 2.3.3** 求序列 $1, \dfrac{1}{2!}, \dfrac{1}{3!}, \cdots, \dfrac{1}{n!}, \cdots$ 的组合型生成函数.

**解** $e^x = 1 + x + \dfrac{x^2}{2!} + \dfrac{x^3}{3!} + \cdots + \dfrac{x^n}{n!} + \cdots$

**例 2.3.4** 求序列 $1, 2, 3, \cdots, n+1, \cdots$ 的组合型生成函数.

**解** $\dfrac{1}{(1-x)^2} = 1 + 2x + 3x^2 + 4x^3 + \cdots + (n+1)x^n + \cdots$

下面利用组合型生成函数来解决多重集的组合计数问题.

**例 2.3.5** 若有 1 克、2 克、3 克、4 克的砝码各一枚, 问能称出那几种重量? 有几种可能方案?

**解** 先求出重量序列的组合型生成函数如下:

$$(1+x)(1+x^2)(1+x^3)(1+x^4) = (1+x+x^2+x^3)(1+x^3+x^4+x^7)$$
$$= 1+x+x^2+x^3+2x^4+2x^5+2x^6+$$
$$2x^7+x^8+x^9+x^{10}$$

则从生成函数的右端可以看出, 能称出从 1 克到 10 克之间的任何重量, 系数就是方案数. 例如右端有 $x^5$ 项, 即称出 5 克的方案有两种, 5=1+4=2+3; 同样, 6=2+4=1+2+3, 10=1+2+3+4, 也就是称出 6 克的方案有两种, 称出 10 克的方案有一种.

**例 2.3.6** 求用 1 分、2 分、3 分的邮票贴出不同面值邮票的方案数.

**解** 因为邮票允许重复, 所以方案数序列的组合型生成函数

$$G(x) = (1+x+x^2+\cdots)(1+x^2+x^4+\cdots)(1+x^3+x^6+\cdots)$$

以 $x^4$ 为例, 其系数是 4, 因此贴出面值为 4 分的邮票的方案有四种:

$$4=1+1+1+1=2+2=1+3=1+1+2$$

**例 2.3.7** 若有 1 克砝码 3 枚、2 克砝码 4 枚、4 克砝码 2 枚, 问能称出那几种重量? 各有几种方案?

**解** 此时砝码允许重复, 故对应的组合型生成函数

$$G(x) = (1+x+x^2+x^3)(1+x^2+x^4+x^6+x^8)(1+x^4+x^8)$$
$$= (1+x+2x^2+2x^3+2x^4+2x^5+2x^6+$$
$$2x^7+2x^8+2x^9+x^{10}+x^{11})(1+x^4+x^8)$$
$$= 1+x+2x^2+2x^3+3x^4+3x^5+4x^6+4x^7+$$
$$5x^8+5x^9+5x^{10}+5x^{11}+4x^{12}+4x^{13}+$$
$$3x^{14}+3x^{15}+2x^{16}+2x^{17}+x^{18}+x^{19}$$

所以能称出 1 克到 19 克之间的任何重量, 对应的系数就是方案数.

**例 2.3.8** 整数 $n$ 拆分成 $1,2,3,\cdots,m$ 的和并允许重复, 求其组合型生成函数. 如果其中 $m$ 至少出现一次, 求其组合型生成函数.

**解** 若整数 $n$ 拆分成 $1,2,3,\cdots,m$ 的和并允许重复, 则其组合型生成函数

$$G_1(x) = (1+x+x^2+\cdots)(1+x^2+x^4+\cdots)\cdots(1+x^m+x^{2m}+\cdots)$$
$$= \frac{1}{1-x} \times \frac{1}{1-x^2} \times \cdots \times \frac{1}{1-x^m}$$
$$= \frac{1}{(1-x)(1-x^2)\cdots(1-x^m)}$$

若拆分中 $m$ 至少出现一次,则其组合型生成函数

$$G_2(x) = (1+x+x^2+\cdots)(1+x^2+x^4+\cdots)\cdots(x^m+x^{2m}+\cdots)$$
$$= \frac{x^m}{(1-x)(1-x^2)\cdots(1-x^m)}$$

不难得到

$$G_2(x) = \frac{1}{(1-x)(1-x^2)\cdots(1-x^m)} - \frac{1}{(1-x)(1-x^2)\cdots(1-x^{m-1})}$$

上式的组合意义: 整数 $n$ 拆分成 1 到 $m$ 的和的拆分数减去拆分成 1 到 $m-1$ 的和的拆分数即为至少出现一个 $m$ 的拆分数.

### 2.3.2 组合型生成函数的性质

一个序列和它的组合型生成函数一一对应. 已知序列便可知它的组合型生成函数; 反之, 求得组合型生成函数, 则序列也随之而定. 这种关系很像数学中的积分变换. 后面我们会看到, 当求满足某种递推关系的序列时, 可把它转换为求对应的组合型生成函数 $G(x)$, $G(x)$ 可能满足一个代数方程或代数方程组; 然后求逆变换, 即从已求得的组合型生成函数 $G(x)$ 得到序列 $a_n$. 关键在于要建立起从序列到组合型生成函数, 以及从组合型生成函数到序列的联系, 为此我们介绍组合型生成函数的一些性质.

假设 $\{a_k\}$ 和 $\{b_k\}$ 两个序列对应的组合型生成函数分别为 $A(x), B(x)$.

**性质 2.3.1**

若 $b_k = \begin{cases} 0, & k < l \\ a_{k-l}, & k \geq l \end{cases}$, 则 $B(x) = x^l A(x)$

**证明**

$$B(x) = 0 + 0 + \cdots + 0 + b_l x^l + b_{l+1} x^{l+1} + \cdots$$
$$= a_0 x^l + a_1 x^{l+1} + \cdots$$
$$= x^l A(x)$$

例如

$$A(x) = \frac{x}{1!} + \frac{x^2}{2!} + \frac{x^3}{3!} + \cdots = e^x - 1$$

$$B(x) = \frac{x^m}{1!} + \frac{x^{m+1}}{2!} + \frac{x^{m+2}}{3!} + \cdots = x^{m-1}(e^x - 1)$$

**性质 2.3.2** 若 $b_k = a_{k+l}$, 则 $B(x) = [A(x) - \sum_{k=0}^{l-1} a_k x^k]/x^l$.

**证明** 因为

$$B(x) = b_0 + b_1 x + b_2 x^2 + \cdots$$

所以
$$B(x) = a_l + a_{l+1}x + a_{l+2}x^2 + \cdots$$
$$= \frac{1}{x^l}(a_l x^l + a_{l+1}x^{l+1} + a_{l+2}x^{l+2} + \cdots)$$
$$= [A(x) - a_0 - a_1 x - a_2 x^2 - \cdots - a_{l-1}x^{l-1}]/x^l$$
$$= [A(x) - \sum_{k=0}^{l-1} a_k x^k]/x^l$$

例如
$$A(x) = \sin x = x + \frac{x^3}{3!} + \frac{x^5}{5!} + \cdots$$
$$B(x) = \frac{x}{7!} + \frac{x^3}{9!} + \cdots = (\sin x - x - \frac{x^3}{3!} - \frac{x^5}{5!})/x^6$$

**性质 2.3.3** 若 $b_k = \sum_{i=0}^{k} a_i$,则 $B(x) = \frac{A(x)}{1-x}$.

**证明**
$$1 : b_0 = a_0$$
$$x : b_1 = a_0 + a_1$$
$$x^2 : b_2 = a_0 + a_1 + a_2$$
$$\cdots$$
$$x^n : b_n = a_0 + a_1 + a_2 + \cdots + a_n$$
$$+) \quad \cdots$$
$$\overline{B(x) = a_0/(1-x) + a_1 x/(1-x) + a_2 x^2/(1-x) + \cdots}$$
$$= (a_0 + a_1 x + a_2 x^2 + \cdots)/(1-x) = A(x)/(1-x)$$

例如
$$A(x) = 1 + x + x^2 + \cdots + x^n + \cdots = \frac{1}{1-x}$$
$$B(x) = 1 + 2x + 3x^2 + 4x^3 + \cdots = \frac{1}{(1-x)^2}$$

**性质 2.3.4** 若 $b_k = k a_k$,则 $B(x) = x A'(x)$.

**性质 2.3.5** 若 $b_k = \frac{a_k}{1+k}$,则 $B(x) = \frac{1}{x}\int_0^x A(x)\mathrm{d}x$.

性质 2.3.4 和 2.3.5 是显然的.

**性质 2.3.6** 若 $c_k = a_0 b_k + a_1 b_{k-1} + a_2 b_{k-2} + \cdots + a_k b_0 = \sum_{i=0}^{k} a_i b_{k-i}$,

则

$$C(x) = c_0 + c_1 x + c_2 x^2 + \cdots = A(x)B(x)$$

**证明**

$$\begin{aligned}
1 &: c_0 = a_0 b_0 \\
x &: c_1 = a_0 b_1 + a_1 b_0 \\
x^2 &: c_2 = a_0 b_2 + a_1 b_1 + a_2 b_0 \\
+) &\quad \cdots \\
\hline
C(x) &= a_0(b_0 + b_1 x + b_2 x^2 + \cdots) + \\
&\quad a_1 x(b_0 + b_1 x + b_2 x^2 + \cdots) + \\
&\quad a_2 x^2(b_0 + b_1 x + b_2 x^2 + \cdots) + \cdots \\
&= (a_0 + a_1 x + a_2 x^2 + \cdots)(b_0 + b_1 x + b_2 x^2 + \cdots)
\end{aligned}$$

即

$$C(x) = A(x)B(x)$$

例如

$$A(x) = 1 + x + x^2 + \cdots = \frac{1}{1-x}$$

$$B(x) = x + 2x^2 + 3x^3 + \cdots = \frac{x}{(1-x)^2}$$

$$C_k = 1 + 2 + 3 + \cdots + k = \frac{k(k+1)}{2}$$

则

$$C(x) = \frac{x}{(1-x)^3}$$

### 2.3.3 线性常系数递推关系的求解

递推关系(recursive relation)是计数的一个强有力的工具, 在做算法分析时它是必需的, 而递推关系的求解主要是利用组合型生成函数. 先看两个著名的例子.

**例 2.3.9(汉诺塔问题**[1]**)** $n$个圆盘依其半径大小, 从下而上套在 A 柱上, 如图 2.3.1 所示. 每次只允许取一个圆盘移到B柱或 C 柱上, 而且不允许大盘放在小盘上方. 若要求把A柱上

---

[1] 这个游戏归功于法国数学家 Edouard Lucas(1842—1891).

的 $n$ 个圆盘都移到 C 柱上，请计算要移动几个盘次? 现在只有 A、B、C 三根柱子可用.

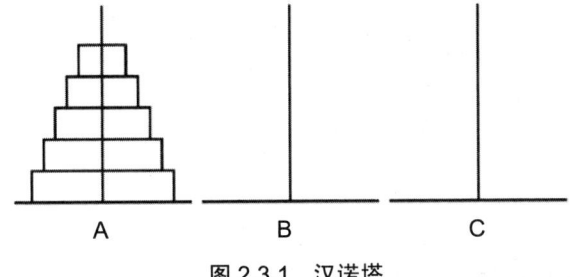

图 2.3.1　汉诺塔

**分析**: 当 $n=2$ 时，先将 A 柱最上面的圆盘先移到 B 柱上，再将 A 柱上剩下的圆盘移到 C 柱上，最后将 B 柱上的圆盘移到 C 柱上，结束.

假定 $n-1$ 个盘子的转移方法已经确定. 对于一般 $n$ 个圆盘的问题，先把上面的 $n-1$ 个圆盘经过 C 柱转移到 B 柱上，再把 A 柱最下面一个圆盘移到 C 柱上，最后再把 B 柱上的 $n-1$ 个圆盘经过 A 柱转移到 C 柱上.

上述方法是递归的过程. $n=2$ 时已给出方法; $n=3$ 时，第一步便是利用 $n=2$ 的方法把上面两个圆盘移到 B 柱上，第二步再把第三个圆盘转移到 C 柱上，最后把 B 柱上的两个圆盘转移到 C 柱上. $n=4,5,\cdots$ 时，以此类推.

**解**　令 $h(n)$ 表示 $n$ 个圆盘所需要的转移盘次. 根据上面的方法先把前面的 $n-1$ 个圆盘转移到 B 柱上; 然后把第 $n$ 个圆盘转到 C 柱上; 最后再一次将 B 柱上的 $n-1$ 个圆盘转移到 C 柱上. 于是有 $h(n)=2h(n-1)+1, h(1)=1$.

下面计算序列 $h(n)$ 的组合型生成函数.

$$\begin{aligned} x^2 &: h(2)=2h(1)+1 \\ x^3 &: h(3)=2h(2)+1 \\ +) &\quad\quad\quad \cdots \\ \hline H(x)-x &= 2xH(x)+x^2/(1-x) \end{aligned}$$

上式左端为

$$h(2)x^2+h(3)x^3+\cdots = H(x)-h(1)x = H(x)-x$$

右端第一项为

$$\begin{aligned} 2h(1)x^2+2h(2)x^3+\cdots &= 2x[h(1)x+h(2)x^2+\cdots] \\ &= 2xH(x) \end{aligned}$$

右端第二项为

$$x^2+x^3+\cdots = x^2/(1-x)$$

整理得

$$(1-2x)H(x) = \frac{x^2}{1-x} + x = \frac{x}{1-x}$$

因此

$$H(x) = \frac{x}{(1-x)(1-2x)}$$

下面利用组合型生成函数计算序列 $h(n)$.

令

$$H(x) = \frac{A}{1-x} + \frac{B}{1-2x} = \frac{A(1-2x) + B(1-x)}{(1-x)(1-2x)}$$
$$= \frac{(A+B) - (2A+B)x}{(1-x)(1-2x)}$$

则

$$(A+B) - (2A+B)x = x$$

由上式可得 $A = -1, B = 1$.

即

$$H(x) = \frac{1}{1-2x} - \frac{1}{1-x}$$
$$= (1 + 2x + 2^2 x^2 + 2^3 x^3 + \cdots) - (1 + x + x^2 + \cdots)$$
$$= (2-1)x + (2^2 - 1)x^2 + (2^3 - 1)x^3 + \cdots$$
$$= \sum_{n=1}^{\infty} (2^n - 1) x^n$$

所以

$$h(n) = 2^n - 1$$

**例 2.3.10(Fibonacci 数列)** 有雌雄小兔子一对,假定小兔子满两月后每月便可繁殖雌雄各一的一对小兔子. 问过了 $n$ 个月后共有多少对兔子?

**解** 设满 $n$ 个月时兔子对数为 $F_n$,其中当月新生的兔子对数设为 $N_n$,第 $n-1$ 个月留下的兔子对数设为 $O_n$. 因此

$$F_n = N_n + O_n$$

而且

$$O_n = F_{n-1}, N_n = F_{n-2}$$

即第 $n-2$ 个月所产的小兔子到第 $n$ 个月都有繁殖能力了.

所以
$$F_n = F_{n-1} + F_{n-2}, \quad F_1 = F_2 = 1$$

下面利用组合型生成函数求解 $F_n$.

设
$$G(x) = F_1 x + F_2 x^2 + \cdots$$
$$x^3 : F_3 = F_2 + F_1$$
$$x^4 : F_4 = F_3 + F_2$$
$$\underline{+) \qquad \cdots \qquad\qquad\qquad\qquad}$$
$$G(x) - x^2 - x = x(G(x) - x) + x^2 G(x)$$
$$(1 - x - x^2) G(x) = x$$

即
$$G(x) = \frac{x}{1 - x - x^2} = \frac{x}{(1 - \frac{1-\sqrt{5}}{2}x)(1 - \frac{1+\sqrt{5}}{2}x)}$$

令
$$G(x) = \frac{A}{1 - \frac{1+\sqrt{5}}{2}x} + \frac{B}{1 - \frac{1-\sqrt{5}}{2}x}$$

则
$$A + B = 0$$
$$A - B = \frac{2}{\sqrt{5}}$$
$$G(x) = \frac{1}{\sqrt{5}} \left( \frac{1}{1 - \frac{1+\sqrt{5}}{2}x} + \frac{1}{1 - \frac{1-\sqrt{5}}{2}x} \right)$$
$$= \frac{1}{\sqrt{5}} [(\alpha - \beta)x + (\alpha^2 - \beta^2)x^2 + \cdots]$$

因此
$$F_n = \frac{(\alpha^n - \beta^n)}{\sqrt{5}}$$

其中

$$\alpha = \frac{-2}{1-\sqrt{5}} = \frac{1+\sqrt{5}}{2}, \quad \beta = \frac{2}{1+\sqrt{5}} = \frac{1-\sqrt{5}}{2}$$

**定义 2.3.2** 若序列 $\{a_n\}$ 满足

$$a_n + C_1 a_{n-1} + C_2 a_{n-2} + \cdots + C_k a_{n-k} = 0$$

$$a_0 = d_0, a_1 = d_1, \cdots, a_{k-1} = d_{k-1}$$

其中, $C_1, C_2, \cdots, C_k$ 和 $d_0, d_1, \cdots, d_{k-1}$ 是常数, $C_k \neq 0$. 则称 $\{a_n\}$ 为 $k$ 阶常系数线性递推关系, $a_0 = d_0, a_1 = d_1, \cdots, a_{k-1} = d_{k-1}$ 称为初始条件. 特别地,

$$C(x) = x^k + C_1 x^{k-1} + \cdots + C_{k-1} x + C_k$$

称为特征多项式.

下面利用组合型生成函数求解上面定义的递推关系.

设 $G(x)$ 是这个递推关系的组合型生成函数, 则有

$$x^k (a_k + C_1 a_{k-1} + C_2 a_{k-2} + \cdots + C_k a_0) = 0$$
$$x^{k+1}(a_{k+1} + C_1 a_k + C_2 a_{k-1} + \cdots + C_k a_1) = 0$$
$$\cdots$$
$$x^n (a_n + C_1 a_{n-1} + C_2 a_{n-2} + \cdots + C_k a_{n-k}) = 0$$
$$\cdots$$

将上式两边分别相加得到

$$G(x) - \sum_{i=0}^{k-1} a_i x^i + C_1 x [G(x) - \sum_{i=0}^{k-2} a_i x^i] + \cdots + C_k x^k G(x) = 0$$

即

$$(1 + C_1 x + C_2 x^2 + \cdots + C_k x^k) G(x) = \sum_{j=0}^{k-1} C_j x^j \sum_{i=0}^{k-1-j} a_i x^i$$

其中 $C_0 = 1$.

令 $P(x) = \sum_{j=0}^{k-1} C_j x^j \sum_{i=0}^{k-1-j} a_i x^i$, 多项式 $P(x)$ 的次数不大于 $k-1$.

由于特征多项式 $C(x) = x^k + C_1 x^{k-1} + \cdots + C_k$, 所以 $x^k C(\frac{1}{x}) = 1 + C_1 x + \cdots + C_k x^k$ 是 $k$ 次多项式. 注意到 $C(x) = 0$ 在复数域中有 $k$ 个根, 设

$$C(x) = (x-a_1)^{k_1}(x-a_2)^{k_2} \cdots (x-a_i)^{k_i}$$
$$k_1 + k_2 + \cdots + k_i = k$$

则

$$x^k C(\frac{1}{x}) = 1 + C_1 x + \cdots + C_k x^k$$
$$= (1-a_1 x)^{k_1}(1-a_2 x)^{k_2} \cdots (1-a_i x)^{k_i}$$

于是

$$(1 + C_1 x + \cdots + C_k x^k) G(x) = P(x)$$

$$G(x) = \frac{P(x)}{(1 + C_1 x + \cdots + C_k x^k)} = \frac{P(x)}{(1-a_1 x)^{k_1}(1-a_2 x)^{k_2} \cdots (1-a_i x)^{k_i}}$$

上式是有理分式, 所以

$$G(x) = \frac{A_{11}}{1-a_1 x} + \frac{A_{12}}{(1-a_1 x)^2} + \cdots + \frac{A_{1k_1}}{(1-a_1 x)^{k_1}} + \frac{A_{21}}{1-a_2 x} + \frac{A_{22}}{(1-a_2 x)^2} + \cdots + \frac{A_{2k_2}}{(1-a_2 x)^{k_2}} + \cdots +$$

$$\frac{A_{t1}}{1-a_t x} + \frac{A_{t2}}{(1-a_t x)^2} + \cdots + \frac{A_{tk_t}}{(1-a_t x)^{k_t}}$$

其中 $x^n$ 的系数是

$$a_n = \sum_{i=1}^{t} \sum_{j=1}^{k_i} A_{ij} \binom{j+n-1}{n} a_i^n$$

其中 $A_{ij}$ 是常数.

**定理 2.3.1** 设 $\frac{P(x)}{Q(x)}$ 是有理分式, 多项式 $P(x)$ 的次数低于 $Q(x)$ 的次数, 则 $\frac{P(x)}{Q(x)}$ 有分项表示且表示唯一.

**证明** 设 $P(x)$ 的次数为 $n$, 对 $n$ 采用数学归纳法. 当 $n=1$ 时, $P(x)$ 是常数, 结论成立; 假设对于小于 $n$ 的正整数结论成立; 下面证明对于正整数 $n$ 结论也成立.

设 $\alpha$ 是 $Q(x)$ 的 $k$ 重根, 因此

$$Q(x) = (x-\alpha)^k Q_1(x), Q_1(x) \neq 0$$

不妨假设 $P(x)$ 和 $Q(x)$ 互素, 设

$$\frac{P(x)}{Q(x)} = \frac{A}{(x-\alpha)^k} + \frac{P_1(x)}{(x-\alpha)^{k-1} Q_1(x)}$$

于是

$$A Q_1(x) + (x-\alpha) P_1(x) = P(x)$$
$$A = P(\alpha)/Q_1(x) \neq 0$$
$$P_1(x) = [P(x) - A Q_1(x)]/(x-\alpha)$$

根据归纳假设 $\frac{P_1(x)}{(x-\alpha)^k Q_1(x)}$ 可以分项表示, 因此 $\frac{P(x)}{Q(x)}$ 可以分项表示, 并且是唯一的.

下面分情况讨论具体计算问题.

1. 特征多项式 $C(x)$ 无重根

设 $C(x)=(x-a_1)(x-a_2)\cdots(x-a_k)$，因此有

$$G(x)=\frac{A_1}{1-a_1x}+\frac{A_2}{1-a_2x}+\cdots+\frac{A_k}{1-a_kx}$$

$$=\sum_{i=1}^{k}\frac{A_i}{1-a_ix}$$

其中 $x^n$ 的系数为

$$a_n=\sum_{i=1}^{k}A_ia_i^n$$

其中 $A_1,A_2,\cdots,A_k$ 可由以下线性方程组确定：

$$\begin{cases}A_1+A_2+\cdots+A_k=d_0\\ A_1a_1+A_2a_2+\cdots+A_ka_k=d_1\\ \cdots\\ A_1a_1^{k-1}+A_2a_2^{k-1}+\cdots+A_ka_k^{k-1}=d_{k-1}\end{cases}$$

而上述方程组的系数行列式是 Vandermond 行列式

$$\begin{vmatrix}1 & 1 & \cdots & 1\\ a_1 & a_2 & \cdots & a_k\\ \vdots & \vdots & \ddots & \vdots\\ a_1^{k-1} & a_2^{k-1} & \cdots & a_k^{k-1}\end{vmatrix}=\prod_{i>j}(a_i-a_j)\neq 0$$

所以有唯一解.

2. 特征多项式 $C(x)$ 有共轭复根

设 $a_1,a_2$ 是 $C(x)$ 的一对共轭复根，则有

$$a_1=\rho(\cos\theta+\mathrm{i}\sin\theta),a_2=\bar{a}_1=\rho(\cos\theta-\mathrm{i}\sin\theta)$$

$\dfrac{A_1}{1-a_1x}+\dfrac{A_2}{1-a_2x}$ 中 $x^n$ 的系数为

$$\begin{aligned}A_1a_1^n+A_2a_2^n&=A_1\rho^n(\cos\theta+\mathrm{i}\sin\theta)^n+A_2\rho^n(\cos\theta-\mathrm{i}\sin\theta)^n\\ &=A_1\rho^n(\cos n\theta+\mathrm{i}\sin n\theta)+A_2\rho^n(\cos n\theta-\mathrm{i}\sin n\theta)\\ &=(A_1+A_2)\rho^n\cos n\theta+\mathrm{i}(A_1-A_2)\rho^n\sin n\theta\\ &=A\rho^n\cos n\theta+B\rho^n\sin n\theta\end{aligned}$$

其中 $A=A_1+A_2,B=\mathrm{i}(A_1-A_2)$.

在具体计算时,可先求出各对共轭复根,再求待定系数,避免中间过程的复数运算.

3. 特征多项式 $C(x)$ 有重根

设 $\alpha$ 是 $C(x)$ 的 $k$ 重根,则 $\sum_{i=1}^{k}\dfrac{A_i}{(1-\alpha x)^i}$ 中 $x^n$ 的系数为

$$a_n = \sum_{j=1}^{k} A_j \binom{j+n-1}{n} \alpha^n$$

其中

$$\binom{j+n-1}{n} = \binom{j+n-1}{j-1}$$

是 $n$ 的 $j-1$ 次多项式,因此 $a_n$ 是 $\alpha^n$ 与 $n$ 的 $k-1$ 次多项式的乘积.

**总结:**

(1) 当特征多项式有 $n$ 个不同的根 $a_1, a_2, \cdots, a_n$ 时,递推关系的解为

$$a_k = l_1 a_1^k + l_2 a_2^k + \cdots + l_n a_n^k$$

其中 $l_1, l_2, \cdots, l_n$ 是待定系数,由初始条件决定.

(2) 当特征多项式有不同的复根时,根据欧拉公式任意复数 $a+bi$ 都可以表示为 $\rho e^{i\theta}$ 的形式. 设 $\alpha_1 = \rho e^{i\theta} = \rho(\cos\theta + i\sin\theta)$ 是 $C(x)$ 的一个根,则其共轭复根为

$$\alpha_2 = \rho e^{-i\theta} = \rho(\cos\theta - i\sin\theta)$$

$$l_1 \alpha_1^k + l_2 \alpha_2^k = l_1 \rho^k(\cos k\theta + i\sin k\theta) + l_2 \rho^k(\cos k\theta - i\sin k\theta)$$
$$= \rho^k(l_1 + l_2)\cos k\theta + i\rho^k(l_1 - l_2)\sin k\theta$$

其中 $l_1 + l_2$ 和 $i(l_1 - l_2)$ 是待定的常数. 因此递推关系的解对应的项为

$$A\rho^k \cos k\theta + B\rho^k \sin k\theta$$

其中 $A, B$ 是待定常数,由初始条件决定.

(3) 当特征多项式有 $k$ 重根时,设 $\alpha_1$ 是 $k$ 重根,则递推关系的解对应的项为

$$(A_0 + A_1 n + \cdots + A_{k-1} n^{k-1}) \alpha_1^n$$

其中 $A_0, A_1, \cdots, A_{k-1}$ 是待定的常数,由初始条件决定.

**例 2.3.11** 求下列 $n$ 阶行列式 $d_n$ 的值.

$$d_n = \begin{vmatrix} 2 & 1 & 0 & 0 & \cdots & 0 \\ 1 & 2 & 1 & 0 & \cdots & 0 \\ 0 & 1 & 2 & 1 & \cdots & 0 \\ 0 & 0 & 1 & 2 & \cdots & 0 \\ 0 & 0 & 0 & 1 & \cdots & 0 \\ \vdots & \vdots & \vdots & \vdots & \ddots & \vdots \\ 0 & 0 & 0 & 0 & \cdots & 2 \end{vmatrix}$$

**解** 由行列式的性质可得递推关系

$$d_n - 2d_{n-1} + d_{n-2} = 0, \quad d_1 = 2, \quad d_2 = 3$$

对应的特征方程为

$$m^2 - 2m + 1 = (m-1)^2 = 0$$
$$m_1 = m_2 = 1$$

所以 $m = 1$ 是二重根,故

$$d_n = (A + Bn)(1)^n = A + Bn$$

代入初始条件可得

$$\begin{cases} A + B = 2 \\ A + 2B = 3 \end{cases} \Rightarrow A = B = 1$$

即 $d_n = n + 1$.

**例 2.3.12** 求 $S_n = \sum_{k=0}^{n} k$.

**解** 因为 $S_n - S_{n-1} = n$,$S_{n-1} - S_{n-2} = n - 1$,相减得 $S_n - 2S_{n-1} + S_{n-2} = 1$. 同理

$$S_{n-1} - 2S_{n-2} + S_{n-3} = 1$$

故可得递推关系

$$S_n - 3S_{n-1} + 3S_{n-2} - S_{n-3} = 0$$
$$S_0 = 0, \quad S_1 = 1, \quad S_2 = 3$$

对应的特征方程为

$$m^3 - 3m^2 + 3m - 1 = (m-1)^3 = 0$$

所以 $m = 1$ 是三重根,故

$$S_n = (A + Bn + Cn^2)(1)^n = A + Bn + Cn^2$$

代入初始条件可得

$$S_n = \frac{1}{2}n + \frac{1}{2}n^2 = \frac{1}{2}n(n+1)$$

**例 2.3.13** 求
$$G(x) = \frac{1}{(1-x)^3(1-x^2)(1-x^3)}$$
中 $x^n$ 的系数 $a_n$.

**解** $a_n$ 的特征多项式是 $(x-1)^3(x+1)(x^2+x+1)$, 其中 $x=1$ 是三重根, $x=-1$ 是一重根. $x^2+x+1=0$ 的根是
$$\frac{-1\pm\sqrt{3}\mathrm{i}}{2} = \mathrm{e}^{\pm\frac{2}{3}\pi\mathrm{i}}, \rho=1, \theta=\frac{2}{3}\pi$$

所以
$$a_n = A + Bn + C\binom{n}{2} + D(-1)^n + E\cos\frac{2}{3}n\pi + F\sin\frac{2}{3}n\pi$$

由于
$$\begin{aligned}G(x) &= \frac{1}{(1-x)^3(1-x^2)(1-x^3)} \\ &= \frac{1}{1-x-x^2+x^4+x^5+x^6} \\ &= 1 + x + 2x^2 + 3x^3 + 4x^4 + 5x^5 + 7x^6 + 8x^7 + 10x^8 + \cdots\end{aligned}$$

利用 $a_0, a_1, a_2, a_3, a_4, a_5$ 的值便可解得 $A, B, C, D, E, F$ (具体解方程省略).

## 习题 2.3

1. 计算如下序列的组合型生成函数.
(1) $1, 1, 1, \cdots$.
(2) $1, n^2, n^3, \cdots$.
(3) $1, n, n(n+1)/2, \cdots, C(n+k-1, k), \cdots$.

2. 计算 $\sum_{i=1}^{n} i^2$.

3. 若有 1 克砝码 2 枚、2 克砝码 3 枚、4 克砝码 1 枚, 问能称出哪几种重量? 各有几种方案?

4. 将整数 12 拆分成 1, 2, 3, 5 的和, 并允许重复, 求其生成函数. 如果其中 3 和 5 至少出现一次, 求其组合型生成函数.

5. 求方程
$$2x_1 + 5x_2 + x_3 + 7x_4 = n$$
的非负整数解的个数 $a_n$ 的组合型生成函数.

6. 设 $m, n$ 为正整数，证明：如果 $m$ 能被 $n$ 整除，那么 $F_m$ 也能被 $F_n$ 整除.

7. 证明下面的结论.

(1) $F_1 + F_3 + F_5 + \cdots + F_{2n-1} = F_{2n}$.

(2) $F_1^2 + F_2^2 + F_3^2 + \cdots + F_n^2 = F_n F_{n+1}$.

8. 求长度为 $n$，不包含两个相邻的 0 或者相邻的 1 的三进制串的个数 $a_n$ 的递推关系，并且求出 $a_n$ 的公式.

9. 计算 $\sum_{i=1}^{n} i^3$.

10. 平面上有 $n$ 条直线，其中任意两条都相交于一点，但没有三条相交于一点，求 $n$ 条直线将平面分成的区域数.

11. 空间有 $n$ 个平面，任意两个都有唯一交线，任意三个都有唯一交点，但没有四个相交于同一点，求这 $n$ 个平面将空间分成的区域数.

## 2.4 排列型生成函数

### 2.4.1 排列型生成函数的引入

设有 $n$ 个元素，其中元素 $a_1$ 重复了 $n_1$ 次，元素 $a_2$ 重复了 $n_2$ 次……元素 $a_k$ 重复了 $n_k$ 次，$n = n_1 + n_2 + \cdots + n_k$. 从中取 $r$ 个排列，求不同的排列数.

如果

$$n_1 = n_2 = \cdots = n_k = 1$$

则是一般的排列问题. 现在由于出现重复，故不同的排列计数比较复杂. 先考虑 $n$ 个元素的全排列，若 $n$ 个元素没有完全一样的元素，则应有 $n!$ 种排列. 若考虑 $n_i$ 个元素 $a_i$ 的全排列数为 $n_i!$，则真正不同的排列数为

$$\frac{n!}{n_1! n_2! \cdots n_k!}$$

先讨论一个具体问题：假设有 8 个元素，其中 $a_1$ 重复了 3 次，$a_2$ 重复了 2 次，$a_3$ 重复了 3 次. 从中取 $r$ 个元素进行组合，其组合数为 $c_r$，则序列 $c_r$ 的组合型生成函数为

$$\begin{aligned} G(x) &= (1 + x + x^2 + x^3)(1 + x + x^2)(1 + x + x^2 + x^3) \\ &= (1 + 2x + 3x^2 + 3x^3 + 2x^4 + x^5)(1 + x + x^2 + x^3) \\ &= 1 + 3x + 6x^2 + 9x^3 + 10x^4 + 9x^5 + 6x^6 + 3x^7 + x^8 \end{aligned}$$

从 $x^4$ 的系数可知，从这 8 个元素中取 4 个进行组合，其组合数为 10. 这 10 个组合可从下面的展开式中得到：

$$(1+x_1+x_1^2+x_1^3)(1+x_2+x_2^2)(1+x_3+x_3^2+x_3^3)$$
$$=[1+(x_1+x_2)+(x_1^2+x_1x_2+x_2^2)+(x_1^3+x_1^2x_2+x_1x_2^2)+(x_1^3x_2+x_1^2x_2^2)+x_1^3x_2^2](1+x_3+x_3^2+x_3^3)$$
$$=1+(x_1+x_2+x_3)+(x_1^2+x_1x_2+x_2^2+x_1x_3+x_2x_3+x_3^2)+(x_1^3+x_1^2x_2+x_1x_2^2+x_1^2x_3+x_1x_2x_3+$$
$$x_2^2x_3+x_1x_3^2+x_2x_3^2+x_3^3)+(x_1x_3^3+x_2x_3^3+x_2^2x_3^2+x_1x_2x_3^2+x_2^2x_3^2+x_1^3x_3+x_1^2x_2x_3+x_1x_2^2x_3+x_1^3x_3+$$
$$x_1^2x_2^2)+\cdots$$

其中 4 次方项有

$$x_1x_3^3+x_2x_3^3+x_1^2x_3^2+x_1x_2x_3^2+x_2^2x_3^2+x_1^3x_3+x_1^2x_2x_3+x_1x_2^2x_3+x_1^3x_3+x_1^2x_2^2$$

上式表达了从这 8 个元素中取 4 个的组合. 例如 $x_1x_3^3$ 为 1 个 $a_1$、3 个 $a_3$ 的组合; $x_1^2x_3^2$ 为 2 个 $a_1$、2 个 $a_3$ 的组合; 以此类推.

计算从这 8 个元素中取 4 个的不同排列数. 以 $x_1^2x_3^2$ 对应的不同排列为例, 其不同排列数为

$$\frac{4!}{2!2!}=6$$

即 $a_1a_1a_3a_3$, $a_1a_3a_1a_3$, $a_3a_1a_1a_3$, $a_1a_3a_3a_1$, $a_3a_3a_1a_1$, $a_3a_1a_3a_1$; 同样, 1 个 $a_1$、3 个 $a_3$ 的不同排列数为

$$\frac{4!}{3!}=4$$

即 $a_1a_3a_3a_3$, $a_3a_1a_3a_3$, $a_3a_3a_1a_3$, $a_3a_3a_3a_1$; 以此类推, 可得问题的解为

$$4!(\frac{1}{1!3!}+\frac{1}{1!3!}+\frac{1}{2!2!}+\frac{1}{1!1!2!}+\frac{1}{2!2!}+\frac{1}{3!1!}+\frac{1}{2!1!1!}+\frac{1}{1!2!1!}+\frac{1}{3!1!}+\frac{1}{2!2!})$$
$$=4!(\frac{4}{3!}+\frac{3}{2!2!}+\frac{3}{2!})$$
$$=4!\frac{4\times2!2!+3\times3!+3\times2!3!}{2!2!3!}$$
$$=16+18+36=70$$

为了便于计算, 根据上述特点引进函数

$$G_e(x)=(1+\frac{x}{1!}+\frac{x^2}{2!}+\frac{x^3}{3!})(1+\frac{x}{1!}+\frac{x^2}{2!})(1+\frac{x}{1!}+\frac{x^2}{2!}+\frac{x^3}{3!})$$

进一步有

$$G_e(x)=(1+2x+2x^2+\frac{7}{6}x^3+\frac{5}{12}x^4+\frac{1}{12}x^5)(1+x+\frac{1}{2}x^2+\frac{1}{6}x^3)$$
$$=1+3x+\frac{9}{2}x^2+\frac{14}{3}x^3+\frac{35}{12}x^4+\frac{17}{12}x^5+\frac{35}{72}x^6+\frac{8}{72}x^7+\frac{1}{72}x^8$$

从上式可得, 取 1 个的排列数为 3; 取 2 个的排列数为 $2!\times9\div2=9$; 取 3 个的排列数为 $3!\times14\div3=28$; 取 4 个的排列数为 $4!\times35\div12=70$; 以此类推. 把上式改写成下面的形式, 结

果一目了然.

$$G_e(x) = 1! + \frac{3}{1!}x + \frac{9}{2!}x^2 + \frac{28}{3!}x^3 + \frac{70}{4!}x^4 + \frac{170}{5!}x^5 + \frac{350}{6!}x^6 + \frac{560}{7!}x^7 + \frac{560}{8!}x^8$$

**定义 2.4.1** 对于序列 $a_0, a_1, a_2, \cdots$, 函数

$$G_e(x) = a_0 + \frac{a_1}{1!}x + \frac{a_2}{2!}x^2 + \frac{a_3}{3!}x^3 + \cdots + \frac{a_k}{k!}x^k + \cdots$$

称为序列 $a_0, a_1, a_2, \cdots$ 的排列型生成函数.

综上所述,我们可以得到如下结论.

(1) 若元素 $a_1$ 有 $n_1$ 个,元素 $a_2$ 有 $n_2$ 个……元素 $a_k$ 有 $n_k$ 个,则由这些元素组成的 $n$ 个元素的排列中不同排列的总数为

$$\frac{n!}{n_1! n_2! \cdots n_k!}$$

其中 $n = n_1 + n_2 + \cdots + n_k$.

(2) 若元素 $a_1$ 有 $n_1$ 个,元素 $a_2$ 有 $n_2$ 个……元素 $a_k$ 有 $n_k$ 个,从由这些元素组成的 $n$ 个元素中取 $r$ 个进行排列,设其不同的排列数为 $p_r$,则序列 $p_0, p_1, \cdots, p_n$ 的排列型生成函数为

$$G_e(x) = (1 + \frac{x}{1!} + \frac{x^2}{2!} + \cdots + \frac{x^{n_1}}{n_1!})(1 + \frac{x}{1!} + \frac{x^2}{2!} + \cdots + \frac{x^{n_2}}{n_2!}) \cdots (1 + \frac{x}{1!} + \frac{x^2}{2!} + \cdots + \frac{x^{n_k}}{n_k!})$$

可以看出排列型生成函数在解决有重复元素的排列计数时的优越性.

### 2.4.2 多重集排列计数的例子

下面我们举一些例子.

**例 2.4.1** 计算由两个 $a$,一个 $b$,两个 $c$ 组成的不同排列的总数.

**解** 由前面的结论可得不同排列的总数为

$$n = \frac{5!}{2!2!1!} = 30$$

**例 2.4.2** 设 $n$ 是一个正整数,求序列 $P(n,0), P(n,1), \cdots, P(n,n)$ 的排列型生成函数.

**解** 根据排列型生成函数的定义,有

$$G_e(x) = P(n,0) + P(n,1)x + P(n,2)\frac{x^2}{2!} + \cdots + P(n,n)\frac{x^n}{n!} = (1+x)^n$$

**例 2.4.3** 设 $a$ 是一个实数,求序列 $1, a, a^2, \cdots, a^n, \cdots$ 的排列型生成函数.

**解** 根据排列型生成函数的定义,有

$$G_e(x) = \sum_{n=0}^{\infty} a^n \frac{x^n}{n!} = e^{ax}$$

**例 2.4.4**  由数字 1, 2, 3, 4 组成的 5 位数中, 要求 1 出现次数不超过 2 次, 但不能不出现; 2 出现次数不超过 1 次; 3 出现次数可达 3 次, 也可以不出现; 4 出现次数为偶数. 求满足上述条件的 5 位数的个数.

**解**  设满足上述条件的 $r$ 位数为 $a_r$, 则序列 $a_1, a_2, \cdots, a_{10}$ 的排列型生成函数为

$$\begin{aligned} G_e(x) &= (\frac{x}{1!} + \frac{x^2}{2!})(1+x)(1 + \frac{x}{1!} + \frac{x^2}{2!} + \frac{x^3}{3!})(1 + \frac{x^2}{2!} + \frac{x^4}{4!}) \\ &= (x + \frac{3}{2}x^2 + \frac{1}{2}x^3)(1 + x + x^2 + \frac{2}{3}x^3 + \frac{7}{24}x^4 + \frac{1}{8}x^5 + \frac{x^6}{48} + \frac{x^7}{144}) \\ &= x + \frac{5}{2}x^2 + 3x^3 + \frac{8}{3}x^4 + \frac{43}{24}x^5 + \frac{43}{48}x^6 + \frac{17}{48}x^7 + \frac{1}{288}x^8 + \frac{1}{48}x^9 + \frac{1}{288}x^{10} \\ &= \frac{x}{1!} + 5\frac{x^2}{2!} + 18\frac{x^3}{3!} + 64\frac{x^4}{4!} + 215\frac{x^5}{5!} + 645\frac{x^6}{6!} + 1785\frac{x^7}{7!} + 140\frac{x^8}{8!} + 7650\frac{x^9}{9!} + 12600\frac{x^{10}}{10!} \end{aligned}$$

则满足条件的 5 位数共有 215 个.

**例 2.4.5**  求由数字 1, 3, 5, 7, 9 组成的 $n$ 位数的个数, 要求其中 3, 7 出现的次数为偶数, 其他 1, 5, 9 出现次数不加限制.

**解**  设满足条件的 $r$ 位数为 $a_r$, 则序列 $a_1, a_2, a_3, \cdots$ 对应的排列型生成函数为

$$G_e(x) = (1 + \frac{x^2}{2!} + \frac{x^4}{4!} + \cdots)^2 (1 + x + \frac{x^2}{2!} + \frac{x^3}{3!} + \cdots)^3$$

由于

$$1 + x + \frac{x^2}{2!} + \frac{x^3}{3!} + \cdots = e^x$$

$$1 + \frac{x^2}{2!} + \frac{x^4}{4!} + \cdots = \frac{1}{2}(e^x + e^{-x})$$

故

$$\begin{aligned} G_e(x) &= \frac{1}{4}(e^x + e^{-x})^2 e^{3x} \\ &= \frac{1}{4}(e^{2x} + 2 + e^{-2x})e^{3x} \\ &= \frac{1}{4}(e^{5x} + 2e^{3x} + e^x) \\ &= \frac{1}{4}(\sum_{n=0}^{\infty} 5^n \frac{x^n}{n!} + 2\sum_{n=0}^{\infty} 3^n \frac{x^n}{n!} + \sum_{n=0}^{\infty} \frac{x^n}{n!}) \\ &= \frac{1}{4}\sum_{n=0}^{\infty}(5^n + 2 \times 3^n + 1)\frac{x^n}{n!} \end{aligned}$$

因此，$a_n = \dfrac{1}{4}(5^n + 2 \times 3^n + 1)$。

**例 2.4.6** 要求把棋盘上的偶数个方格染成红色，请确定用红色、白色和蓝色对 1 行 $n$ 列棋盘的方格染色的方案数．

**解** 用 $a_n$ 表示染色方案数，这时 $a_n$ 等于三种颜色多重集的 $n$ 排列数，其中每一种颜色都可以重复任意次，且红色出现偶数次．则序列 $a_n$ 的排列型生成函数就是红、白、蓝因子的乘积，可以得到

$$G_e(x) = (1 + \dfrac{x^2}{2!} + \dfrac{x^4}{4!} + \cdots)(1 + \dfrac{x}{1!} + \dfrac{x^2}{2!} + \cdots)(1 + \dfrac{x}{1!} + \dfrac{x^2}{2!} + \cdots)$$

$$= \dfrac{1}{2}(e^{3x} + e^x) = \dfrac{1}{2}(\sum_{n=0}^{\infty} 3^n \dfrac{x^n}{n!} + \sum_{n=0}^{\infty} \dfrac{x^n}{n!})$$

$$= \dfrac{1}{2}\sum_{n=0}^{\infty} (3^n + 1)\dfrac{x^n}{n!}$$

因此 $a_n = \dfrac{3^n + 1}{2}$。

**例 2.4.7** 求用红色、白色和蓝色对 1 行 $n$ 列棋盘染色的方案数 $a_n$，要求其中红色方格的个数是偶数，并且蓝色方格至少有一个．

**解** 类似例 2.4.6，序列 $a_n$ 的排列型生成函数为

$$G_e(x) = (1 + \dfrac{x^2}{2!} + \dfrac{x^4}{4!} + \cdots)(1 + \dfrac{x}{1!} + \dfrac{x^2}{2!} + \cdots)(\dfrac{x}{1!} + \dfrac{x^2}{2!} + \cdots)$$

$$= \dfrac{1}{2}(e^x + e^{-x})e^x(e^x - 1)$$

$$= -\dfrac{1}{2} + \sum_{n=0}^{\infty} (\dfrac{3^n - 2^n + 1}{2})\dfrac{x^n}{n!}$$

因此，$a_0 = 0, a_n = \dfrac{3^n - 2^n + 1}{2}(n > 0)$。

## 习题 2.4

1. 计算序列 $1,1,1,\cdots$ 的排列型生成函数．
2. 计算序列 $b^n, b^n, \cdots, b^n, \cdots$ 的排列型生成函数．
3. 计算序列 $0!, 1!, \cdots, n!, \cdots$ 的排列型生成函数．
4. 设 $\alpha$ 为一实数，$a_0 = 1, a_n = \alpha(\alpha - 1)\cdots(\alpha - n + 1)(n \geq 1)$，求该序列的排列型生成函数．
5. 设序列 $\{a_n\}$ 和 $\{b_n\}$ 的排列型生成函数分别为 $A_e(x)$ 和 $B_e(x)$，证明：

$$A_e(x)B_e(x) = \sum C_n x^n / n!$$

其中 $C_n = \sum_{k=0}^{n} \binom{n}{k} a_k b_{n-k}$.

6. 由数字 1, 2, 3, 5 组成的 5 位数中, 要求 1 出现次数不超过 1 次, 但不能不出现; 2 出现次数不超过 2 次; 3 出现次数可达 3 次, 也可以不出现; 4 出现次数为偶数. 求满足上述条件的 5 位数的个数.

7. 求由数字 1, 3, 5, 7, 9 构成的 $n$ 位数的个数, 要求其中 1 和 3 都出现非零偶数次.

8. 求由数字 4, 5, 6, 7, 8, 9 构成的 $n$ 位数的个数, 要求其中 4 和 6 都出现偶数次, 5 和 7 每个至少出现 1 次, 其他没有限制.

9. 将 $n$ 个有标志的球放进 4 个有区别的盒子, 要求第一个盒子和第二个盒子有偶数个球, 第三个盒子有奇数个球, 计算满足要求的排列数.

10. 将 $m$ 个有标志的球放进 $n$ 个有区别的盒子, 要求没有空盒子, 求方案数.

11. 将 $2n$ 个有标志的球放进 $m$ 个有区别的盒子, 要求每个盒子都有偶数个球, 求方案数.

## 2.5 Catalan 数和 Stirling 数

本节我们介绍两个特殊的计数: Catalan 数和 Stirling 数.

### 2.5.1 Catalan 数

1730 年, 中国清代蒙古族数学家明安图在推导三角函数幂级数的过程中首次发现了 Catalan 数. 1753 年, 数学家欧拉在解决凸包划分成三角形的问题时也推出了 Catalan 数. 后来, 比利时数学家 Catalan 进行了命名. 首先, 我们给出 Catalan 数列的定义.

**定义 2.5.1** Catalan 数列是指 $C_0, C_1, C_2, \cdots, C_n, \cdots$, 其中

$$C_n = \frac{1}{n+1}\binom{2n}{n}(n=0,1,2,\cdots)$$

称为第 $n$ 个 Catalan 数.

前 8 个 Catalan 数如表 2.5.1 所示.

表 2.5.1 前 8 个 Catalan 数

| $n$ | 0 | 1 | 2 | 3 | 4 | 5 | 6 | 7 | 8 |
|---|---|---|---|---|---|---|---|---|---|
| $C_n$ | 1 | 1 | 2 | 5 | 14 | 42 | 132 | 429 | 1430 |

Catalan 数有多种不同的计数意义, 我们举例说明.

**例 2.5.1** 在一个凸 $n+1$ 边形中, 通过插入内部不相交的对角线, 将其分成一些三角形, 求有多少种不同的分法?

**解** 设 $a_n$ 为将凸 $n+1$ 边形划分为三角形的不同分法的个数, 定义 $a_1 = 1$, 则

$$a_n = a_1 a_{n-1} + a_2 a_{n-2} + \cdots + a_{n-1} a_1, \ n \geq 3$$

下面求序列 $a_1, a_2, \cdots, a_n, \cdots$ 的组合型生成函数，有

$$G(x) = a_1 x + a_2 x^2 + \cdots + a_n x^n + \cdots$$

$$\begin{aligned}G(x)^2 &= a_1^2 x^2 + (a_1 a_2 + a_2 a_1) x^3 + (a_1 a_3 + a_2 a_2 + a_3 a_1) x^4 \\ &\quad + \cdots + (a_1 a_{n-1} + a_2 a_{n-2} + \cdots + a_{n-1} a_1) x^n + \cdots \\ &= G(x) - x\end{aligned}$$

因此

$$G(x)^2 - G(x) + x = 0$$

可以得到

$$G_1(x) = \frac{1 + \sqrt{1-4x}}{2}, G_2(x) = \frac{1 - \sqrt{1-4x}}{2}$$

因为 $G(0) = 0$，所以

$$\begin{aligned}G(x) = G_2(x) &= \frac{1 - \sqrt{1-4x}}{2} = \frac{1}{2}[1 - (1-4x)^{1/2}] \\ &= \frac{1}{2}\left[1 - \sum_{n=0}^{\infty} \binom{1/2}{n}(-4x)^n\right] = -\frac{1}{2}\sum_{n=1}^{\infty}\binom{1/2}{n}(-4x)^n \\ &= -\frac{1}{2}\sum_{n=1}^{\infty} \frac{(-1)^{n-1}\frac{1}{2} \times \frac{1}{2} \times \frac{3}{2} \times \cdots \times \frac{2n-3}{2}}{n!}(-1)^n 4^n x^n \\ &= \sum_{n=1}^{\infty} \frac{2^{n-1}[1 \times 3 \times 5 \times \cdots \times (2n-3)]}{n!} x^n \\ &= \sum_{n=1}^{\infty} \frac{1}{n} \frac{(2n-2)!}{(n-1)!(n-1)!} x^n \\ &= \sum_{n=1}^{\infty} \frac{1}{n}\binom{2n-2}{n-1} x^n\end{aligned}$$

因此，$a_n = \frac{1}{n}\binom{2n-2}{n-1}, n = 1, 2, 3, \cdots$ 是第 $n-1$ 个 Catalan 数 $C_{n-1}$。

**例 2.5.2** 假设 $x_1 x_2 \cdots x_n$ 是 $n$ 个数的乘积，求有几种不同的乘法方案？

**解** 设 $a_n$ 是所求的方案数，那么

$$\begin{cases} a_n = a_1 a_{n-1} + a_2 a_{n-2} + \cdots + a_{n-1} a_1 \\ a_1 = a_2 = 1 \end{cases}$$

类似例 2.5.1，有

$$C_{n-1} = a_n = \frac{1}{n}\binom{2n-2}{n-1}, n = 1, 2, 3, \cdots$$

最后给出关于 Catalan 数的一个定理,在一些计数中会用到.

**定理 2.5.1** $n$ 个 +1 和 $n$ 个 -1 构成的 $2n$ 项序列

$$x_1, x_2, \cdots, x_{2n}$$

其部分和满足

$$x_1 + x_2 + \cdots + x_k \geq 0$$

的数列的个数等于 $C_n (n \geq 0)$.

**证明** 设 $A_n$ 表示满足条件的序列的个数,$U_n$ 表示不满足条件的序列的个数. $n$ 个 +1 和 $n$ 个 -1 构成的序列的总个数为

$$\frac{(2n)!}{n!n!} = \binom{2n}{n}$$

因此

$$A_n + U_n = \binom{2n}{n}$$

现在考虑不满足条件的序列. 存在最小的 $k$ 使得

$$x_1 + x_2 + \cdots + x_k < 0$$

因为 $k$ 最小,所以 $x_k$ 前面存在相等个数的 +1 和 -1. 进一步有

$$x_1 + x_2 + \cdots + x_{k-1} = 0, x_k = -1$$

其中 $k$ 是一个奇数. 现在用 $-x_i$ 代替 $x_i (i = 1, 2, \cdots, k)$,剩下的项保持不变,可以得到序列

$$x'_1, x'_2, \cdots, x'_{2n}$$

该序列包含 $n+1$ 个 +1 和 $n-1$ 个 -1. 这个过程是可逆的,把 +1 和 -1 的符号互换,就得到了 $n$ 个 +1 和 $n$ 个 -1 构成的不满足条件的序列. 因此,有多少 $n+1$ 个 +1 和 $n-1$ 个 -1 构成的序列,就有多少不满足条件的序列. 所以

$$U_n = \frac{(2n)!}{(n+1)!(n-1)!}$$

因而,

$$\begin{aligned} A_n &= \frac{(2n)!}{n!n!} - \frac{(2n)!}{(n+1)!(n-1)!} \\ &= \frac{(2n)!}{n!(n-1)!} \times \frac{1}{n(n+1)} \\ &= \frac{1}{n+1}\binom{2n}{n} \\ &= C_n \end{aligned}$$

这个定理可以解决某些计数问题, 下面举一个例子.

**例 2.5.3** 有 $2n$ 个人排成一行进入电影院, 票价是 50 美分, 其中 $n$ 个人有 50 美分一个的分币, $n$ 个人有 1 美元的纸币. 问: 有多少种排列方法, 使得只要有 1 美元的人买票售票处就有 50 美分的分币找零钱?

**解** 把这些人看成是不可区分的, 并且把 50 美分的分币用+1 表示, 而 1 美元用−1 表示, 那么要求的排列方法数就是满足定理 2.5.1 的序列数

$$C_n = \frac{1}{n+1}\binom{2n}{n}$$

## 2.5.2 Stirling 数

Stirling 数分为两类: 第一类 Stirling 数和第二类 Stirling 数. 它是由 18 世纪苏格兰数学家 James Stirling 首次发现的, 在一些特殊类型的计数中发挥着重要作用.

首先给出第一类 Stirling 数的定义.

**定义 2.5.2** 记 $[x]_n = x(x-1)(x-2)\cdots(x-n+1)$, 如果

$$[x]_n = s(n,n)x^n - s(n,n-1)x^{n-1} + \cdots + (-1)^{n-1}s(n,1)x + (-1)^n s(n,0)$$

则称 $s(n,0), s(n,1), \cdots, s(n,n)$ 为第一类 Stirling 数.

显然, 由定义可得 $s(n,0) = 0, s(n,n) = 1$.

由于

$$[x]_3 = x(x-1)(x-2) = x^3 - 3x^2 + 2x$$
$$[x]_4 = x(x-1)(x-2)(x-3) = x^4 - 6x^3 + 11x^2 - 6x$$

所以 $s(3,2) = 3, s(4,3) = 6$.

下面给出第一类 Stirling 数的递推公式.

**定理 2.5.2** 设 $0 \leq k \leq n$, 则

$$s(n,k) = s(n-1,k-1) + (n-1)s(n-1,k)$$

**证明** 因为

$$[x]_n = [x]_{n-1}(x-n+1)$$
$$= [s(n-1,n-1)x^{n-1} - s(n-1,n-2)x^{n-2} + \cdots +$$
$$(-1)^{n-2}s(n-1,1)x + (-1)^{n-1}s(n-1,0)][x-(n-1)]$$

比较等式两边的系数可得

$$s(n,k) = s(n-1,k-1) + (n-1)s(n-1,k)$$

显然有
$$s(n,1) = (n-1)!$$

下面给出第一类Stirling数的计数意义.

**定理 2.5.3** 第一类Stirling数$s(n,k)$指的是将$n$个物体排成$k$个非空的循环排列的方法数.

**证明** 设所求的方法数为$s^*(n,k)$. 如果有$n$个物体和$n$个循环排列, 那么每个循环排列就只包含一个物体, 故$s^*(n,n)=1$. 另外, 如果至少有一个物体, 那么任何排法都至少包含一个循环排列, 故$s^*(n,0)=0$. 进一步, 假设物体被标记上号码$1,2,\cdots,n$, 将$1,2,\cdots,n$排成$k$个循环排列有两种排法: 第一种排法是在一个循环排列中只有标号为$n$的物体自己, 这种排法共有$s^*(n-1,k-1)$个; 第二种排法是标号为$n$的物体至少和另外一个物体在一个循环排列中, 第二种排法共有$(n-1)s^*(n-1,k)$个. 因此, 总方法数
$$s^*(n,k) = s^*(n-1,k-1) + (n-1)s^*(n-1,k)$$
所以, $s(n,k) = s^*(n,k)$.

接下来介绍第二类Stirling数.

**定义 2.5.3** 将$n$个有区别的球放进$k$个相同的盒子中, 要求没有空盒, 其不同的方案数用$S(n,k)$表示, 称为第二类Stirling数.

例如, 四个有区别的球放进两个相同的盒子, 用$a,b,c,d$表示四个不同的球, 则
$$\begin{aligned}\{a,b,c,d\} &= \{a\}\bigcup\{b,c,d\} = \{b\}\bigcup\{a,c,d\} \\ &= \{c\}\bigcup\{b,a,d\} = \{d\}\bigcup\{b,c,a\} \\ &= \{a,b\}\bigcup\{c,d\} = \{a,c\}\bigcup\{b,d\} \\ &= \{a,d\}\bigcup\{b,c\}\end{aligned}$$

因此, $S(4,2) = 7$.

第二类Stirling数满足递推关系.

**定理 2.5.4** 设$1 \leqslant k \leqslant n$, 则$S(n,k) = S(n-1,k-1) + kS(n-1,k)$.

**证明** 任取一个球$a$, 可以分为两种情况讨论:

(1) $a$独占一个盒子, 这时有$S(n-1,k-1)$种方法.

(2) $a$不独占一盒子, 这时有$kS(n-1,k)$种方法.

所以, $S(n,k) = S(n-1,k-1) + kS(n-1,k)$, 结论成立.

定理 2.5.4 实际上就是习题 1.3 第 5 题要证明的结论. 换句话说, 第二类Stirling数也可以解释为$n$元集合的$k$划分(即含有$k$个子集的划分)的个数.

由定理 2.5.4 不难得到第二类Stirling数的如下性质:

(1) $S(n,k) = 0 (k > n \geqslant 1)$.

(2) $S(n,1) = 1$.

(3) $S(n,n) = 1$.

(4) $S(n,2) = 2^{n-1} - 1$.

最后给出第二类 Stirling 数的具体表达形式.

**定理 2.5.5** 设 $1 \leq k \leq n$, 则

$$S(n,k) = \frac{1}{k!} \sum_{t=0}^{k} (-1)^t \binom{k}{t} (k-t)^n$$

定理 2.5.5 的证明较为复杂, 在此略去.

第二类 Stirling 数可以解决几类放球的计数问题, 总结如下:

(1) $n$ 个有区别的球放进 $m$ 个无区别的盒子, 要求无空盒, 则方案数为 $S(n,m)$, 这是定义.

(2) $n$ 个有区别的球放进 $m$ 个有区别的盒子, 要求无空盒, 则方案数为 $S(n,m)m!$.

(3) $n$ 个有区别的球放进 $m$ 个无区别的盒子, 盒子可以为空, 则方案数为 $\sum_{k=0}^{m} S(n,k)$.

(4) $n$ 个有区别的球放进 $m$ 个有区别的盒子, 盒子可以为空, 则方案数为

$$\sum_{k=0}^{m} P(m,k) S(n,k)$$

## 习题 2.5

1. 在一个圆周上等间隔的选择 $2n$ 个点, 证明: 将这些点成对地连接起来, 使所得到的 $n$ 条线段不相交的方法数等于第 $n$ 个 Catalan 数 $C_n$.

2. 证明: $nC_{n+1} = (4n-6)C_n$.

3. 用第一类 Stirling 数写出 $n!$.

4. 证明第二类 Stirling 数满足:

(1) $S(n,1) = 1 (n > 0)$.

(2) $S(n,2) = 2^{n-1} - 1 (n > 1)$.

(3) $S(n,n-1) = \binom{n}{2} (n > 0)$.

5. 10 个有区别的球放进 6 个有区别的盒子中, 要求没有空盒子, 求方案数.

6. 证明:

$$S(n,n-3) = \binom{n}{4} + 10\binom{n}{5} + 15\binom{n}{6}$$

# 第 3 章
# 数理逻辑

逻辑(logic)一词源于希腊文, 有"思维"和"表达思考的言辞"之意. 数理逻辑是用数学的方法来研究推理规律的科学, 即采用符号的方法来描述和处理思维形式、思维过程和思维规律, 因此数理逻辑也称为符号逻辑. 在计算机科学领域, 数理逻辑的方法无处不在; 在数学领域, 数理逻辑对阅读证明和构造证明都是非常重要的. 本章前四节介绍数理逻辑中的命题逻辑(也称为命题演算), 最后一节介绍谓词逻辑.

## 3.1 命题

数理逻辑是研究推理的, 而推理的前提和结论都表达为可判断真假的陈述句. 因此, 我们就从这些可判断真假的陈述句, 即命题, 开始本章的讨论.

### 3.1.1 命题的定义

先给出命题的定义.

**定义 3.1.1** 命题(proposition)是一个陈述句, 它只能取真或假, 而不能是两者.

该定义有两层含义: (1)命题是陈述句, 其他的语句, 如疑问句、祈使句、感叹句均不是命题; (2)这个陈述句表示的内容可以分辨真假, 而且不是真就是假, 不能不真也不假, 也不能既真又假.

命题是真的或假的, 真和假是命题的真值. 真命题的真值是真的, 假命题的真值是假的. 通常用 1 或 T 表示真, 0 或 F 表示假.

以下陈述句都是命题.

(1) 今天是星期二.
(2) 西安电子科技大学是 211 工程建设大学.
(3) 西安著名的"秦镇凉皮"中的"秦镇"位于西安市长安区.
(4) 地球是宇宙中唯一存在生命的星球.

(5) 2035 年中国人口会少于 13 亿.

(6) 16 是偶数且巴黎是法国的首都.

上述 6 个命题中, (1)的真假取决于今天是否为周二; 显然(2)是真命题; (3)是假命题(秦镇位于鄠邑区); (4)可能为真, 也可能为假, 但不会既为真又为假, 只不过限于现在的科技水平还不知道真假; (5)暂时也是真假未知. 值得注意的是命题(6), 其实它是用联结词(connective)"且"组合起来了两个命题"16 是偶数"和"巴黎是法国的首都", 这样的命题称为复合命题. 随后我们将介绍更多的逻辑联结词. 这里还需指出, 一般语言中, 我们也经常使用带有逻辑联结词的语句. 例如小明是班上个子最高且成绩最好的同学, "个子最高"和"成绩最好"都是来描述小明的, 即联结词组合的两部分是有关系的. 而命题逻辑和我们的日常语言不同, 它只关心命题形式和真值, 并不关心命题内容间是否有关系, 例如上述命题(6)中, "16 是偶数"和"巴黎是法国的首都"在内容上就没有关系. 我们日常生活中也不会说出如命题(6)那样的话, 我们关心的是命题(6)的真值而不是两个组成部分的关系.

需要注意命题必须为陈述句, 不能为疑问句、祈使句、感叹句等.

下列句子不是命题.

(1) 这个小男孩多勇敢啊!

(2) 乌鸦是黑色的吗?

(3) 但愿中国队能取胜.

(4) 请把门开一开!

下列句子不能判断其为真或为假, 所以也不是命题.

(1) $x+y>10$.

(2) 我正在撒谎.

### 3.1.2 联结词

在上述命题(6)中我们已经看到可以通过联结词由简单命题构成复合命题, 下面来详细介绍几种常见的逻辑连接词.

我们常用小写字母 $p, q, r$ 表示命题变元, 就像代数中用字母表示数值变量一样. 命题变元可以代表任意命题, 所以不能确定它的真值; 只有当它表示具体的命题时, 才知道它的真值.

命题 $p$ 和命题 $q$ 的合取(conjunction), 记为 $p \wedge q$, 即命题 $p$ 且 $q$. 当两者都为真时, 命题 $p \wedge q$ 为真, 否则为假.

命题 $p$ 和命题 $q$ 的析取(disjunction), 记为 $p \vee q$, 即命题 $p$ 或 $q$. 当两者有一个为真时, 命题 $p \vee q$ 为真; 两者都为假时, 命题 $p \vee q$ 为假.

**例 3.1.1** 设

$$p: 16 \text{ 是偶数}$$
$$q: \text{巴黎是法国的首都}$$

则命题 $p$ 和命题 $q$ 的合取为

$$p \wedge q: 16 \text{ 是偶数且巴黎是法国的首都}$$

而命题 $p$ 和命题 $q$ 的析取为

$$p \vee q: 16 \text{ 是偶数或巴黎是法国的首都}$$

复合命题 $p \wedge q$ 和 $p \vee q$ 的真值都为真，因为 $p$ 和 $q$ 都为真.

**例 3.1.2** 设

$$p: \text{本教材的作者是亿万富翁}$$
$$q: \text{西安电子科技大学是教育部直属高校}$$
$$r: \text{西安是中国人口最多的城市}$$

则命题 $p$ 和命题 $q$ 的合取为

$$p \wedge q: \text{本教材作者是亿万富翁且西安电子科技大学是教育部直属高校}$$

显然，复合命题 $p \wedge q$ 的真值为假.

命题 $p$ 和命题 $q$ 的析取为

$$p \vee q: \text{本教材作者是亿万富翁或西安电子科技大学是教育部直属高校}$$

复合命题 $p \vee q$ 的真值为真，因为 $q$ 为真.

而复合命题 $p \wedge r$ 和 $p \vee r$ 都为假；$r \wedge q$ 为假；$r \vee q$ 为真.

我们通常用真值表来表示合取、析取这样的复合命题的真值. 真值表反映了命题所有可能组合对应的复合命题的真值情况. 合取和析取的真值如表 3.1.1 所示.

表 3.1.1 合取和析取的真值表

| $p$ | $q$ | $p \wedge q$ | $p \vee q$ |
| --- | --- | --- | --- |
| 0 | 0 | 0 | 0 |
| 0 | 1 | 0 | 1 |
| 1 | 0 | 0 | 1 |
| 1 | 1 | 1 | 1 |

下面继续介绍逻辑联结词. 设 $p$ 和 $q$ 为命题.

复合命题"非 $p$"(或"$p$ 的否定")称为 $p$ 的否定式(negation)，记为 $\neg p$. 命题 $\neg p$ 为真当且仅当 $p$ 为假.

复合命题"如果 $p$，则 $q$"称为 $p$ 和 $q$ 的蕴含式(implication)，记为 $p \to q$. 称 $p$ 为蕴涵式的前件(前提)，$q$ 为蕴涵式的后件(结论)，$\to$ 称为蕴涵联结词. 命题 $p \to q$ 为假当且仅当 $p$ 为真

且 $q$ 为假. $p \to q$ 也称为条件命题.

否定和蕴含的真值表如表 3.1.2 所示.

表 3.1.2 否定和蕴含的真值表

| $p$ | $q$ | $\neg p$ | $p \to q$ |
|---|---|---|---|
| 0 | 0 | 1 | 1 |
| 0 | 1 | 1 | 1 |
| 1 | 0 | 0 | 0 |
| 1 | 1 | 0 | 1 |

**例 3.1.3** 将下列命题符号化.

(1) 吴颖既用功又聪明.

(2) 吴颖虽然聪明,但不用功.

(3) 4 或 6 是素数.

(4) 小李只能拿一个苹果或一个梨.

(5) 只要天冷,小王就穿羽绒服.

(6) 如果天不冷,则小王不穿羽绒服.

(7) 若小王不穿羽绒服,则天不冷.

**解** 设 $p$：吴颖用功，$q$：吴颖聪明.

(1) $p \wedge q$.

(2) $\neg p \wedge q$.

(3) 设 $p$：4 是素数，$q$：6 是素数，则 4 或 6 是素数可表示为 $p \vee q$.

(4) 设 $p$：小李拿一个苹果，$q$：小李拿一个梨,则小李只能拿一个苹果或一个梨可表示为 $(p \wedge \neg q) \vee (\neg p \wedge q)$.

设 $p$：天冷，$q$：小王穿羽绒服

(5) $p \to q$.

(6) $\neg p \to \neg q$.

(7) $\neg q \to \neg p$.

值得注意的是,对于条件命题 $p \to q$,当前提 $p$ 为假时,不管结论 $q$ 是否为真, $p \to q$ 都为真. 如果不这样定义会得到一些与直观不一致的结论,参考习题 3.2 第 7 题.

**例 3.1.4** 考虑例 3.1.2 中的命题,即

$p$：本教材的作者是亿万富翁

$q$：西安电子科技大学是教育部直属高校

$r$：西安是中国人口最多的城市

则条件命题 $p \to q$ 和 $p \to r$ 都是真命题,虽然 $q$ 和 $r$ 的真值不同.

本节最后我们介绍的逻辑联结词为双条件 "$\leftrightarrow$", $p \leftrightarrow q$ 表示 "$p$ 当且仅当 $q$". 当 $p$ 和 $q$ 有相同的真值时, $p \leftrightarrow q$ 为真,否则为假. 命题 $p \leftrightarrow q$ 和 $(p \to q) \wedge (q \to p)$ 有完全相同的真

值(见表 3.1.3), 因此也称为双向蕴含.

表 3.1.3  双向蕴含的真值表

| $p$ | $q$ | $p \to q$ | $q \to p$ | $(p \to q) \wedge (q \to p)$ |
| --- | --- | --- | --- | --- |
| 0 | 0 | 1 | 1 | 1 |
| 0 | 1 | 1 | 0 | 0 |
| 1 | 0 | 0 | 1 | 0 |
| 1 | 1 | 1 | 1 | 1 |

### 3.1.3 条件命题

在数学推理中, 条件命题具有很重要的作用. 前面介绍了条件命题 $p \to q$, 下面主要讨论由条件命题 $p \to q$ 构造的新的条件命题.

**定义 3.1.2** 命题 $q \to p$ 称为条件命题 $p \to q$ 的逆命题; 命题 $\neg p \to \neg q$ 称为条件命题 $p \to q$ 的否命题; 命题 $\neg q \to \neg p$ 称为条件命题 $p \to q$ 的逆否命题.

**例 3.1.5** 给出命题"每当考试时下雨, 小王就能取得好成绩"的逆命题、否命题和逆否命题.

**解** 设

$$p:\text{考试时下雨},\ q:\text{小王取得好成绩}$$

则命题"每当考试时下雨, 小王就能取得好成绩"可表示为 $p \to q$. 那么

逆命题 $q \to p$: 如果小王取得了好成绩, 那么考试时下雨了.

否命题 $\neg p \to \neg q$: 如果考试时没有下雨, 那么小王没有取得好成绩.

逆否命题 $\neg q \to \neg p$: 如果小王没有取得好成绩, 那么考试时没有下雨.

我们介绍了由条件命题得到新命题的方法, 下面来看它们的真值情况. 两个复合命题不管命题变元取值情况而总有相同的真值, 则称这两个复合命题是逻辑等价的(下一节将会详细讨论). 由真值表 3.1.4 可知, 逆否命题 $\neg q \to \neg p$ 和原命题 $p \to q$ 逻辑等价, 而否命题、逆命题都不和原命题逻辑等价, 但否命题和逆命题逻辑等价. 原因也很简单, $\neg p \to \neg q$ 是 $q \to p$ 的逆否命题.

表 3.1.4  逆命题、否命题和逆否命题的真值表

| $p$ | $\neg p$ | $q$ | $\neg q$ | $p \to q$ | $q \to p$ | $\neg p \to \neg q$ | $\neg q \to \neg p$ |
| --- | --- | --- | --- | --- | --- | --- | --- |
| 0 | 1 | 0 | 1 | 1 | 1 | 1 | 1 |
| 0 | 1 | 1 | 0 | 1 | 0 | 0 | 1 |
| 1 | 0 | 0 | 1 | 0 | 1 | 1 | 0 |
| 1 | 0 | 1 | 0 | 1 | 1 | 1 | 1 |

我们已经知道条件命题和它的逆否命题是逻辑等价的, 即具有相同的真值, 在数学中常常利用这一点来证明结论.

**例 3.1.6** 用逆否证明法证明:

$$\text{对于所有的 } x \in R, \text{ 如果 } x^2 \text{ 是无理数, 则 } x \text{ 是无理数}$$

**证明** 令 $x$ 为任意实数,下面证明原语句的逆否命题:

$$\text{如果 } x \text{ 不是无理数, 则 } x^2 \text{ 也不是无理数}$$

该命题等价于

$$\text{如果 } x \text{ 是有理数, 则 } x^2 \text{ 也是有理数}$$

假设 $x$ 是有理数,则存在整数 $p$ 和 $q$,使得 $x = p/q$. 不难得到 $x^2 = p^2/q^2$,因为 $x^2$ 是整数的商,所以 $x^2$ 是有理数. 证毕.

注意上例中若从条件"如果 $x^2$ 是无理数"出发直接证明,将因无从着手而陷入困难. 前面已经指出了逻辑命题和自然语言有所不同,这里再次指出这一点. 在日常生活中,我们常用的自然语言具有不精确的特点. 例如,考虑下面的日常语句:

$$\text{如果你给我修好手机, 我会付你 100 元}$$

这句话表达的意思是:

$$\text{如果你给我修好手机, 我会付给你 100 元, 且}$$
$$\text{如果你没有修好我的手机, 我不会付给你 100 元}$$

逻辑等价于:

$$\text{如果你给我修好手机, 我会付给你 100 元, 且}$$
$$\text{如果我给你 100 元, 你修好我的手机}$$

逻辑等价于:

$$\text{你给我修好手机当且仅当我付给你 100 元}$$

也就是说我们常用的自然语言中的 $p \to q$ 实际上要表达的意思可能是 $p \leftrightarrow q$,逻辑上严格区分条件命题、双条件命题、逆命题和逆否命题等. 此外, 条件命题 $p \to q$ 的前提和结论内容上可能没有任何关系. 例如,例 3.1.4 中作者是不是亿万富翁和西电(西安电子科技大学的简称)是不是教育部直属高校没有关系,日常生活中我们也不会这么说. 换句话说,命题语言比自然语言使用的要更加宽泛一些.

本节最后,我们介绍逻辑联结词的优先级. 和加减乘除四则运算具有不同的优先级类似,前面介绍的逻辑联结词也有优先级,具体如下:

$$\neg, \wedge, \vee, \to, \leftrightarrow$$

即否定的优先级最高,双条件的最低. 例如,

$$p \to \neg q \vee p$$

的意思是 $p \to ((\neg q) \vee p)$. 一般情况下, 本书还是采用括号规定联结词的顺序.

## 习题 3.1

1. 下列句子中哪些是命题?

(1) $\sqrt{2}$ 是有理数.

(2) $2 + 5 = 7$.

(3) $x + 5 > 3$.

(4) 你去教室吗?

(5) 这个苹果真大呀!

(6) 请不要讲话!

(7) 2050 年元旦下大雪.

2. 设 $p$: 天下雪, $q$: 我将进城, $r$: 我有时间. 试把下列公式译成自然语言.

(1) $r \wedge q$.

(2) $\neg(r \vee q)$.

(3) $q \leftrightarrow (r \wedge \neg p)$.

(4) $(q \to r) \wedge (r \to q)$.

3. 试将下列命题翻译成公式(用原子公式表示简单命题).

(1) 他没有写信, 或者信遗失了.

(2) 他要努力, 否则不会成功.

(3) 他要回家, 除非下雨.

(4) 只有不下雨了, 他才回家.

(5) 如果下雨他将回家, 否则他将上街或者去学校.

4. 设 $p$: 气温在零度以下, $q$: 正在下雪, 用 $p$, $q$ 和逻辑联结词符号化下列复合命题.

(1) 气温在零度以下且正在下雪.

(2) 气温在零度以下, 但不在下雪.

(3) 气温不在零度以下, 也不在下雪.

(4) 也许在下雪, 也许气温在零度以下, 也许既下雪气温又在零度以下.

(5) 若气温在零度以下, 那一定在下雪.

(6) 也许气温在零度以下, 也许在下雪, 但如果气温在零度以上就不下雪.

(7) 气温在零度以下是下雪的充分必要条件.

5. 设 $p$ 和 $q$ 是两个命题, 则它们的异或(记为 $p \oplus q$)是这样一个命题: 当且仅当两个命题中有一个为真时为真, 否则为假. 令 $p$ 和 $q$ 分别表示命题"顾客就餐时可以免费送一瓶可乐"和"顾客就餐时可以免费送一瓶冰峰". 则 $p$ 和 $q$ 的异或 $p \oplus q$ 表示什么?

6. 在 1.5 节我们介绍了模糊集的概念, 将模糊集的思想推广到逻辑, 发展起了模糊逻辑 (fuzzy logic) 理论. 在模糊逻辑中, 命题的真值是区间 [0, 1] 中的数, 真值为 0 的命题为假; 真值为 1 的命题为真; 真值介于 0 和 1 之间表示不同程度的真. 例如, "小李是幸福的"可以被赋予真值 0.8, 因为小李大部分时间是幸福的; 而"小王是幸福的"可以被赋予真值 0.4, 表示小王大部分时间不幸福.

(1) 模糊逻辑中, 命题的否定的真值是 1 减去该命题的真值. 命题"小李是不幸福的"和"小王是不幸福的"的真值分别是多少?

(2) 模糊逻辑中, 两个命题的合取的真值是两个命题的真值的最小值. 命题"小李和小王都是幸福的"和"小李和小王都是不幸福的"的真值分别是多少?

(3) 模糊逻辑中, 两个命题的析取的真值是两个命题的真值的最大值. 命题"小李是幸福的或小王是幸福的"和"小李是不幸福的或小王是不幸福的"的真值分别是多少?

7. 一个岛上居住着两类人: 骑士和无赖, 骑士总是说真话, 而无赖永远在撒谎. 假设你碰到两个人 $A$ 和 $B$, 如果 $A$ 说 "$B$ 是骑士", 而 $B$ 说 "我们两个是两类人", 请问 $A$ 和 $B$ 到底是什么样的人[1]?

## 3.2 命题公式与逻辑等价

上一节已经引入了逻辑等价的定义, 这一节将详细研究逻辑等价. 下面先给出命题公式的概念.

### 3.2.1 命题公式

前面已指出, 我们可用 $P$ 表示真值未定的任意命题, 称为命题变元; 如果 $P$ 代表一个真值已定的命题, 则称其为命题常元. 单个命题变元或常元称为原子公式.

**定义 3.2.1** 命题逻辑的合式公式 (well-defined formula), 也叫命题公式, 由以下规则生成.

(1) 原子公式是命题公式.

(2) 如果 $A, B$ 都是命题公式, 则 $\neg A, A \vee B, A \wedge B, A \rightarrow B, A \leftrightarrow B$ 都是命题公式.

(3) 有限次应用 (1) 和 (2) 生成的符号串是命题公式.

命题公式也常简称为公式. 任意命题公式 $A$ 具有且只有下列 6 种形式之一:

(1) $A$ 为原子公式  (2) $\neg A$  (3) $A \wedge B$

(4) $A \vee B$  (5) $A \rightarrow B$  (6) $A \leftrightarrow B$

---

[1] 这道题是由 R. Smullyan 提出的. R. Smullyan (1919—2017), 任教于普林斯顿大学、纽约城市大学等, 最后从印第安纳大学荣休, 师从理论计算机科学奠基人丘奇 (A. Church, 1903—1995), 而 A. Church 就是人工智能之父图灵 (Alan Mathison Turing, 1912—1954) 的博士导师. R. Smullyan 除了研究数学、逻辑学, 还是音乐天才. 此外, 他还写过许多著名的科普性的逻辑和数学书籍, 这些书籍也被翻译成中文陆续引入国内. 例如, 2024 年 4 月, 上海科技教育出版社出版了他的《思维定理: 布尔代数及其应用》等系列丛书.

例如 $\neg p_1, p_1 \to p_2, (p_1 \to p_2) \to ((\neg p_2) \to (\neg p_1))$ 和 $p_1 \wedge p_2 \wedge p_3$ 等都是公式.

**定义 3.2.2** (1) 若公式 $A$ 是原子公式, 则称 $A$ 为 0 层公式.

(2) 称 $A$ 为 $n+1(n \geq 0)$ 层公式当 $A$ 是下列情况之一时.

(a) $A = \neg B$, $B$ 是 $n$ 层公式;

(b) $A = B \wedge C$, 其中 $B, C$ 分别为 $i$ 层和 $j$ 层公式, 且 $n = \max(i, j)$;

(c) $A = B \vee C$, 其中 $B, C$ 的层次及 $n$ 同(b);

(d) $A = B \to C$, 其中 $B, C$ 的层次及 $n$ 同(b);

(e) $A = B \leftrightarrow C$, 其中 $B, C$ 的层次及 $n$ 同(b).

(3) 若公式 $A$ 的层次为 $k$, 则称 $A$ 为 $k$ 层公式.

例如公式 $A = p$, $B = \neg p$, $C = (\neg p) \to q$, $D = (\neg(p \to q)) \leftrightarrow r$, 分别为 0 层, 1 层, 2 层, 3 层公式.

**例 3.2.1** 根据定义 3.2.1 可知, $(p_1 \vee p_2) \to ((\neg p_1) \to (p_2 \wedge p_3))$ 是命题公式, 它通过以下步骤生成.

(1) $p_1$ 是公式.

(2) $p_2$ 是公式.

(3) $p_1 \vee p_2$ 是公式.

(4) $\neg p_1$ 是公式.

(5) $p_3$ 是公式.

(6) $p_2 \wedge p_3$ 是公式.

(7) $(\neg p_1) \to (p_2 \wedge p_3)$ 是公式.

(8) $(p_1 \vee p_2) \to ((\neg p_1) \to (p_2 \wedge p_3))$ 是公式.

这种生成过程可以形象地用一棵树来表示(如图 3.2.1 所示).

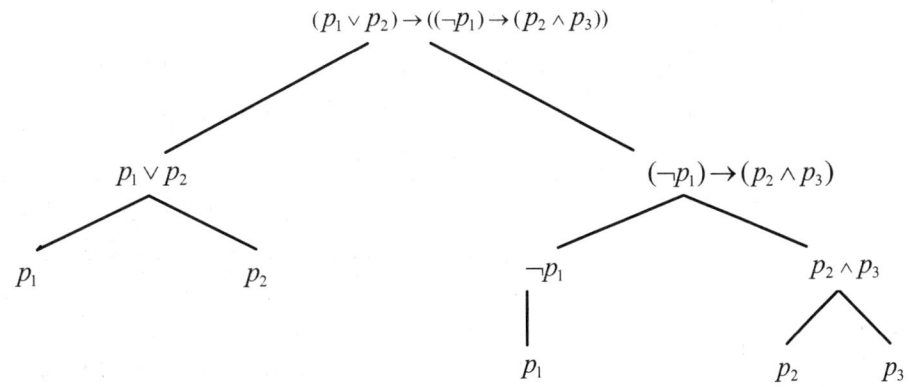

图 3.2.1 命题公式的生成图

这种树在形式语言与自动机中称为语法分析树.

## 3.2.2 重言式和矛盾式

命题公式由命题变元构成, 由于命题变元可真可假, 因此命题公式的真值也无法确定. 我们可以考察命题变元所有真值组合对应的命题公式的真假, 这样就得到了命题公式的真值表. 前一节已经简单介绍过, 下面进行详细的讨论.

**定义 3.2.3** 设 $A$ 是一命题公式, $p_1, p_2, \ldots, p_n$ 为 $A$ 中的所有命题变元. 给 $p_1, p_2, \ldots, p_n$ 指定一组真值, 称为对 $A$ 的一个赋值或解释. 若指定的一组赋值使得 $A$ 为真, 则称这组值为 $A$ 的成真赋值; 若指定的一组赋值使得 $A$ 为假, 则称这组值为 $A$ 的成假赋值.

显然含有 $n$ 个命题变元的命题公式共有 $2^n$ 组赋值. 将命题公式在所有赋值之下的取值情况列表, 称为命题公式的真值表. 上一节已经给出了几种联结词的真值表, 下面看一个简单的例子.

**例 3.2.2** 求命题公式 $\neg p \to (p \to q)$ 的真值表.

**解** 真值表如表 3.2.1 所示. 我们发现无论何种赋值, $\neg p \to (p \to q)$ 都为真. 这样的命题公式称为重言式.

表 3.2.1  $\neg p \to (p \to q)$ 的真值表

| $p$ | $q$ | $\neg p$ | $p \to q$ | $\neg p \to (p \to q)$ |
|---|---|---|---|---|
| 0 | 0 | 1 | 1 | 1 |
| 0 | 1 | 1 | 1 | 1 |
| 1 | 0 | 0 | 0 | 1 |
| 1 | 1 | 0 | 1 | 1 |

真值表是一个非常有用的工具, 它可以解决关于命题逻辑的许多问题. 根据命题公式的归纳定义, 可如下构造其真值表.

(1) 找出公式中所含的全部命题变元 $p_1, p_2, \ldots, p_n$ (若无下角标则按字母顺序排列), 列出 $2^n$ 个全部真值组合, 从 $00\cdots 0$ 开始, 按二进制加法, 每次加 1, 直至 $11\cdots 1$ 为止.

(2) 按从低到高的顺序写出公式的各个层次.

(3) 对每个真值依次计算各层次的真值, 直到最后计算出公式的真值为止.

例如, 命题公式 $A = (p \vee q) \to ((\neg p) \leftrightarrow (q \wedge r))$ 的真值表如表 3.2.2 所示.

表 3.2.2  命题公式 $A$ 的真值表

| $p$ | $q$ | $r$ | $p \vee q$ | $\neg p$ | $q \wedge r$ | $(\neg p) \leftrightarrow (q \wedge r)$ | $(p \vee q) \to ((\neg p) \leftrightarrow (q \wedge r))$ |
|---|---|---|---|---|---|---|---|
| 0 | 0 | 0 | 0 | 1 | 0 | 0 | 1 |
| 0 | 0 | 1 | 0 | 1 | 0 | 0 | 1 |
| 0 | 1 | 0 | 1 | 1 | 0 | 0 | 0 |
| 0 | 1 | 1 | 1 | 1 | 1 | 1 | 1 |
| 1 | 0 | 0 | 1 | 0 | 0 | 1 | 1 |
| 1 | 0 | 1 | 1 | 0 | 0 | 1 | 1 |
| 1 | 1 | 0 | 1 | 0 | 0 | 1 | 1 |
| 1 | 1 | 1 | 1 | 0 | 1 | 0 | 0 |

下面给出重言式和矛盾式的概念.

**定义 3.2.4** 若命题公式 $A$ 对每个赋值都为真, 则称 $A$ 为重言式(tautology)或永真式. 若命题公式 $A$ 对每个赋值都为假, 则称 $A$ 为矛盾式(contradiction)或永假式.

经常用 T 或 1 表示重言式, F 或 0 表示矛盾式. 重言式和矛盾式仅仅占全体公式的一小部分, 大多数公式既不是重言式也不是矛盾式. 我们称既不是重言式也不是矛盾式的公式为可满足式(contingency).

**例 3.2.3** 证明 $A \vee (\neg A)$ 和 $((A \to B) \to A) \to A$ 都是重言式.

**证明** (1) 对任意赋值 $v$, $v(A \vee (\neg A)) = v(A) \vee (1 - v(A)) = 0 \vee 1 = 1$. 所以 $A \vee (\neg A)$ 是重言式.

(2) 对任意赋值 $v$, 若 $v(A) = 0$, 则
$$\begin{aligned} v(((A \to B) \to A) \to A) &= ((v(A) \to (v(B)) \to (v(A))) \to v(A) \\ &= ((0 \to v(B)) \to 0) \to 0 \\ &= (1 \to 0) \to 0 = 1 \end{aligned}$$

若 $v(A) = 1$, 则
$$\begin{aligned} v(((A \to B) \to A) \to A) &= ((v(A) \to (v(B)) \to (v(A))) \to v(A) \\ &= ((1 \to v(B)) \to 1) \to 1 = 1 \end{aligned}$$

所以 $((A \to B) \to A) \to A$ 是重言式.

真值表是判断命题公式是否是重言式的重要工具.

**例 3.2.4** 命题公式 $A = (p \to (q \vee p)) \vee r$ 的真值表如表 3.2.3 所示, 因此它为重言式.

表 3.2.3 $(p \to (q \vee p)) \vee r$ 的真值表

| $p$ | $q$ | $r$ | $q \vee p$ | $p \to (q \vee p)$ | $(p \to (q \vee p)) \vee r$ |
| --- | --- | --- | --- | --- | --- |
| 0 | 0 | 0 | 0 | 1 | 1 |
| 0 | 0 | 1 | 0 | 1 | 1 |
| 0 | 1 | 0 | 1 | 1 | 1 |
| 0 | 1 | 1 | 1 | 1 | 1 |
| 1 | 0 | 0 | 1 | 1 | 1 |
| 1 | 0 | 1 | 1 | 1 | 1 |
| 1 | 1 | 0 | 1 | 1 | 1 |
| 1 | 1 | 1 | 1 | 1 | 1 |

### 3.2.3 逻辑等价

**定义 3.2.5** 若两个命题公式在所有可能赋值情况下都有相同的真值, 则称它们是逻辑等价的(logically equivalent).

两个命题公式 $A$ 和 $B$ 逻辑等价常记为 $A \Leftrightarrow B$ 或 $A \equiv B$. 注意, $\Leftrightarrow$ 不是逻辑联结词, $A \Leftrightarrow B$ 也不是命题公式. $A \Leftrightarrow B$ 表示 $A$ 和 $B$ 逻辑等价, 或者"$A \leftrightarrow B$ 是重言式".

**例 3.2.5** 命题公式 $p \vee (q \wedge r)$ 与 $(p \vee q) \wedge (p \vee r)$ 的真值表见表 3.2.4, 由定义 3.2.5 可知这两个命题公式是逻辑等价的.

表 3.2.4 例 3.2.5 中命题公式的真值表

| $p$ | $q$ | $r$ | $p \vee (q \wedge r)$ | $(p \vee q) \wedge (p \vee r)$ |
|---|---|---|---|---|
| 0 | 0 | 0 | 0 | 0 |
| 0 | 0 | 1 | 0 | 0 |
| 0 | 1 | 0 | 0 | 0 |
| 0 | 1 | 1 | 1 | 1 |
| 1 | 0 | 0 | 1 | 1 |
| 1 | 0 | 1 | 1 | 1 |
| 1 | 1 | 0 | 1 | 1 |
| 1 | 1 | 1 | 1 | 1 |

**例 3.2.6** 证明: $\neg(p \vee q) \Leftrightarrow \neg p \wedge \neg q$.

**证明** 两个命题公式的真值表见表 3.2.5, 因此 $\neg(p \vee q)$ 和 $\neg p \wedge \neg q$ 是逻辑等价的 [1].

表 3.2.5 例 3.2.6 中命题公式的真值表

| $p$ | $q$ | $p \vee q$ | $\neg(p \vee q)$ | $\neg p$ | $\neg q$ | $\neg p \wedge \neg q$ |
|---|---|---|---|---|---|---|
| 1 | 1 | 1 | 0 | 0 | 0 | 0 |
| 1 | 0 | 1 | 0 | 0 | 1 | 0 |
| 0 | 1 | 1 | 0 | 1 | 0 | 0 |
| 0 | 0 | 0 | 1 | 1 | 1 | 1 |

**例 3.2.7** 证明: 命题公式 $p \to q$ 和 $\neg p \vee q$ 逻辑等价.

**证明** 我们在表 3.2.6 中构造了这两个命题公式的真值表, 由于 $\neg p \vee q$ 和 $p \to q$ 的真值一致, 所以它们是逻辑等价的.

表 3.2.6 例 3.2.7 中命题公式的真值表

| $p$ | $q$ | $\neg p$ | $\neg(p \vee q)$ | $p \to q$ |
|---|---|---|---|---|
| 1 | 1 | 0 | 1 | 1 |
| 1 | 0 | 0 | 0 | 0 |
| 0 | 1 | 1 | 1 | 1 |
| 0 | 0 | 1 | 1 | 1 |

在逻辑等价式中, 有一些是非常重要的, 比如例 3.2.7 就告诉我们蕴含可以用否定和析取来替代. 下面列出一些重要的逻辑等价式.

设 $A, B, C$ 为命题公式.

(1) 双重否定律: $A \Leftrightarrow \neg(\neg A)$.

---

[1] 该逻辑等价式是两个德·摩根律之一, 另一个是 $\neg(p \wedge q) \Leftrightarrow \neg p \vee \neg q$. De Morgan(德·摩根, 1860—1871), 英国数学家.

(2) 等幂律: $A \Leftrightarrow A \vee A$, $A \Leftrightarrow A \wedge A$.

(3) 交换律: $A \vee B \Leftrightarrow B \vee A$, $A \wedge B \Leftrightarrow B \wedge A$.

(4) 结合律: $A \vee (B \vee C) \Leftrightarrow (A \vee B) \vee C$, $A \wedge (B \wedge C) \Leftrightarrow (A \wedge B) \wedge C$.

(5) 分配律: $A \wedge (B \vee C) \Leftrightarrow (A \wedge B) \vee (A \wedge C)$, $A \vee (B \wedge C) \Leftrightarrow (A \vee B) \wedge (A \vee C)$.

(6) 德·摩根律: $\neg(A \vee B) \Leftrightarrow (\neg A) \wedge (\neg B)$, $\neg(A \wedge B) \Leftrightarrow (\neg A) \vee (\neg B)$.

(7) 吸收律: $A \vee (A \wedge B) \Leftrightarrow A$, $A \wedge (A \vee B) \Leftrightarrow A$.

(8) 零律: $A \vee 1 \Leftrightarrow 1$, $A \wedge 0 \Leftrightarrow 0$.

(9) 同一律: $A \vee 0 \Leftrightarrow A$, $A \wedge 1 \Leftrightarrow 1$.

(10) 排中律: $A \vee (\neg A) \Leftrightarrow 1$.

(11) 矛盾律: $A \wedge (\neg A) \Leftrightarrow 0$.

(12) 蕴涵等价式: $A \to B \Leftrightarrow (\neg A) \vee B$.

(13) 双条件等价式: $A \leftrightarrow B \Leftrightarrow (A \to B) \wedge (B \to A)$.

(14) 假言易位: $A \to B \Leftrightarrow (\neg B) \to (\neg A)$.

注意上述公式中的 0 和 1 分别代表矛盾式和重言式. 这 14 个逻辑等价式中的(5), (6)和(12)作为例子已用真值表证明, 其余也可类似验证. 当命题变元较多时用真值表法判断命题公式是否逻辑等价不太方便, 下面我们将介绍从上述基本逻辑等价式出发推演出新的等价式的方法.

**定理 3.2.1** 设有 $A \Leftrightarrow A^*$ 和 $B \Leftrightarrow B^*$, 则有

(1) $\neg A \Leftrightarrow \neg A^*$.

(2) $A \wedge B \Leftrightarrow A^* \wedge B^*$.

(3) $A \vee B \Leftrightarrow A^* \vee B^*$.

(4) $A \to B \Leftrightarrow A^* \to B^*$.

(5) $A \leftrightarrow B \Leftrightarrow A^* \leftrightarrow B^*$.

更一般地, 我们有下面的置换规则 (证明留作习题).

**定理 3.2.2** 设有 $B \Leftrightarrow C$, 而 $A^*$ 是命题公式 $A$ 通过使用 $C$ 替换 $A$ 中出现的 $B$ 而得到的命题公式, 则有 $A \Leftrightarrow A^*$.

由已知的逻辑等价式推演出另外一些逻辑等价式的过程称为等值演算, 下面看几个例子.

**例 3.2.8** 证明: $p \to (q \to r) \Leftrightarrow (p \wedge q) \to r$.

**证明** 方法一, 真值表法, 请读者自行验证.

方法二, 等值演算.

$$\begin{aligned}
p \to (q \to r) &\Leftrightarrow (\neg p) \vee ((\neg q) \vee r) & \text{(蕴涵等价式)} \\
&\Leftrightarrow ((\neg p) \vee (\neg q)) \vee r & \text{(结合律)} \\
&\Leftrightarrow (\neg(p \wedge q)) \vee r & \text{(德·摩根律)} \\
&\Leftrightarrow (p \wedge q) \to r & \text{(蕴涵等价式)}
\end{aligned}$$

**例 3.2.9** 证明: $p \to (q \to r)$ 与 $(p \to q) \to r$ 不逻辑等价.

**证明** 方法一, 真值表法, 请读者自行验证.

方法二, 观察法. 注意 000 是左边的成真赋值, 却是右边的成假赋值.

**例 3.2.10** 判断下列命题公式的类型.

(1) $q \land (\neg(p \to q))$.

(2) $(p \to q) \leftrightarrow ((\neg q) \to (\neg p))$.

**解** 方法一, 真值表法, 请读者自行验证.

方法二, 等值演算.

(1) $q \land (\neg(p \to q)) \Leftrightarrow q \land (\neg((\neg p) \lor q))$    (蕴涵等价式)

$\Leftrightarrow q \land (p \land (\neg q))$    (德·摩根律)

$\Leftrightarrow p \land (q \land (\neg q))$    (交换律, 结合律)

$\Leftrightarrow p \land 0$    (矛盾律)

$\Leftrightarrow 0$    (零律)

因此, $q \land (\neg(p \to q))$ 为矛盾式.

(2) $(p \to q) \leftrightarrow ((\neg q) \to (\neg p)) \Leftrightarrow ((\neg p) \lor q) \leftrightarrow (q \lor (\neg p))$ (蕴涵等价式)

$\Leftrightarrow ((\neg p) \lor q) \leftrightarrow ((\neg p) \lor q)$ (交换律)

$\Leftrightarrow 1$

因此, $(p \to q) \leftrightarrow ((\neg q) \to (\neg p))$ 为重言式.

下面我们以一个有趣的例子来结束本节内容.

**例 3.2.11** 作为把公主从海盗那里营救回来的报酬, 国王给你机会来赢得隐藏在三个箱子中的宝藏, 但只有一个箱子中有宝藏, 另外两个箱子是空的. 要想赢, 你必须选对箱子. 第一个和第二个箱子上都写着"这个箱子是空的", 第三个箱子上写着"宝藏在第二个箱子中", 从来不撒谎的皇后告诉你只有一个提示是真的, 其他两个都是假的. 哪个箱子里面有宝藏?

**解** 设 $p_i$ 为命题 "宝藏在第 $i$ 个箱子中", $i=1,2,3$, 三个箱子上的提示则分别为 $\neg p_1, \neg p_2, p_2$. 把皇后的提示翻译成命题逻辑, 则有

$$(\neg p_1 \land \neg(\neg p_2) \land \neg p_2) \lor (\neg(\neg p_1) \land \neg p_2 \land \neg p_2) \lor (\neg(\neg p_1) \land \neg(\neg p_2) \land p_2)$$

由命题演算, 上式逻辑等价于 $(p_1 \land \neg p_2) \lor (p_1 \land p_2)$; 由分配律, $(p_1 \land \neg p_2) \lor (p_1 \land p_2)$ 又逻辑等价于 $p_1 \land (\neg p_2 \lor p_2)$; 而 $(\neg p_2) \lor p_2$ 为重言式, 故原式逻辑等价于 $p_1$. 因此, 宝藏就在第一个箱子里(即 $p_1$ 为真), 而 $p_2$ 和 $p_3$ 为假; 第二个箱子上的提示是唯一为真的.

## 习题 3.2

1. 构造下面复合命题的真值表, 判断它们是重言式、矛盾式还是可满足式.

(1) $p \to (\neg q)$.

(2) $p \leftrightarrow (\neg q)$.

(3) $(p \to q) \vee ((\neg p) \to q)$.

(4) $(p \leftrightarrow q) \wedge ((\neg p) \leftrightarrow q)$.

2. 试证以下各式为重言式.

(1) $A \to (\neg A \to B)$.

(2) $(A \to (B \to C)) \to ((A \to B) \to (A \to C))$.

3. 用真值表证明下列等价式.

(1) $\neg(p \to q) \Leftrightarrow p \wedge (\neg q)$.

(2) $p \to q \Leftrightarrow (\neg q) \to (\neg p)$.

(3) $p \to (q \to r) \Leftrightarrow (p \wedge q) \to r$.

(4) $p \to (q \wedge r) \Leftrightarrow (p \to q) \wedge (p \to r)$.

4. 用等值演算证明下列等价式.

(1) $(p \to q) \to r \Leftrightarrow (\neg p \wedge q) \vee r$.

(2) $p \to (q \to r) \Leftrightarrow (p \wedge q) \vee r$.

(3) $(p \vee q) \to r \Leftrightarrow (p \to r) \wedge (q \to r)$.

(4) $(p \wedge q) \to r \Leftrightarrow (p \to r) \vee (q \to r)$.

(5) $p \to (q \vee r) \Leftrightarrow (p \to q) \vee (p \leftarrow r)$.

(6) $p \to (q \wedge r) \Leftrightarrow (p \to q) \wedge (p \leftarrow r)$.

5. 证明定理 3.2.2.

6. 一个只含逻辑运算符 $\wedge, \vee, \neg$ 的复合命题的对偶式, 是通过将该命题中的每个 $\vee$ 用 $\wedge$ 代替、每个 $\wedge$ 用 $\vee$ 代替、每个 T 用 F 代替、每个 F 用 T 代替而得到的命题. 命题 $s$ 的对偶式用 $s^*$ 表示.

(1) 求下列命题的对偶式.

(a) $p \vee \neg q$.

(b) $p \wedge \neg q \wedge \neg r$.

(c) $(p \wedge q \wedge r) \wedge s$.

(d) $(p \vee F) \wedge (q \vee T)$.

(2) 什么情况下 $s^* \Leftrightarrow s$ 成立(其中 $s$ 是一个复合命题)?

7. 假设我们修改蕴含 $\to$ 的真值表如表 3.2.7 所示.

表 3.2.7 两种新定义的蕴含的真值表

| $p$ | $q$ | $p \to_1 q$ | $p \to_2 q$ |
| --- | --- | --- | --- |
| 0 | 0 | 1 | 0 |
| 0 | 1 | 0 | 1 |
| 1 | 0 | 0 | 0 |
| 1 | 1 | 1 | 1 |

对于这两种新蕴含, 证明 [1]:

(1) $p \to_1 q \Leftrightarrow q \to_1 p$.

(2) $(p \to_2 q) \wedge (q \to_2 p)$ 和 $p \leftrightarrow_2 q$ 不逻辑等价.

## 3.3 范式

范式是具有标准形式的命题公式. 命题公式可以经过变换成为范式, 从而更加便于对它们进行符号化处理.

### 3.3.1 析取范式与合取范式

**定义 3.3.1** 由有限个命题变元或其否定构成的析取式称为简单析取式; 由有限个命题变元或其否定构成的合取式称为简单合取式.

给定命题变元 $p$ 和 $q$, 则 $p, q, \neg p, \neg q, p \vee q, \neg p \vee q, p \vee \neg q, \neg p \vee \neg q$ 等都是简单析取式; $p, q, \neg p, \neg q, p \vee q, \neg p \wedge q, p \wedge \neg q, \neg p \wedge \neg q$ 等都是简单合取式.

**定义 3.3.2** 由有限个简单合取式构成的析取式称为析取范式(disjunctive normal form); 由有限个简单析取式构成的合取式称为合取范式(conjunctive normal form).

析取范式和合取范式分别有以下形式:
$$(p_{11} \wedge \cdots \wedge p_{1n_1}) \vee \cdots \vee (p_{k1} \wedge \cdots \wedge p_{kn_k})$$
$$(p_{11} \vee \cdots \vee p_{1n_1}) \wedge \cdots \wedge (p_{k1} \vee \cdots \vee p_{kn_k})$$

其中 $p_{ij}(1 \leq i \leq k, 1 \leq j \leq n_k)$ 为命题变元或其否定.

**例 3.3.1** 观察以下公式.

(1) $p$.

(2) $(\neg p) \vee q$.

(3) $(\neg p) \wedge q \wedge r$.

(4) $(\neg p) \vee (q \wedge r)$.

(5) $(\neg p) \wedge (q \vee r) \wedge ((\neg q) \vee r)$.

(1) 是命题变元, 因此是简单析取式, 也是简单合取式. 它是由一个简单析取式为合取项的合取范式, 也是由一个简单合取式为析取项的析取范式.

(2) 是简单析取式, 也是有两个析取项的析取范式. 它还是有一个合取项的合取范式.

(3) 是简单合取式, 也是有三个合取项的合取范式. 它还是有一个析取项的析取范式.

(4) 是析取范式, 但不是合取范式.

(5) 是合取范式, 但不是析取范式.

---

[1] 这两个结论显然和我们的直觉不符, 从而也说明了条件命题中条件为假时命题为真的合理性.

有了范式的概念，下面就可以考虑如何将一个命题公式转化为一个析取范式或合取范式的问题了. 我们在考虑这个问题之前，先介绍范式的存在定理.

**定理 3.3.1(范式存在定理)** 任何命题公式都存在与其逻辑等价的析取范式与合取范式.

**证明** (1) 利用逻辑等价式可以消去命题公式中除 $\neg, \wedge, \vee$ 外的其他连接词. 例如，$A \to B \Leftrightarrow (\neg A) \vee B$，$A \leftrightarrow B \Leftrightarrow ((\neg A) \vee B) \wedge (A \vee (\neg B))$.

(2) 否定联结词 $\neg$ 的内移或消去. 例如，$\neg \neg A \Leftrightarrow A$，$\neg (A \wedge B) \Leftrightarrow (\neg A) \vee (\neg B)$，$\neg (A \vee B) \Leftrightarrow (\neg A) \wedge (\neg B)$.

(3) 使用分配律或结合律等将命题公式转化为析取范式或合取范式. 例如，

$$A \vee (B \wedge C) \Leftrightarrow (A \vee B) \wedge (A \vee C)$$
$$A \wedge (B \vee C) \Leftrightarrow (A \wedge B) \vee (A \wedge C)$$

上述定理的证明过程其实就是求范式的具体过程.

**例 3.3.2** 求 $(p \to q) \to r$ 的析取范式和合取范式.

(1) 求合取范式.

$\qquad (p \to q) \to r$

$\qquad \Leftrightarrow ((\neg p) \vee q) \to r$       (消去 $\to$)

$\qquad \Leftrightarrow (\neg ((\neg p) \vee q)) \vee r$     (消去 $\to$)

$\qquad \Leftrightarrow (p \wedge (\neg q)) \vee r$       ($\neg$ 的内移)

$\qquad \Leftrightarrow (p \vee r) \wedge ((\neg q) \vee r)$     ($\vee$ 对 $\wedge$ 的分配律)

(2) 求析取范式.

$\qquad (p \to q) \to r$

$\qquad \Leftrightarrow (p \wedge (\neg q)) \vee r$          (消去 $\to$)

$\qquad \Leftrightarrow (p \vee r) \wedge ((\neg q) \vee r)$       ($\vee$ 对 $\wedge$ 的分配律)

$\qquad \Leftrightarrow (p \wedge ((\neg q) \vee r)) \vee (r \wedge ((\neg q) \vee r))$   ($\wedge$ 对 $\vee$ 的分配律)

$\qquad \Leftrightarrow (p \wedge (\neg q)) \vee (p \wedge r) \vee ((\neg q) \wedge r) \vee r$   ($\wedge$ 对 $\vee$ 的分配律)

在例 3.3.2 求合取范式过程中，$(p \wedge (\neg q)) \vee r$ 其实也是 $(p \to q) \to r$ 的析取范式，这就说明一个命题公式的析取范式不唯一. 类似地，命题公式的合取范式也不唯一. 这种不唯一性使得范式的应用受到了限制，为了克服这一缺点，下面引入主范式的概念. 我们将会看到，一个命题公式的主范式是唯一的.

## 3.3.2 主范式

**定义 3.3.3** 在含有 $n$ 个命题变元的简单合取式中，若每个命题变元与其否定出现且仅出现一次，且第 $i$ 个命题变元或其否定出现在左起第 $i$ 个位置上(若命题变元没有编号，则按字典顺序排列),称这样的简单合取式为极小项.

通常,$n$ 个命题变元可构成 $2^n$ 个极小项. 例如两个命题变元 $p, q$ 可构成 4 个极小项: $\neg p \wedge \neg q, \neg p \wedge q, p \wedge \neg q, p \wedge q$. 我们把命题变元看为 1,命题变元的否定看为 0,那么每一个极小项对应一个二进制数(因此也对应一个十进制数). 两个命题变元构成的极小项的对应情况如表 3.3.1 所示.

表 3.3.1　两个命题变元构成的极小项对应的二进制、十进制表示

| 极小项 | 二进制数 | 十进制数 | 二进制表示 | 十进制表示 |
|---|---|---|---|---|
| $\neg p \wedge \neg q$ | 00 | 0 | $m_{00}$ | $m_0$ |
| $\neg p \wedge q$ | 01 | 1 | $m_{01}$ | $m_1$ |
| $p \wedge \neg q$ | 10 | 2 | $m_{10}$ | $m_2$ |
| $p \wedge q$ | 11 | 3 | $m_{11}$ | $m_3$ |

我们把十进制数作为下脚标,用 $m_i$ 来表示这一项(当然也可将二进制数作为下脚标),则两个命题变元构成的极小项可如表 3.3.1 那样表示. 通常,$n$ 个命题变元构成的极小项为

$$m_0 = \neg p_1 \wedge \neg p_2 \wedge ... \wedge \neg p_n$$
$$m_1 = \neg p_1 \wedge \neg p_2 \wedge ... \wedge p_n$$
$$...$$
$$m_{2^n-1} = p_1 \wedge p_2 \wedge ... \wedge p_n$$

两个命题变元构成的 4 个极小项的真值表如表 3.3.2 所示.

表 3.3.2　两个命题变元构成的 4 个极小项的真值表

| $p$ | $q$ | $\neg p \wedge \neg q(m_{00})$ | $\neg p \wedge q(m_{01})$ | $p \wedge \neg q(m_{10})$ | $p \wedge q(m_{11})$ |
|---|---|---|---|---|---|
| 0 | 0 | 1 | 0 | 0 | 0 |
| 0 | 1 | 0 | 1 | 0 | 0 |
| 1 | 0 | 0 | 0 | 1 | 0 |
| 1 | 1 | 0 | 0 | 0 | 1 |

由表 3.3.2 可以看出,这 4 个极小项的真值表互不相同;每个极小项仅当其赋值与其对应的二进制数相同时真值为 1,其余 $2^n-1$ 种赋值时其真值均为 0. 这个结论带有一般性.

**定理 3.3.2**　极小项有如下的性质.

(1) 不同极小项的真值表不同.

(2) 每个极小项仅当其赋值与其对应的二进制数相同时真值为 1,其他 $2^n-1$ 种赋值时其真值均为 0.

(3) 任意两个不同的极小项的合取式是矛盾式,即 $m_i \wedge m_j \Leftrightarrow 0, i \neq j$.

(4) 所有极小项的析取式是重言式,即

$$m_0 \vee m_1 \vee ... \vee m_{2^n-1} \Leftrightarrow 1$$

其中 $n$ 为命题变元的个数.

**定义 3.3.4** 若命题公式的析取范式中的简单合取式全是极小项, 则称该析取范式为主析取范式.

我们可按以下步骤得到命题公式 $A$ 的主析取范式.

(1) 求 $A$ 的析取范式 $B$ (由定理 3.3.1 可知析取范式存在).

(2) 若 $B$ 的某个简单合取式 $C$ 不含命题变元 $p$ 和 $\neg p$, 则可将 $C$ 展开成
$$C \Leftrightarrow C \wedge 1 \Leftrightarrow C \wedge (p \vee \neg p) \Leftrightarrow (C \wedge p) \vee (C \vee \neg p)$$

(3) 将重复出现的命题变元、矛盾式及重复的极小项都消去. 例如 $p \wedge p$ 用 $p$ 取代, $p \wedge \neg p$ 用 0 取代等.

(4) 将极小项由小到大排列.

**例 3.3.3** 求例 3.3.2 中命题公式 $(p \to q) \to r$ 的主析取范式.

**解** 方法一, 等值演算.

$(p \to q) \to r \Leftrightarrow \neg(\neg p \vee q) \vee r$
$\qquad \Leftrightarrow (p \wedge \neg q) \vee r$
$\qquad \Leftrightarrow (p \wedge \neg q \wedge (r \vee \neg r)) \vee ((p \vee \neg p) \wedge (q \vee \neg q) \wedge r)$
$\qquad \Leftrightarrow (p \wedge q \wedge r) \vee (p \wedge \neg q \wedge r) \vee (p \wedge \neg q \wedge \neg r) \vee (\neg p \wedge q \wedge r) \vee (\neg p \wedge \neg q \wedge r)$

按极小项对应的二进制从小到大重排为
$$(\neg p \wedge \neg q \wedge r) \vee (\neg p \wedge q \wedge r) \vee (p \wedge \neg q \wedge \neg r) \vee (p \wedge \neg q \wedge r) \vee (p \wedge q \wedge r)$$

方法二, 真值表.

由表 3.3.3 可知, 该命题公式的真值为 1 的赋值(即成真赋值)为 001, 011, 100, 101 和 111, 故其主析取范式为
$$(\neg p \wedge \neg q \wedge r) \vee (\neg p \wedge q \wedge r) \vee (p \wedge \neg q \wedge \neg r) \vee (p \wedge \neg q \wedge r) \vee (p \wedge q \wedge r)$$

也可表示为 $m_{001} \vee m_{011} \vee m_{100} \vee m_{101} \vee m_{111}$ 或 $m_1 \vee m_3 \vee m_4 \vee m_5 \vee m_7$.

表 3.3.3 $(p \to q) \to r$ 的真值表

| $p$ | $q$ | $r$ | $(p \to q) \to r$ |
| --- | --- | --- | --- |
| 0 | 0 | 0 | 0 |
| 0 | 0 | 1 | 1 |
| 0 | 1 | 0 | 0 |
| 0 | 1 | 1 | 1 |
| 1 | 0 | 0 | 1 |
| 1 | 0 | 1 | 1 |
| 1 | 1 | 0 | 0 |
| 1 | 1 | 1 | 1 |

**例 3.3.4** 求命题公式 $(\neg p \to q) \wedge (p \to r)$ 的主析取范式.

**解** 方法一, 等值演算.

首先, 求 $(\neg p \to q) \land (p \to r)$ 的析取范式.

$$(\neg p \to q) \land (p \to r) \Leftrightarrow (\neg\neg p \lor q) \land (p \to r)$$
$$\Leftrightarrow (p \lor q) \land (\neg p \lor r)$$
$$\Leftrightarrow (p \land \neg p) \lor (p \land r) \lor (q \land \neg p) \lor (q \land r)$$
$$\Leftrightarrow (p \land r) \lor (q \land \neg p) \lor (q \land r)$$

其次, 将其中的每个简单合取式展开为含有所有命题变元的极小项的析取. 例如

$$(p \land r) \Leftrightarrow (p \land r) \lor 0 \Leftrightarrow (p \land r) \lor (q \land \neg q) \Leftrightarrow (p \land q \land r) \lor (p \land \neg q \land r)$$

同理

$$(q \land \neg p) \Leftrightarrow (\neg p \land q \land r) \lor (\neg p \land q \land \neg r)$$
$$(q \land r) \Leftrightarrow (p \land q \land r) \lor (\neg p \land q \land r)$$

因此, 命题公式 $(\neg p \to q) \land (p \to r)$ 的主析取范式为

$$(p \land q \land r) \lor (p \land \neg q \land r) \lor (\neg p \land q \land r) \lor (\neg p \land q \land \neg r)$$

按照极小项对应的二进制从小到大重排为

$$(\neg p \land q \land \neg r) \lor (\neg p \land q \land r) \lor (p \land \neg q \land r) \lor (p \land q \land r)$$

也可表示为 $m_{010} \lor m_{011} \lor m_{101} \lor m_{111}$ 或 $m_2 \lor m_3 \lor m_5 \lor m_7$.

方法二, 真值表法.

命题公式 $(\neg p \to q) \land (p \to r)$ 的真值表如表 3.3.4 所示.

表 3.3.4 $(\neg p \to q) \land (p \to r)$ 的真值表

| $p$ | $q$ | $r$ | $(\neg p \to q)$ | $(p \to r)$ | $(\neg p \to q) \land (p \to r)$ |
| --- | --- | --- | --- | --- | --- |
| 0 | 0 | 0 | 0 | 1 | 0 |
| 0 | 0 | 1 | 0 | 1 | 0 |
| 0 | 1 | 0 | 1 | 1 | 1 |
| 0 | 1 | 1 | 1 | 1 | 1 |
| 1 | 0 | 0 | 1 | 0 | 0 |
| 1 | 0 | 1 | 1 | 1 | 1 |
| 1 | 1 | 0 | 1 | 0 | 0 |
| 1 | 1 | 1 | 1 | 1 | 1 |

由表 3.3.4 可知, 010, 011, 101, 111 为命题公式 $(\neg p \to q) \land (p \to r)$ 的成真赋值, 因此该命题公式的主析取范式为 $m_{010} \lor m_{011} \lor m_{101} \lor m_{111}$ 或 $m_2 \lor m_3 \lor m_5 \lor m_7$.

**例 3.3.5** 某单位要从 $A, B, C$ 三人中选派若干人出国考察, 需满足下述条件.

(1) 若 $A$ 去, 则 $C$ 必须去.

(2) 若 $B$ 去, 则 $C$ 不能去.

(3) $A$ 和 $B$ 必须去一人且只能去一人.

问有几种可能的选派方案?

**解** 设 $p$:派 $A$ 去; $q$:派 $B$ 去; $r$:派 $C$ 去,上述三个条件可分别符号化为

$$(1) p \to r, (2) q \to \neg r, (3) (p \wedge \neg q) \vee (\neg p \wedge q)$$

则选派方案的逻辑表达式为

$$(p \to r) \wedge (p \to \neg r) \wedge ((p \wedge \neg q) \vee (\neg p \wedge q))$$

求得上式的主析取范式为

$$(p \wedge \neg q \wedge r) \vee (\neg p \wedge q \wedge \neg r)$$

其成真赋值为 101,010. 因此有两种方案: 派 $A$ 与 $C$ 去或派 $B$ 去.

总结一下,关于主析取范式有下面的结论.

1. 判断两个命题公式是否逻辑等价.

由任何命题公式有且仅有一个主析取范式可知,两个命题公式逻辑等价当且仅当它们有相同的主析取范式.

2. 判断矛盾式和重言式.

含有 $n$ 个命题变元的命题公式是重言式当且仅当它的主析取范式中含有全部的 $2^n$ 个极小项,是矛盾式当且仅当它的主析取范式不含任何极小项(可记其主析取范式为 0).

3. 求命题公式的成真赋值和成假赋值.

主析取范式的每个极小项对应一个成真赋值,其余赋值为成假赋值.

上面研究了极小项和主析取范式,我们可类似定义极大项和主合取范式.

**定义 3.3.5** 在含有 $n$ 个命题变元的简单析取式中,若每个命题变元与其否定出现且仅出现一次,且第 $i$ 个命题变元或其否定出现在左起第 $i$ 个位置上(若命题变元没有编号,则按字典顺序排列),称这样的简单析取式为极大项.

同极小项情况类似,$n$ 个命题变元可以构成 $2^n$ 个极大项,每个极大项对应一个二进制数或一个十进制数. 不同的是这时我们把命题变元看为 0,而把命题变元的否定看为 1. 例如命题公式 $p \vee \neg q \vee r$ 就记为 $M_{010}$ 或 $M_2$. 下面给出极大项的性质.

**定理 3.3.3** 极大项有如下的性质.

(1) 不同极大项的真值表不同.

(2) 每个极大项仅当其赋值与其对应的二进制数相同时真值为 0,其他 $2^n - 1$ 种赋值时其真值均为 1.

(3) 任意两个不同的极大项的析取式是重言式,即 $M_i \vee M_j \Leftrightarrow 1, i \neq j$.

(4) 所有极大项的合取式是矛盾式,即

$$M_0 \wedge M_1 \wedge \cdots \wedge M_{2^n - 1} \Leftrightarrow 0$$

其中 $n$ 为命题变元的个数.

**定义 3.3.6** 若命题公式的合取范式中的简单析取式全是极大项, 则称该合取范式为主合取范式.

每个命题公式都存在唯一的与其逻辑等价的主析取范式和主合取范式. 设命题公式 $A$ 有 $n$ 个命题变元且 $A$ 的真值表中有 $k$ 个成真赋值和 $2^n - k$ 个成假赋值, 由定理 3.3.2 和定理 3.3.3 可知, $A$ 的主析取范式中的所有极小项和这 $k$ 个成真赋值对应, 而 $A$ 的主合取范式中的所有极大项与这 $2^n - k$ 个成假赋值对应. 因此, 当我们知道主析取范式(即知道 $k$ 个成真赋值)时, 主合取范式中的所有极大项也就知道了(主析取范式中未出现的极小项 $m_i$ 变为 $M_i$). 也就是说只要求出了命题公式的主析取范式则立刻可以得到它的主合取范式, 反之亦然.

**例 3.3.6** 求例 3.3.4 中命题公式 $(\neg p \to q) \wedge (p \to r)$ 的主合取范式.

**解** 方法一, 等值演算.

$$(\neg p \to q) \wedge (p \to r) \Leftrightarrow (\neg(\neg p) \vee q) \wedge (\neg p \vee r)$$
$$\Leftrightarrow (p \vee q \vee (r \wedge \neg r)) \wedge (\neg p \vee (q \wedge \neg q) \vee r)$$
$$\Leftrightarrow (p \vee q \vee r) \wedge (p \vee q \vee \neg r) \wedge (\neg p \vee q \vee r) \wedge (\neg p \vee \neg q \vee r)$$

方法二, 真值表法. 由表 3.3.4 可知该命题公式的成假赋值为 000, 001, 100, 110, 故其主合取范式为

$$(\neg p \to q) \wedge (p \to r) \Leftrightarrow (p \vee q \vee r) \wedge (p \vee q \vee \neg r) \wedge (\neg p \vee q \vee r) \wedge (\neg p \vee \neg q \vee r)$$
$$\Leftrightarrow M_{000} \wedge M_{001} \wedge M_{100} \wedge M_{110} = M_0 \wedge M_1 \wedge M_4 \wedge M_6$$

方法三, 由例 3.3.4 可知该命题公式的主析取范式为 $m_2 \vee m_3 \vee m_5 \vee m_7$, 故其主合取范式为 $M_0 \wedge M_1 \wedge M_4 \wedge M_6$.

## 习题 3.3

1. 下列命题公式哪些是析取范式哪些是合取范式?
   (1) $(\neg p \wedge \neg q) \vee (p \wedge q)$.　　(2) $(p \vee \neg q) \wedge (\neg p \vee q)$.　　(3) $(\neg p \wedge q) \vee r$.
   (4) $(p \vee \neg q) \wedge (\neg q)$.　　(5) $p \vee (\neg q)$.　　(6) $\neg p \wedge q \wedge r$.
   (7) $p$.　　(8) $\neg q$.

2. 求下列命题公式的析取范式.
   (1) $(p \wedge (\neg q)) \to r$.
   (2) $(\neg(p \to q)) \to r$.
   (3) $p \wedge (p \to q)$.
   (4) $(p \to q) \wedge (q \vee r)$.

3. 求下列命题公式的合取范式.
   (1) $\neg(p \to q)$.

(2) $(\neg q) \vee (p \wedge q \wedge r)$.

(3) $((\neg p) \wedge q) \vee (p \wedge (\neg q))$.

(4) $\neg(p \leftrightarrow q)$.

4. 求下列命题公式的主析取范式, 并求命题公式的成真赋值.

(1) $(p \wedge q) \vee (p \wedge r)$.

(2) $((\neg p) \vee (\neg q)) \rightarrow (p \leftrightarrow (\neg q))$.

5. 求下列命题公式的主合取范式, 并求命题公式的成假赋值.

(1) $(p \rightarrow q) \wedge r$.

(2) $(\neg(p \rightarrow q)) \leftrightarrow (p \rightarrow (\neg q))$.

6. $n$ 个命题变元的所有命题公式有多少个不同的主析取范式(主合取范式)?

## 3.4 推理理论

前几节我们本质上是利用真值表来研究命题逻辑的, 本节我们主要从逻辑推理的角度来理解命题演算.

大家从中学至今, 已经学习了很多数学中的定理和证明, 数学中的证明是建立数学命题真实性的有效论证. 论证(argument)是指一连串的命题并以结论(conclusion)为最后的命题, 结论之前的命题为前提(premise)或假设(hypothesis); 有效性是指结论是根据前提的真实性推出的. 根据已知命题, 应用推理规则, 从而得到结论, 这是构造有效论证的模式.

### 3.4.1 有效论证

考虑下列命题的论证(依定义为一连串的命题).

"如果我是一名教师, 则我每天 6 点起床."

"我是一名教师."

所以,

"我每天 6 点起床."

这个论证是否有效呢? 先把上述三个命题符号化, 用 $p$ 表示"我是一名教师", 用 $q$ 表示"我每天 6 点起床". 上述论证可形式化为

$$\begin{array}{r} p \rightarrow q \\ p \\ \hline \therefore q \end{array}$$

其中 $\therefore$ 表示"所以".

因为 $((p \rightarrow q) \wedge p) \rightarrow q$ 是永真式, 故当 $p \rightarrow q$ 和 $p$ 为真时, 结论 $q$ 为真, 这种论证就是有效的(valid). 注意这种有效性是指形式的有效性, 而和命题的内容无关, 也就是说前面的命题 $p$ 和 $q$ 完全可以替换为别的内容. 例如, 用 $p$ 表示"我在 A 股赔了 100 万", $q$ 表示"我退出股市", 那么相应的论证也是有效的. 因此, 命题的有效性论证是形式化的证明. 此外, 我们

指出数学定理的证明大都是非形式化的证明(informal proof). 下面给出有效论证的定义.

**定义 3.4.1**  命题逻辑的论证是一连串的命题, 最后一个命题称为结论, 其他命题称为前提或假设. 如果前提为真时结论也为真, 则称该论证是有效的, 也称由前提可逻辑地推出结论.

**注 3.4.1**  (1) 由上面定义可知, 当 $(p_1 \wedge p_2 \wedge \ldots \wedge p_n) \to q$ 是永真式时, 带有前提 $p_1, p_2, \cdots, p_n$ 和结论 $q$ 的论证是有效论证.

(2) 常用 $(p_1 \wedge p_2 \wedge \ldots \wedge p_n) \Rightarrow q$ 表示 $(p_1 \wedge p_2 \wedge \ldots \wedge p_n) \to q$ 是永真式. 因此, 若由前提 $p_1, p_2, \cdots, p_n$ 推出结论 $q$ 是有效论证, 则常记为

$$(p_1 \wedge p_2 \wedge \ldots \wedge p_n) \Rightarrow q$$

注意由定义 3.4.1 可知, 有效论证不一定能保证结论正确(即为真命题), 因为前提 $p_1, p_2, \cdots, p_n$ 中可能有错误(即 $p_1, p_2, \cdots, p_n$ 不一定全是真命题). 只有推理正确(即有效论证)且前提全是真命题才能保证结论正确, 这也是常称结论 $q$ 是有效结论而不是正确结论的原因. 有效是指结论的推出合乎推理规则, 也就是说数理逻辑中的推理关注的是推理的过程, 推理过程中使用的推理规则要正确, 而作为前提和结论的命题不一定正确. 这一点和数学中的证明不同, 数学中的证明总是从正确的前提推出正确的结论.

**例 3.4.1**  判断下面的论证是否有效, 结论是否正确.

"如果 1+1＞3, 则哥德巴赫猜想是错误的 [1]."

"已知 1+1＞3,"

"因此哥德巴赫猜想是错误的."

令命题 $p$ 表示"1+1＞3", $q$ 表示"哥德巴赫猜想是错误的". 论证的前提为 $p \to q$ 和 $p$, 结论为 $q$. 由于 $((p \to q) \wedge p) \to q$ 为永真式, 因此论证是有效的. 但是因为前提 $p$ 是错误的, 所以不能得出结论是正确的. 事实上, 结论 $q$ 是否正确还暂时未知.

**例 3.4.2**  判断下面论证是否有效.

(1) 如果天晴了, 我就去打篮球. 天没晴, 所以我不去打篮球.

(2) 如果天晴了, 我就去打篮球. 我没去打篮球, 所以天没晴.

**解**  先将命题符号化, 设 $p$: 天晴了, $q$: 我去打篮球.

(1) 前提: $p \to q, \neg p$.

结论: $\neg q$.

论证的形式结构: $((p \to q) \wedge \neg p) \to (\neg q)$.

判断论证是否有效, 就是要确定 $((p \to q) \wedge \neg p) \to (\neg q)$ 是否是重言式. 我们可以用前面学过的真值表、等值演算和主析取范式等方法.

---

[1] 德国数学家哥德巴赫(C. Goldbach, 1690—1764)1742 年在给瑞士杰出数学家欧拉(L. Euler, 1807—1783)的信中提出了至今还未被证明的命题: 任一大于 2 的整数都可写成三个质数之和.

例如, $((p \to q) \wedge \neg p) \to (\neg q)$ 的真值表如表 3.4.1 所示.

表 3.4.1 $((p \to q) \wedge \neg p) \to (\neg q)$ 的真值表

| $p$ | $q$ | $p \to q$ | $\neg p$ | $(p \to q) \wedge (\neg p)$ | $\neg q$ | $((p \to q) \wedge \neg p) \to (\neg q)$ |
|---|---|---|---|---|---|---|
| 0 | 0 | 1 | 1 | 1 | 1 | 1 |
| 0 | 1 | 1 | 1 | 1 | 0 | 0 |
| 1 | 0 | 0 | 0 | 0 | 1 | 1 |
| 1 | 1 | 1 | 0 | 0 | 0 | 1 |

由真值表可知论证不是有效的.

(2) 前提: $p \to q, \neg q$.

结论: $\neg p$.

论证的形式结构: $((p \to q) \wedge \neg q) \to (\neg p)$.

可以验证 $((p \to q) \wedge \neg q) \to (\neg p)$ 是重言式, 因此 $((p \to q) \wedge \neg q) \Rightarrow (\neg p)$, 即这是有效论证.

### 3.4.2 推理规则

前面的例子中, 我们通过真值表来判断论证是否有效, 但这样做在命题变元较多时是非常烦琐乏味的. 例如, 当涉及 8 个命题变元时, 真值表就需要 $2^8 = 256$ 行. 下面我们来介绍另外一种证明有效论证行之有效的方法: 先建立一些简单的有效论证形式(即推理规则), 然后将这些推理规则作为基本的构件来构造复杂的有效论证.

在本节开头提到的推理规则

$$\begin{array}{c} p \to q \\ p \\ \hline \therefore q \end{array}$$

称为假言推理(modus ponens)或分离规则(law of detachment). 为简单起见, 我们也用 $((p \to q) \wedge p) \Rightarrow q$ 来表示这条规则. 下面列出一些常用的推理规则.

(1) $A \Rightarrow (A \vee B)$                附加

(2) $(A \wedge B) \Rightarrow A$                简化

(3) $((A \to B) \wedge A) \Rightarrow B$            假言推理

(4) $((A \to B) \wedge \neg B) \Rightarrow (\neg A)$         拒取式

(5) $((A \vee B) \wedge \neg A) \Rightarrow B$           析取三段论

(6) $((A \to B) \wedge (B \to C)) \Rightarrow (A \to C)$     假言三段论

(7) $((A \leftrightarrow B) \wedge (B \leftrightarrow C)) \Rightarrow (A \leftrightarrow C)$     等价三段论

(8) $((A \to B) \wedge (C \to D) \wedge (A \vee C)) \Rightarrow (B \vee D)$     构造性二难推理

(9) $((A \to B) \wedge (C \to D) \wedge ((\neg B) \vee (\neg D))) \Rightarrow ((\neg A) \vee (\neg C))$     破坏性二难推理

除了上述常用的推理规则,下面再引入三条推理规则.

(1) 前提引入规则(规则 P): 在证明的任何步骤上都可以引入前提.

(2) 结论引入规则(规则 T): 在证明的任何步骤上都可以将已经证明的结论作为后续证明中的前提.

(3) 置换规则(规则 E): 在证明的任何步骤上,命题公式中的子命题公式都可以用与之等价的命题公式置换.

**例 3.4.3** 说出下面的论证利用了那条推理规则.

"今天是周六且今天是儿童节. 因此, 今天是周六."

**解** 设 $p$ 表示 "今天是周六", $q$ 表示 "今天是儿童节", 上述论证形式化为

$$\frac{p \wedge q}{\therefore p}$$

这个论证使用了简化的推理规则.

**例 3.4.4** 证明 $S \vee R$ 是前提 $P \vee Q, P \to R, Q \to S$ 的有效结论.

**证明**　(1) $P \vee Q$　　　　　前提引入

(2) $(\neg P) \to Q$　　　　(1)置换,结论引入

(3) $Q \to S$　　　　　　前提引入

(4) $(\neg P) \to S$　　　　(2)和(3)假言三段论

(5) $(\neg S) \to P$　　　　(4)置换,结论引入

(6) $P \to R$　　　　　　前提引入

(7) $(\neg S) \to R$　　　　(5)和(6)假言三段论,结论引入

(8) $S \vee R$　　　　　　(7)置换

### 3.4.3　间接证法

在构造有效论证的证明时,我们使用推理规则,从前提出发得到结论的方法称为直接方法,而不从前提开始以结论结束的方法称为间接方法. 下面介绍两种常见的间接方法.

1. 归谬法(反证法)

**定理 3.4.1**　设 $A_1, A_2, \cdots, A_n$ 和 $B$ 都是命题公式, 则 $(A_1 \wedge A_2 \wedge \cdots \wedge A_n) \Rightarrow B$ 的充要条件为 $A_1 \wedge A_2 \wedge \cdots \wedge A_n \wedge (\neg B) \Leftrightarrow 0$.

这个定理的证明留作习题. 这个定理说明要证 $(A_1 \wedge A_2 \wedge \cdots \wedge A_n) \Rightarrow B$, 只要证明 $A_1 \wedge A_2 \wedge \cdots \wedge A_n \wedge (\neg B)$ 为矛盾式, 其中 $\neg B$ 称为附加前提.

**例 3.4.5**　用归谬法证明例 3.4.4.

**证明**　(1) $\neg(S \vee R)$　　　　附加前提

(2) $(\neg S) \wedge (\neg R)$　　　　(1)置换

| | |
|---|---|
| (3) $\neg S$ | (2)简化,结论引入 |
| (4) $\neg R$ | (2)简化,结论引入 |
| (5) $P \to R$ | 前提引入 |
| (6) $\neg P$ | (4)和(5)拒取式,结论引入 |
| (7) $Q \to S$ | 前提引入 |
| (8) $\neg Q$ | (3)和(7)拒取式,结论引入 |
| (9) $(\neg P) \wedge (\neg Q)$ | (6)和(8)合取 |
| (10) $\neg(P \vee Q)$ | (9)置换,结论引入 |
| (11) $P \vee Q$ | 前提引入 |
| (12) $(\neg(P \vee Q)) \wedge (P \vee Q)$ | (10)和(11)合取 |

故由归谬法可知 $S \vee R$ 是前提 $P \vee Q, P \to R, Q \to S$ 的有效结论.

**2. CP 规则**

**定理 3.4.2** 设 $A_1, A_2, \cdots, A_n$ 和 $A, B$ 都是命题公式,则 $(A_1 \wedge A_2 \wedge \cdots \wedge A_n) \Rightarrow (A \to B)$ 的充要条件为 $(A_1 \wedge A_2 \wedge \cdots \wedge A_n \wedge A) \Rightarrow B$.

**证明** 因为

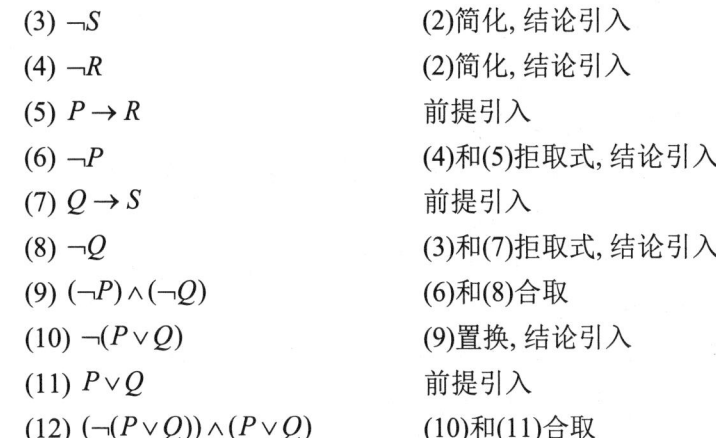

证毕.

由定理 3.4.2 可知,要证 $(A_1 \wedge A_2 \wedge \cdots \wedge A_n) \Rightarrow (A \to B)$,只需证明 $(A_1 \wedge A_2 \wedge \cdots \wedge A_n \wedge A) \Rightarrow B$,此时原来结论中的前件 $A$ 变成了附加前提,这种方法叫 CP(conditional proof)规则. 前面提到的反证法有时很方便,但并非必不可少,总可以用 CP 规则替代它.

**例 3.4.3** 可以用 CP 规则来证明,我们留作习题. 下面给出用 CP 规则证明的其他例子.

**例 3.4.6** 证明 $P \to (Q \to S)$ 是 $P \to (Q \to R), R \to (Q \to S)$ 的有效结论.

| **证明** (1) $P$ | 附加前提 |
|---|---|
| (2) $P \to (Q \to R)$ | 前提引入 |
| (3) $Q \to R$ | (1)和(2)假言推理,结论引入 |
| (4) $R \to (Q \to S)$ | 前提引入 |
| (5) $Q \to (Q \to S)$ | (3)和(4)假言三段论,结论引入 |
| (6) $Q$ | 附加前提 |
| (7) $Q \to S$ | CP 规则 |

## 习题 3.4

1. 用真值表证明假言三段论, 析取三段论和等价三段论.

2. 判断论证是否有效: 周一若不下雨且能买到车票, 我就去看球赛; 我没有去看球赛, 所以周一下雨了.

3. 判断论证是否有效: 如果 2=3, 则我剃个光头; 我剃了个光头, 所以 2=3.

4. 判断下面的论证使用了哪种推理规则.

(1) 小明有一辆汽车, 所以小明有一辆汽车或小明考上了西安电子科技大学.

(2) 如果小明有一辆汽车, 则小明考上了西安电子科技大学. 小明有一辆汽车, 所以考上了西安电子科技大学.

(3) 小明有一辆汽车或小明考上了西安电子科技大学. 小明没有汽车, 所以小明考上了西安电子科技大学.

5. 证明: (1) $\neg(p \land (\neg q)), (\neg q) \lor r, \neg r \Rightarrow \neg p$.

(2) $p \to q \Rightarrow p \to (p \land q)$.

6. 证明定理 3.4.1.

7. 用 CP 规则来证明例 3.4.3.

8. 公安人员审理了一件盗窃案, 已知:

(1) 甲或乙盗窃了计算机.

(2) 若甲盗窃了计算机, 则作案时间不会在午夜前.

(3) 若乙证词正确, 则在午夜时屋里灯光未灭.

(4) 若乙证词不正确, 则作案时间发生在午夜前.

(5) 午夜时屋里灯光熄灭了.

问: 谁盗窃了计算机?

## 3.5 谓词与量词

我们从著名的苏格拉底三段论谈起.

(1) 所有人都会死.

(2) 苏格拉底是人.

(3) 所以苏格拉底会死.

凭直觉苏格拉底三段论是正确的, 但是前面几节学习的命题逻辑却无法处理这类看似简单的推理. 原因在于命题逻辑中, 简单命题是最基本的单位, 不能再对简单命题进行分解, 因此也就无法研究命题内部的成分、结构和逻辑特征等. 而本节介绍的谓词逻辑就可以对简单命题做进一步的分析, 研究它们的形式结构、逻辑关系, 总结出正确的推理规则.

## 3.5.1 谓词

先看 3 个简单命题:

苏格拉底是人.

8 大于 3.

小李比小赵高.

这些简单命题都由两部分构成. 第一部分称为个体词(individual term), 例如苏格拉底、8、3、小李和小赵等. 个体词表示独立存在的客体, 可以是具体事物, 也可以是抽象的概念. 第二部分称为谓词(predicate), 刻画个体词的形式或之间的关系. 例如, "……是人"、"……大于……"和"……比……高".

在数学、计算机科学中经常可以遇到含有变量的语句, 比如

$$"x > 2, x = 3y"$$

和

$$"计算机 x 在正常运行"$$

当 $x, y$ 未指定时, 这些语句的真假未知. 下面我们介绍两种考察这些语句真假的方法.

第一种方法是赋值.

语句"$x$ 大于 2"有两个部分: 第一部分(变量 $x$)是语句的主语; 第二部分(谓词"……大于 2")表明语句的主语具有的性质. 可以用 $P(x)$ 表示语句"$x$ 大于 2", 设 $x$ 的取值范围的集合为 $D$, 则称 $D$ 为 $P$ 的论域, 称 $P$ 是谓词或命题函数, $P(x)$ 也可以说成是命题函数 $P$ 在 $x$ 的值. 注意命题函数本身既不为真, 也不为假, 而一旦给变量 $x$ 赋一个值, $P(x)$ 就成为命题并具有真值.

**例 3.5.1** 令 $P(x)$ 表示命题函数"$x > 2$", $P(1)$ 和 $P(3)$ 的真值是什么?

**解** $1 > 2$ 为假, 故 $P(1)$ 为假; $3 > 2$ 为真, 故 $P(3)$ 为真.

**例 3.5.2** 令 $P(x)$ 表示命题函数"$x^2 - x = 0$", 论域 $D = \mathbf{R}$, 则对于每个实数 $x$, $P(x)$ 是一个命题. 仅当 $x = 0$ 或 $1$ 时, $P(x)$ 为真, 其余赋值时, $P(x)$ 为假.

有些命题函数可能含有多个变量. 例如, 用 $P(x, y)$ 表示前面提到的语句"$x = 3y$", 那么 $x$ 和 $y$ 为变量, $P$ 为谓词. 当变量 $x$ 和 $y$ 被赋值时, 就可以确定 $P(x, y)$ 的真值.

通常, 涉及 $n$ 个变量 $x_1, x_2, \cdots, x_n$ 的命题函数可以表示为

$$P(x_1, x_2, \cdots, x_n)$$

$P$ 也称为 $n$ 元谓词.

除第一种方法——赋值外, 第二种从命题函数得到命题的方法就是量化(quantification). 量化表示在何种程度上谓词对于一定范围的个体成立. 在自然语言中, "所有""某些""许多""没有""少量"这些词都是用来表示量化程度的. 数学和计算机学科中我们经常遇到"有一个""每一个"这样的术语, 分别称为存在量词(existential quantifier)和全称量词(universal quantifier). 下面来研究表示存在性和任意性的两类量化: 存在量化和全称量化. 处理谓词和量词的逻辑领域也称为谓词演算.

**定义 3.5.1**  设 $P$ 是关于论域 $D$ 的命题函数, 语句

$$\text{"对每个 } x, P(x)\text{"}$$

称为全称量词语句. 符号 $\forall$ 的意思是"对每个"或"对所有", 因此语句

$$\text{"对每个 } x, P(x)\text{"}$$

可写成

$$\forall x P(x)$$

符号 $\forall$ 称为全称量词.

如果对于论域 $D$ 中每个 $x$, $P(x)$ 为真, 则量化命题 $\forall x P(x)$ 为真; 如果论域 $D$ 中至少存在一个 $x$ 使得 $P(x)$ 为假, 则量化命题 $\forall x P(x)$ 为假. 一个使 $P(x)$ 为假的语句称为 $\forall x P(x)$ 的反例 (counter example).

**例 3.5.3**  令 $P(x)$ 为语句 "$x^2+1 > x$", 论域为实数集合, 则量化语句 $\forall x P(x)$ 的真值是什么?

**解**  由于 $P(x)$ 对所有实数 $x$ 均为真, 所以量化命题 $\forall x P(x)$ 为真.

**例 3.5.4**  令 $Q(x)$ 表示语句 "$\sqrt{x} < 2$", 论域为正整数集合, 则量化命题 $\forall x Q(x)$ 的真值是什么?

**解**  $Q(x)$ 并非对论域中的每个取值都为真, 例如当 $x = 6$ 时, $Q(x)$ 就为假. 换句话说, $x = 6$ 是 $\forall x Q(x)$ 的一个反例. 这也说明 $\forall x Q(x)$ 为假.

下面的例子说明量化命题的真值和论域也有关系.

**例 3.5.5**  对于量化命题 $\forall x(x^2 \geq x)$, 如果论域是所有实数, 其真值是什么?如果论域是所有整数, 其真值又是什么?

**解**  论域是所有实数时, 量化命题 $\forall x(x^2 \geq x)$ 为假, 因为 $x = 1/2$ 就是 $\forall x(x^2 \geq x)$ 的一个反例. 如果论域为整数, 则 $\forall x(x^2 \geq x)$ 为真.

**定义 3.5.2**  设 $P$ 是关于论域 $D$ 的命题函数, 语句

$$\text{"存在 } x, P(x)\text{"}$$

称为存在量词语句. 符号 $\exists$ 的意思是"存在", 因此语句

$$\text{"存在 } x, P(x)\text{"}$$

可写成

$$\exists x P(x)$$

符号 $\exists$ 称为存在量词.

如果对于论域 $D$ 中所有 $x, P(x)$ 为假, 则量化命题 $\exists x P(x)$ 为假; 如果论域 $D$ 中至少存在

一个 $x$ 使得 $P(x)$ 为真, 则量化命题 $\exists xP(x)$ 为真.

**例 3.5.6** 令 $P(x)$ 表示语句 "$x > 2$", 论域为实数集合, 则量化命题 $\exists xP(x)$ 的真值是什么?

**解** 因为 "$x > 2$" 有时为真, 如 $x = 4$ 时, 所以 $P(x)$ 的存在量化即 $\exists xP(x)$ 为真.

**例 3.5.7** 令 $P(x)$ 表示语句 "$\frac{1}{x^2+1} > 1$", 论域为实数集合, 则量化命题 $\exists xP(x)$ 的真值是什么?

**解** 不难证明, 对任意实数 $x$, 有
$$\frac{1}{x^2+1} \leq 1$$
因此量化命题 $\exists xP(x)$ 为假.

全称量词和存在量词的意义总结如表 3.5.1 所示.

表 3.5.1 量词

| 量化命题 | 什么时候为真 | 什么时候为假 |
| --- | --- | --- |
| $\forall xP(x)$ | 对每个 $x$, $P(x)$ 都为真 | 有一个 $x$, 使 $P(x)$ 为假 |
| $\exists xP(x)$ | 有一个 $x$, 使 $P(x)$ 为真 | 对每个 $x$, $P(x)$ 都为假 |

本节最后我们指出当命题函数的论域为有限集时, 量化语句就可以用命题逻辑来表达. 若论域中的元素为 $x_1, x_2, \cdots, x_n$, 其中 $n$ 是一个正整数, 则全称量化 $\forall xP(x)$ 可表示为合取式
$$P(x_1) \wedge P(x_2) \wedge \cdots \wedge P(x_n)$$
因为该合取式为真当且仅当 $P(x_1), P(x_2), \cdots, P(x_n)$ 全部为真.

类似地, 存在量化 $\exists xP(x)$ 与析取式
$$P(x_1) \vee P(x_2) \vee \cdots \vee P(x_n)$$
等价, 因为该析取式为真当且仅当 $P(x_1), P(x_2), \cdots, P(x_n)$ 中至少一个为真.

**例 3.5.8** 如果 $P(x)$ 是语句 "城市 $x$ 的人口比西安多", 论域为陕南的城市, 量化命题 $\exists xP(x)$ 的真值是什么?

**解** 论域为 {汉中, 安康, 商洛}, 这三个城市分别记为 $x_1, x_2, x_3$, 则存在量化 $\exists xP(x)$ 等价于析取式
$$P(x_1) \vee P(x_2) \vee P(x_3)$$
全称量化 $\forall xP(x)$ 等价于合取式
$$P(x_1) \wedge P(x_2) \wedge P(x_3)$$
显然它们都为真.

### 3.5.2 量化命题的逻辑等价式

我们已经介绍了复合命题逻辑等价式的概念,下面将这个概念扩展到涉及谓词和量词的语句中.

涉及谓词和量词的语句是逻辑等价的是指无论用什么谓词代入这些语句,也无论给这些命题函数里的变量指定什么论域,它们都有相同的真值. 我们用 $S \equiv T$ 表示涉及谓词和量词的两个语句 $S$ 和 $T$ 是逻辑等价的.

**例 3.5.9** 证明: $\forall x(P(x) \land Q(x))$ 和 $\forall xP(x) \land \forall xQ(x)$ 是逻辑等价的(假设两个语句的论域相同).

**证明** 要证明这两个语句是逻辑等价的,我们需要说明: 不论 $P$ 和 $Q$ 是什么谓词,也不论采用哪个论域,它们总是具有相同的真值. 假设有特定的谓词 $P$ 和 $Q$,及一个共同的论域.

首先,证明如果 $\forall x(P(x) \land Q(x))$ 为真,那么 $\forall xP(x) \land \forall xQ(x)$ 为真;其次,证明如果 $\forall xP(x) \land \forall xQ(x)$ 为真,那么 $\forall x(P(x) \land Q(x))$ 为真.

假设 $\forall x(P(x) \land Q(x))$ 为真,即对于论域中任意的元素 $a$,$P(a) \land Q(a)$ 为真. 故 $P(a)$ 为真且 $Q(a)$ 为真. 因为对论域中任意的元素 $a$,$P(a)$ 和 $Q(a)$ 都为真,因此 $\forall xP(x)$ 和 $\forall xQ(x)$ 都为真,即 $\forall xP(x) \land \forall xQ(x)$ 为真.

假设 $\forall xP(x) \land \forall xQ(x)$ 为真,故 $\forall xP(x)$ 和 $\forall xQ(x)$ 都为真. 因此,对于论域中任意的元素 $a$,$P(a)$ 和 $Q(a)$ 都为真,从而 $P(a) \land Q(a)$ 为真. 因为元素 $a$ 的任意性,所以 $\forall x(P(x) \land Q(x))$ 为真,证毕.

上例表明全称量词对于一个合取式是可分配的,但全称量词对于析取式是不可分配的. 对于存在量词,结论正好相反,即存在量词对于一个析取式是可分配的,对合取式是不可分配的.

下面介绍量化命题的否定. 考虑语句

"班上每个学生都喜欢离散数学老师"

这个语句是全称量化命题,即

$$\forall xP(x)$$

其中 $P(x)$ 为语句"$x$ 喜欢离散数学老师",论域是班里的所有学生. 这一语句的否定是"并非班上每个学生都喜欢离散数学老师",这等价于"班上有学生不喜欢离散数学老师",其逻辑表达式为

$$\exists x \neg P(x)$$

这个例子说明了下面的等价关系:

$$\neg(\forall xP(x)) \equiv \exists x \neg P(x)$$

当然，我们需要证明上述逻辑等价式(留作习题). 对于存在量化命题的否定, 有
$$\neg(\exists x Q(x)) \equiv \forall x \neg Q(x)$$
证明也留作习题. 值得注意的是，量词比命题演算中的逻辑运算符都具有更高的优先级，$\neg(\forall x P(x))$ 也可记为 $\neg \forall x P(x)$. 上述两个量词的否定表达式也称为广义德·摩根律. 本节最后，我们来看两个用逻辑表达式表示语句的例子.

**例 3.5.10** 用谓词和量词表示"班上某个同学去过兵马俑"和"班上的所有同学或者去过兵马俑，或者去过大雁塔".

**解** 引入谓词 $M(x)$ 表示语句 "$x$ 去过兵马俑"，设论域为班上的所有学生，我们就可以将"班上某个同学去过兵马俑"翻译为 $\exists x M(x)$.

当然，我们可能对这个班上学生以外的人感兴趣. 引入谓词 $S(x)$ 表示语句 "$x$ 是这个班上的一个学生"，设论域为所有人，则"班上某个同学去过兵马俑"就可翻译为 $\exists x(S(x) \wedge M(x))$. 它表示有某个人 $x$ 他是这个班上的学生并且去过兵马俑，这也说明了在用谓词和量词表达同一语句时可以有不同的方法.

类似地，对于第二个语句，引入谓语 $T(x)$ 表示语句 "$x$ 去过大雁塔"，设论域为班上的所有学生，则第二个语句可以表达为 $\forall x(M(x) \vee T(x))$. 如果论域是所有人，则该语句的意思是: 对于每一个人 $x$, 如果 $x$ 是这个班上的学生，则 $x$ 去过大雁塔或 $x$ 去过兵马俑. 因此，第二个语句也可表示成 $\forall x(S(x) \to (M(x) \vee T(x)))$.

**例 3.5.11**[1] 考虑下面这些语句:

"所有狮子都是凶猛的."

"有些狮子不喝咖啡."

"有些凶猛的动物不喝咖啡."

设 $P(x)$、$Q(x)$ 和 $R(x)$ 分别为语句 "$x$ 是狮子"、"$x$ 是凶猛的" 和 "$x$ 喝咖啡". 假定论域是所有动物，用量词及 $P(x)$、$Q(x)$ 和 $R(x)$ 表示上述语句.

**解** 这些语句可表示为
$$\forall x(P(x) \to Q(x))$$
$$\exists x(P(x) \wedge \neg R(x))$$
$$\exists x(Q(x) \wedge \neg R(x))$$

### 3.5.3 量化命题的推理规则

前面已经讨论了命题的推理规则. 现在介绍涉及量化命题的一些重要的推理规则. 在数学证明中我们常常会不自觉的应用这些推理规则.

---

[1] 此例子来自 Lewis Carroll 的著作《符号逻辑》. Lewis Carroll 是英国著名作家、数学家和逻辑学家 C. L. Dodgson (1832—1898)的笔名，他以著名儿童文学作品《爱丽丝漫游奇境记》(*Alice's Adventures in Wonderland*)而闻名，是和安徒生、格林兄弟齐名的儿童文学大师.

**全称例化**(universal instantiation)[1]　从给定前提 $\forall xP(x)$ 得出 $P(c)$ 为真的推理规则, 其中 $c$ 是论域里的元素. 例如, 离散数学老师在课堂上说"大家都不用担心考试, 你们都在 80 分以上", 你心里肯定会很高兴. 这个时候其实你已经不自觉地使用了全称例化规则: 从"班里每个同学都在 80 分以上"得到"你会在 80 分以上".

**全称泛化**(universal generalization)　从对论域里所有元素 $c$ 都有 $P(c)$ 为真推出 $\forall xP(x)$ 为真的推理规则. 例如, 通过从论域中任意选取一个元素 $c$ 并证明 $P(c)$ 为真来证明 $\forall xP(x)$ 为真时就使用了全称泛化规则. 在数学证明时, 我们经常会使用全称泛化. 注意, 所选元素 $c$ 必须是论域里一个任意的元素, 而不是特殊元素, 如果证明中利用 $c$ 的某些特殊性质则会导致错误.

**存在例化**(existential instantiation)　从已知 $\exists xP(x)$ 为真得出在论域中存在元素 $c$ 使得 $P(c)$ 为真的推理规则.

例如, 已知函数 $f$ 在 $[0, 1]$ 上可导且 $f(1) = f(0)$, 令 $P(x)$ 表示"$f'(x) = 0$", 论域为 $(0, 1)$, 由微积分中的罗尔定理可知量化命题 $\exists xP(x)$ 为真. 由存在例化规则可设 $c \in (0,1)$ 且满足 $f'(c) = 0$, 从而继续开展论证.

**存在泛化**(existential generalization)　从已知论域里有一特定元素 $c$ 使 $P(c)$ 为真得出 $\exists xP(x)$ 为真的推理规则.

例如, 定义 **R** 上的函数 $f$ 为 $f(x) = x$, 证明函数 $f$ 在 $[-1, 1]$ 上存在零点. 令 $P(x)$ 表示"$f$ 存在零点 $x$", 论域为 $[-1, 1]$, 因为 $f(0) = 0$, 由存在泛化规则可证量化命题 $\exists xP(x)$ 为真, 证毕.

这些推理规则总结如表 3.5.2 所示.

表 3.5.2　量化命题的推理规则

| 推理规则 | 名称 |
| --- | --- |
| $\dfrac{\forall xP(x)}{\therefore P(c)}$ | 全称例化 |
| $\dfrac{P(c), 任意 c}{\therefore \forall xP(x)}$ | 全称泛化 |
| $\dfrac{\exists xP(x)}{\therefore P(c), 对某个元素 c}$ | 存在例化 |
| $\dfrac{P(c), 对某个元素 c}{\therefore \exists xP(x)}$ | 存在泛化 |

**例 3.5.12**　证明: 从"这个班上有人没去过兴教寺 [2]"和"这个班上所有人去过香积寺 [3]"

---

1　也称为全称指定(universal specification).

2　又称"大唐护国兴教寺", 唐代著名的樊川八大寺之首, 位于西安城南少陵原畔(少陵原即杜甫自称"少陵野老"中的"少陵"), 中国佛教八宗法相宗祖庭之一, 也是唐代著名翻译家、旅行家玄奘法师长眠之地. 兴教寺, 1961 年被国务院公布为第一批全国重点文物保护单位, 直线距离西北大学长安校区约 15 公里.

3　香积寺是樊川八大寺之一, 中国佛教八宗净土宗祖庭, 全国重点文物保护单位, 位于西安城南神禾原西畔, 直线距离西北大学长安校区约 3 公里. 唐代著名诗人王维作有《过香积寺》: 不知香积寺, 数里入云峰. 古木无人径, 深山何处钟. 泉声咽危石, 日色冷青松. 薄暮空潭曲, 安禅制毒龙.

现今这两处著名寺院都是免费参观, 也无须预约, 是西安南郊大学城同学们周末游玩的好去处. 但由于兴教寺地处偏僻, 且距离西北大学较远, 在学生中知之者甚少.

可得到结论"去过香积寺的某人没有去过兴教寺".

**证明** 令 $A(x)$ 表示"$x$ 在这个班上",$P(x)$ 表示"$x$ 去过兴教寺",$Q(x)$ 表示"$x$ 去过香积寺". 则"这个班上有人没去过兴教寺"可表示为 $\exists x(A(x) \wedge \neg P(x))$,而"这个班上所有人去过香积寺"可表示为 $\forall x(A(x) \rightarrow Q(x))$(思考是否可以表示为 $\forall x(A(x) \wedge Q(x))$). 和 3.4 节介绍的命题逻辑的推理理论类似,$\exists x(A(x) \wedge \neg P(x))$ 和 $\forall x(A(x) \rightarrow Q(x))$ 称为前提,我们要做的就是从前提得到结论 $\exists x(P(x) \wedge \neg Q(x))$. 推理过程由表 3.5.3 给出.

表 3.5.3 推理过程

| 推理过程 | 推理规则 |
| --- | --- |
| (1) $\exists x(A(x) \wedge \neg P(x))$ | 前提引入 |
| (2) $A(a) \wedge \neg P(a)$ | (1)存在例化,结论引入 |
| (3) $A(a)$ | (2)简化,结论引入 |
| (4) $\forall x(A(x) \rightarrow Q(x))$ | 前提引入 |
| (5) $A(a) \rightarrow Q(a)$ | (4)全称例化,结论引入 |
| (6) $Q(a)$ | (3)和(5)假言推理,结论引入 |
| (7) $\neg P(a)$ | (2)简化,结论引入 |
| (8) $\neg P(a) \wedge Q(a)$ | (6)和(7)合取 |
| (9) $\exists x(\neg P(x) \wedge Q(x))$ | (8)存在泛化 |

在例 3.5.12 中的第(4)~(6)步,我们组合使用了全称例化(量化命题推理规则)和假言推理(命题推理规则),常称之为全称假言推理(universal modus ponens),可表示为

$$\forall x(P(x) \rightarrow Q(x))$$
$$\underline{P(a), a \text{为论域中某特定元素}}$$
$$\therefore Q(a)$$

另一个常用的推理规则为拒取式,可表示为

$$\forall x(P(x) \rightarrow Q(x))$$
$$\underline{\neg Q(a), a \text{为论域中某特定元素}}$$
$$\therefore \neg P(a)$$

**例 3.5.13** 重新考虑例 3.5.11 中的语句:

"所有狮子都是凶猛的."

"有些狮子不喝咖啡."

"有些凶猛的动物不喝咖啡."

能否从第一、二句的前提得到第三句的结论?

**解** 由例 3.5.11 的解可知,上述三个语句可表示为

$$\forall x(P(x) \to Q(x))$$
$$\exists x(P(x) \land \neg R(x))$$
$$\exists x(Q(x) \land \neg R(x))$$

其中 $P(x)$、$Q(x)$ 和 $R(x)$ 分别表示语句"$x$ 是狮子"、"$x$ 是凶猛的"和"$x$ 喝咖啡". 从前提到结论的推理过程由表 3.5.4 给出 [1].

表 3.5.4 推理过程

| 推理过程 | 推理规则 |
| --- | --- |
| (1) $\forall x(P(x) \to Q(x))$ | 前提引入 |
| (2) $P(a) \to Q(a)$ | (1)全称例化, 结论引入 |
| (3) $\exists x(P(x) \land \neg R(x))$ | 前提引入 |
| (4) $P(a) \land \neg R(a)$ | (3)存在例化 |
| (5) $P(a)$ | (4)简化, 结论引入 |
| (6) $Q(a)$ | (2)和(5)假言推理, 结论引入 |
| (7) $\neg R(a)$ | (4) 简化, 结论引入 |
| (8) $Q(a) \land \neg P(a)$ | (6)和(7)合取 |
| (9) $\exists x(Q(x) \land \neg P(x))$ | (8)存在泛化 |

## 习题 3.5

1. 将下列语句翻译为量化命题.

(1) 所有人都会犯错.

(2) 有些人没听过西安电子科技大学.

2. 证明: $\forall xP(x) \lor \forall xQ(x)$ 和 $\forall x(P(x) \lor Q(x))$ 不逻辑等价.

3. 证明: $\exists xP(x) \land \exists xQ(x)$ 和 $\exists x(P(x) \land Q(x))$ 不逻辑等价.

4. 证明: $\neg \forall xP(x) \equiv \exists x\neg P(x)$.

5. 证明: $\neg \exists xQ(x) \equiv \forall x\neg Q(x)$.

6. 例 3.5.10 中, "班上某个同学去过兵马俑"能否表示为 $\exists x(S(x) \to M(x))$?

7. 例 3.5.11 中, "有些狮子不喝咖啡"能否表示为 $\exists x(P(x) \to \neg R(x))$?

8. 例 3.5.12 中, "这个班上所有人去过香积寺"能否表示为 $\forall x(A(x) \land Q(x))$?

9. 证明苏格拉底三段论是正确的, 即从前提"所有人都会死"和"苏格拉底是人"得到结论"所以苏格拉底会死".

---

[1] 其实例 3.5.12 和例 3.5.13 的推理过程是相同的.

# 第 4 章
# 图论基础

1736 年瑞士数学家欧拉发表了图论方面的第一篇论文(讨论哥尼斯堡七桥问题, 见 4.5 节). 经过 200 多年的发展, 图论已经成为解决离散数学与组合数学问题的基本工具. 20 世纪中叶以来, 图论已被日益广泛地应用于电子工程、计算机、网络通信、信息论、控制论、运筹学、物理学及生态学、管理学、社会学等各个领域.

本章共 5 节: 4.1 节集中介绍图论中的许多基本概念, 概念多是图论学习中的一个难点, 尤其对于初学者, 这样集中介绍方便初学者学习; 4.2 节、4.3 节、4.4 节分别介绍图论中非常重要的树的基本性质、树在计算机学科中的应用及关于树的两个重要的优化问题; 4.5 节研究两类特殊的图——欧拉图和哈密顿图. 值得注意的是, 图论中不同作者所用的术语及含义常常不尽相同, 本书尽量选用通用的术语, 读者参考其他书籍时务必注意.

## 4.1 图与有向图

本节介绍图论中的一些基本概念, 有些重要的概念在后面的章节中出现时会再次论述, 这样做的目的是为了方便读者记忆.

### 4.1.1 图与度序列

**定义 4.1.1** 一个无向图 $G$ 是指一个二元组 $(V,E)$, 其中集合 $V$ 中的元素称为顶点(或端点, vertex, or node), 集合 $E$ 中的元素为 $V$ 中元素组成的无序对, 称为边 (edge). 无向图常简称为图(graph).

**注 4.1.1** (1) 上述集合 $E$ 中的元素可以相同, 有的文献称这样的集合为多重集(multiset).

(2) 在一个图 $G = (V,E)$ 中, 为了表示 $V$ 和 $E$ 分别是 $G$ 的顶点集和边集, 常将 $V$ 和 $E$ 分别记为 $V(G)$ 和 $E(G)$. 如果 $V(G)$ 和 $E(G)$ 都是非空有限集, 则称 $G$ 为有限图. 我们约定除非特别指出, 本书中每一个图都是有限图.

常用图形来表示一个图, 用小圆圈或实心点表示图的顶点, 用线段把无序对中两个顶点连接起来表示边. 其中顶点的位置、连线的曲直、是否相交等都无关紧要. 例如 $G = (V, E)$, 其中 $V = \{v_1, v_2, v_3, v_4, v_5\}$, $E = \{(v_1, v_1), (v_1, v_2), (v_1, v_2), (v_1, v_3), (v_2, v_4), (v_3, v_4), (v_4, v_5)\}$, 则 $G$ 的图形如图 4.1.1 所示.

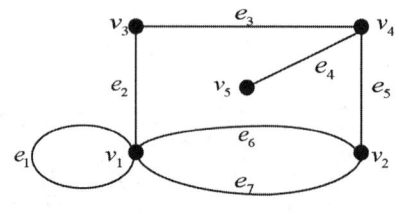

图 4.1.1 一个有限图

设 $G = (V, E)$, 我们常用 $n(G)$ 和 $e(G)$ 来分别表示图的顶点个数和边的个数, 即 $n(G) = |V(G)|, e(G) = |E(G)|$. 若 $V$ 为单点集, 则称 $G$ 为平凡图(trivial graph). 为方便起见, 常用 $e_i$ 表示边, 例如在图 4.1.1 中, $e_2$ 表示边 $(v_1, v_3)$, 而 $v_1, v_3$ 称为 $e_2$ 的端点. 两个端点相同的边称为环(loop), 具有相同端点的多条边称为重边(multiple edge), 不含环和重边的图称为简单图(simple graph). 例如在图 4.1.1 中, $e_1 = (v_1, v_1)$ 为环, $e_6, e_7$ 为重边, 所以此图不是简单图. 一条边的两个顶点称为相邻的(adjacent). 若 $v$ 是边 $e$ 的一个顶点, 则称 $v$ 和 $e$ 是关联的(incident). 对于无环图, 和 $v$ 关联的边的个数称为 $v$ 的度(degree), 记为 $d(v)$. 对于有环图, 环记 2 度. 例如在图 4.1.1 中, $d(v_1) = 5, d(v_2) = 3$.

现在考虑图 $G$ 中所有顶点的度数之和. 每条边贡献了 2 度, 因此度数之和应为 $2|E(G)|$. 而每个顶点贡献了 $d(v)$ 度, 因此有下面的定理成立.

**定理 4.1.1** 设图 $G$ 的顶点集为 $V(G) = \{v_1, v_2, ..., v_n\}$, 且 $|E(G)| = m$, 则

$$\sum_{i=1}^{n} d(v_i) = 2m$$

**推论 4.1.1** 图中度为奇数的顶点的个数为偶数.

**注 4.1.2** (1) 上述定理虽然简单, 但应用却很广泛, 而且证明过程中所用的方法应该引起初学者足够的重视. 要对顶点的度数之和进行计数, 我们可以从顶点和边两个不同的角度去考虑, 这样的思想称之为双计数. 这是离散数学与组合数学中一种常用的计数方式[1].

(2) 上述推论的一种解释为舞会中和奇数个人握手的人有偶数个.

我们称一个图的所有顶点度数构成的递减序列为这个图的度序列(degree sequence). 例如图 4.1.1 的度序列为 (5, 3, 3, 2, 1). 每个图都有一个度序列; 反之, 并非每个递减序列都为某个图的度序列. 例如 (5, 4, 3, 2, 1) 就不可能是某个图的度序列, 因为定理 4.1.1 告诉我们: 一个

---

[1] 举一个简单的例子来描述这种计数思想: 要统计班级人数, 可以按地区来统计, 那么班级人数就等于来自不同地区的人数之和; 当然也可以按性别来统计, 那么班级人数就等于男生人数和女生人数之和.

递减序列要成为某个图的度序列,必须先满足序列的元素和为偶数. 显然, 这个必要条件也是充分的.

**定理 4.1.2** 非负整数序列 $d_1 \geq d_2 \geq \cdots \geq d_n$ 是某个图的度序列当且仅当 $\sum d_i$ 是偶数.

**证明** 充分性. 由定理 4.1.1, 显然.

必要性. 设 $V = \{v_1, v_2, \ldots, v_n\}$, 显然集合 $\{v_i : d_i$ 是奇数$\}$ 的元素个数为偶数. 将此集合中的元素两两配对, 对每个元素对构造一条边使其端点为此元素对, 则此时每个顶点 $v_i$ 需要的度数是偶数(非负); 在 $v_i$ 处加上 $\lfloor d_i / 2 \rfloor$ ($\lfloor \ \rfloor$ 表示数的下取整, 如 $\lfloor 1.5 \rfloor = 1$) 个环, 就得到以 $V$ 为顶点集的图, 且 $v_i$ 的度为 $d_i$.

定理 4.1.2 的证明是构造性的, 当然也可以用其他方法来证明, 例如用归纳法(对 $n$ 或 $\sum d_i$ 进行归纳), 证明留给读者. 定理 4.1.2 中对度序列的刻画比较简单是因为允许使用环, 如果不允许使用环, $\sum d_i$ 是偶数的条件就不充分了. 无环图及简单图的度序列怎么刻画呢(习题 4.1 第 11 题)?

## 4.1.2 路径与连通

**定义 4.1.2** 图 $G$ 中顶点和边的交替序列 $\Gamma = v_0 e_1 v_1 e_2 \ldots e_n v_n$ 称为一条 $(v_0, v_n)$-通道 ($(v_0, v_n)$-walk), 其中 $v_{i-1}$ 和 $v_i$ 是 $e_i$ 的端点. $v_0$ 和 $v_n$ 分别称为通道 $\Gamma$ 的起点(origin)和终点(terminus), 其他顶点称为内点, $\Gamma$ 中边的数目 $n$ 称为通道的长度. 若起点和终点相同, 则称此通道是闭的. 如果 $\Gamma$ 中的边互不相同, 则称 $\Gamma$ 为一条迹(tail); 如果 $\Gamma$ 中的顶点互不相同, 则称 $\Gamma$ 为一条路径(path). 起点和内点互不相同的闭通道称为圈(cycle).

**注 4.1.3** 本章开头已经指出图论中有些术语使用的非常混乱, 这里再次强调读者一定要弄清楚你所阅读的书籍中概念的具体含义. 例如定义 4.1.2 中出现的通道、路径和圈在不同的教材中含义可能不同. 我们这里使用了数学教材中常用的"圈", 而计算机教材中常用的对应术语为"回路". 但就回路这个术语来说, 不同教材中含义也不尽相同, 回路有时指闭通道, 有时指闭迹, 有时和圈含义相同, 请大家注意区分.

显然环是长度为 1 的圈; 一个图中有重边当且仅当图含有长度为 2 的圈. 若对于图中任意两个顶点 $v_i$ 和 $v_j$, 都存在一条 $(v_i, v_j)$-通道, 则称此图是连通的(connected).

在图 4.1.2 中, $v_4 e_4 v_3 e_2 v_1 e_1 v_2 e_3 v_3 e_5 v_5$ 是一条 $(v_4, v_5)$-通道, 它包含一条 $(v_4, v_5)$-路径 $v_4 e_4 v_3 e_5 v_5$. 这不是偶然的, 可以证明一条 $(u, v)$-通道必包含一条 $(u, v)$-路径(请读者自行验证). $v_3 e_4 v_4 e_6 v_5 e_5 v_3$ 是一条闭迹也是一个圈, 我们常常简单地用 $e_4 e_6 e_5$ 或 $v_3 v_4 v_5 v_3$ 来表示这个圈. 另外, 此图不是连通图, 因为不存在一条 $(v_4, v_6)$-通道(路径).

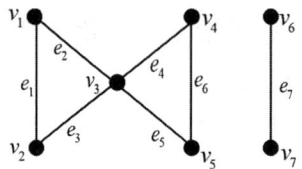

图 4.1.2 一个不连通图

**定义 4.1.3** 设 $G=(V,E)$，$G'=(V',E')$ 是两个图. 若 $V'\subseteq V$，$E'\subseteq E$，则称 $G'$ 是 $G$ 的子图(subgraph). 若 $G'$ 是 $G$ 的子图且 $V'=V$，则称 $G'$ 是 $G$ 的生成子图(spanning subgraph). 设 $V_1\subseteq V$，以 $V_1$ 为顶点集，$G$ 中两端点全在 $V_1$ 中的全体边为边集的 $G$ 的子图称为 $G$ 的导出子图(induced subgraph)，记为 $G[V_1]$.

**定义 4.1.4** 图 $G$ 的连通分支(connected component)是指其极大[1]连通子图. 图 $G$ 的割点(cut-vertex)和割边(cut-edge)分别是指一个顶点和一条边，删除它会增加连通分支的数目.

例如图 4.1.2 有两个连通分支，唯一割点为 $v_3$，也只有一条割边 $e_7$；若令 $V_1=\{v_1,v_2,v_3\}$，则 $G[V_1]$ 的边集为 $\{e_1,e_2,e_3\}$.

设 $G=(V,E)$，其中 $V=\{v_1,v_2,\cdots,v_m\}$，$E=\{e_1,e_2,\cdots,e_n\}$. 我们用 $G-v$ 和 $G-e$ 来分别表示删除点 $v$ 和边 $e$ 所得到的子图，删除顶点或边的定义为

$$G-v_i=G[V-\{v_i\}]\,(i=1,2,\cdots,m),\ G-e_i=(V,E-\{e_i\})\,(i=1,2,\cdots,n)$$

简单地讲，删除顶点则同时删除与此顶点关联的边；删除边则只是单纯地删除图中的边. 类似地，$\forall V_1\subseteq V, E_1\subseteq E$，可以定义 $G-V_1, G-E_1$.

下面来刻画割边.

**定理 4.1.3** 一条边是割边当且仅当它不属于任何一个圈.

**证明** 设 $e\in E(G)$，不妨设 $G$ 是连通的.

充分性. 若 $e$ 位于某个圈中，则不难证明 $G-e$ 是连通的，这与 $e$ 是割边矛盾，故 $e$ 不属于任何一个圈.

必要性. 若 $e$ 不是割边，则 $G-e$ 是连通的. 设 $e$ 的两个顶点分别为 $v_1, v_2$，由于 $G-e$ 是连通的，故 $G-e$ 中存在一条 $(v_1,v_2)$-路径，这条路径加上 $e$ 就构成了一个圈，与题设矛盾.

**定义 4.1.5** 一个有向图(digraph) $D$ 是指一个二元组 $(V,E)$，其中集合 $V$ 中的元素称为顶点，集合 $E$ 中的元素为 $V$ 中元素组成的有序对，称为弧或有向边(arc or directed edge).

有向图也可以用图形表示，例如图 4.1.3 中给出了 3 个有向图. 但要注意有向图中的弧 $(a,b)$ 是有方向的，方向从 $a$ 指向 $b$. 有些概念对有向图和无向图都适用；有些概念对有向图和无向图是有差异的. 本书中我们主要讨论无向图.

---

[1] 这里极大的意思是若再任意添加 $G$ 中的一条边，新的子图将不再连通.

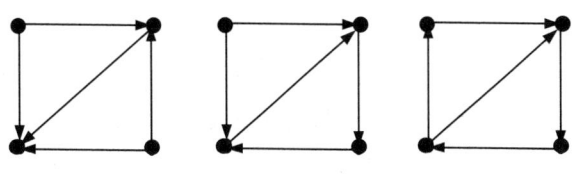

图 4.1.3　有向图

下面以一个简单的命题来结束本节, 证明命题 4.1.1 所用的极端化方法在图论中将经常用到.

**命题 4.1.1**　如果图 $G$ 中每一个顶点的度数至少是 2, 则 $G$ 含有一个圈.

**证明**　我们用极端化方法[1]进行证明. 若 $G$ 中含有环或重边, 则命题成立. 设 $G$ 为简单图且 $P$ 是 $G$ 中的极大路径(即不存在包含 $P$ 且比 $P$ 更长的路径), $u$ 是 $P$ 的一个端点. 由于 $P$ 是极大路径, 故 $u$ 的所有相邻顶点出现在 $P$ 中; 又由于 $u$ 的度大于 2, 故存在 $u$ 的相邻顶点 $v \in P$ 且 $(u, v) \notin P$. 这样边 $(u, v)$ 及 $P$ 中 $u$ 到 $v$ 的路径就构成了一个圈.

## 习题 4.1

1. 如果简单图 $G$ 的每个顶点的度都为 2, $G$ 一定是圈吗?

2. 给定下面序列:

(1) (2, 2, 2, 2, 2).　(2) (3, 2, 2, 1, 1).　(3) (2, 2, 2, 1, 1).

(4) (3, 3, 3, 1, 0).　(5) (5, 4, 4, 2, 1).

以上 5 个序列中, 哪几个序列可以构成简单图的度序列?

3. 证明: 含有 $n$ 个顶点和 $k$ 条边的图至少有 $n-k$ 个连通分支(提示: 添加一条边至多减少一个连通分支).

4. 证明: 如果一个图的所有顶点的度都为偶数(这样的图称为偶图), 则此图没有割边.

5. 对于 $n$ 个顶点的简单图, 如果任意两个顶点都有边相连(即每个顶点的度为 $n-1$), 则称此图为完全图(complete graph), 记为 $K_n$. 确定 $K_4$ 是否包含以下情况(给出例子或证明不包含).

(1) 一条不是迹的通道.

(2) 一条不是圈的闭迹.

6. 对于图 $G$ 和 $H$, 如果存在一个双射 $\theta: V(G) \to V(H)$, 使得 $e = (v, u) \in E(G)$ 当且仅当 $(\theta(v), \theta(u)) \in E(H)$, 则称 $G$ 和 $H$ 同构(isomorphism), 记为 $G \cong H$. 一个简单图 $G$ 的补图(complement) $G^c$ 也是一个简单图, 其顶点集为 $V(G)$, 且 $(u, v) \in E(G^c) \Leftrightarrow (u, v) \notin E(G)$.

(1) 证明: $P_4$ ($n$ 个顶点的路径记为 $P_n$)和其补图同构. 像这样和其补图同构的图称为是

---

[1] 注意本书讨论有限图. 极端化方法就是利用图的有限性, 当我们考虑某些极端情况时会得到一些附加的信息. 例如此命题证明中, 有限图就保证了极大路径的存在性. 不难举例说明对于无限图, 此命题不成立.

自补的(self-complementary).

(2) 证明: $G \cong H \Leftrightarrow G^c \cong H^c$.

(3) 证明: 简单图集合的同构关系是一种等价关系.

(4) 判断图 4.1.4 所示的三个图是否同构.

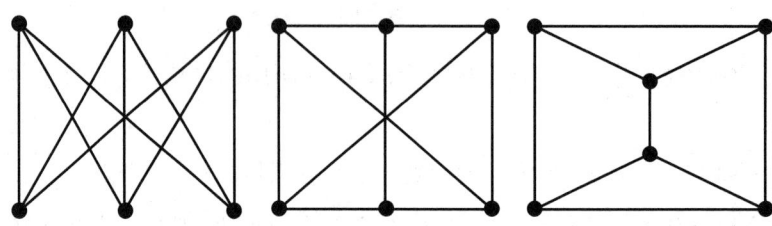

图 4.1.4　第 6 题的图

7. 有向图 $D=(V,E)$ 中的 $(u_1,u_n)$-路径是指顶点序列 $u_1u_2\cdots u_n$, 且 $(u_i,u_{i+1})$ 是有向图中的弧($i=1,2,\cdots,n-1$). 有向图的底图(underlying graph)是指将边看为无向边之后得到的无向图. 有向图是弱连通的(weakly connected)是指其底图是连通的. 有向图是单连通的(unilaterally connected)是指 $\forall u,v \in V$, 存在 $(u,v)$-路径或 $(v,u)$-路径. 有向图是强连通的是指 $\forall u,v \in V$, 存在 $(u,v)$-路径和 $(v,u)$-路径. 考察图 4.1.3 中各有向图的连通性.

8. 证明: 如果简单图 $G$ 的任意顶点的度数至少是 $k$ ($k \geq 2$), 则 $G$ 包含一个长度至少为 $k+1$ 的圈(提示: 参考命题 4.1.1 的证明).

9. 设图 $G$ 有 $n$ 个顶点且至少有 $n$ 条边, 证明: 图 $G$ 含有一个圈.

10. 证明: 含有 $n$ 个顶点的连通图至少有 $n-1$ 条边.

11. 试着给出无环图和简单图的度序列的刻画. 如果经过努力还不能完成, 可借助互联网查阅相关文献资料.

## 4.2　树的性质

树是图论中最有用的概念之一, 作为一种特殊的图, 树在数据存储、查询、通信、电网分析、化学等方面有着重要应用. 本节研究树的基本性质.

### 4.2.1　树的定义及刻画

**定义 4.2.1**　一个森林(forest)是指一个无圈图, 一棵树(tree)是指一个连通的森林, 度为 1 的顶点称为叶子(leaf). 若一个图的生成子图是一棵树, 则称该树是图的生成树(spanning tree).

**例 4.2.1**　给西安电子科技大学的所有学生编排学号时形成一棵树, 以 01, 02, 03…表示学院; 以 10, 11, 12…表示入学年份为 2010, 2011, 2012…, 以 1, 2, 3…表示学院的专业; 以 001, 002, 003…表示各专业的学生, 结果如图 4.2.1 所示, 树中的每个叶子表示一个学生. 例如顶点为 010 的叶子所表示的学生的学号可记为 07132010, 表示该学生是 07 学院 13 级 2 专业第 10 号.

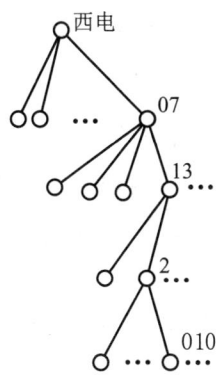

图 4.2.1　学号树

下面给出树的等价刻画.

**定理 4.2.1**　对于 $n$ 个顶点的图 $G$, 下面各命题等价.

(1) $G$ 是连通的且无圈.

(2) $\forall u,v \in V(G)$, $G$ 中只有一条 $(u,v)$-路径且 $G$ 无环.

(3) $G$ 有 $n-1$ 条边且无圈.

(4) $G$ 是连通的且有 $n-1$ 条边.

**证明**　(1)$\Rightarrow$(2). 由于 $G$ 是连通的, 故 $\forall u,v \in V(G)$, $G$ 中至少有一条 $(u,v)$-路径. 若 $G$ 中还有一条不同的 $(u,v)$-路径, 则不难证明 $G$ 中有圈(习题 4.2 第 1 题), 与 $G$ 中无圈矛盾. 所以 $G$ 中只有一条 $(u,v)$-路径. 无圈推出无环.

(2)$\Rightarrow$(3). 上面的证明已经指出: $\forall u,v \in V(G)$, 若 $G$ 中只有一条 $(u,v)$-路径, 则 $G$ 中无圈. 下面用归纳法证明 $G$ 有 $n-1$ 条边. 如果 $n=1$, 结论是显然的(由于 $G$ 无环); 设对于顶点数小于 $n$($n \geq 2$)的图命题成立. 当 $G$ 有 $n$ 个顶点时, 对于 $G$ 中任意一条边 $(u,v)$, 在图 $G$ 中删除此边得到图 $H$. 由于 $G$ 中只有一条 $(u,v)$-路径, 故 $H$ 不连通. 不难证明 $H$ 有两个连通分支且无圈, 设这两个连通分支分别为 $H_1$ 和 $H_2$. 由(1)$\Rightarrow$(2)可知这两个连通分支中任意两顶点间只有一条路径, 又由于 $H_1$ 和 $H_2$ 的顶点数都小于 $n$, 故由归纳假设可知 $e_i = n_i - 1$(其中 $e_i, n_i$ 分别表示 $H_i$ 的边的个数和顶点的个数, $i=1,2$), 又 $n = n_1 + n_2 = e_1 + e_2 + 1 + 1 = e + 1$, 证毕.

(3)$\Rightarrow$(4). 设 $H_1, H_2, \cdots, H_k$ 是 $G$ 的连通分支, 由 (1) $\Rightarrow$ (2) $\Rightarrow$ (3)可知, 对每个连通分支 $H_i$ 都有 $e_i = n_i - 1$(其中 $e_i, n_i$ 分别表示 $H_i$ 的边的个数和顶点的个数, $i=1,2,\cdots,k$), 故

$$\sum_{i=1}^{i=k} e_i = \sum_{i=1}^{i=k} n_i - k, \text{ 即 } e = n - k$$

由于 $e = n - 1$, 所以 $k = 1$, 即 $G$ 是连通的.

(4)$\Rightarrow$(1). 若 $G$ 中有圈, 则从各个圈中删除边直到 $G$ 中无圈. 又因为删除圈中的边不会破坏图的连通性(即圈中的边一定不是割边, 见定理 4.1.3), 故最后得到的图 $G^*$ 是连通的无圈

图且顶点数为 $n$. 由于(1)$\Rightarrow$(2)$\Rightarrow$(3), 故 $G^*$ 有 $n-1$ 条边, 所以 $G^*=G$ 且是无圈的.

我们会在习题 4.2 中给出树的其他的性质, 下面给出关于生成树的一个结论.

**定理 4.2.2** $G$ 是连通的当且仅当它有生成树.

充分性是显然的, 必要性的证明类似于定理 4.2.1 证明中的(4)$\Rightarrow$(1), 故略去. 注意, 定理 4.2.2 给出了确定图 $G$ 是否连通的方法, 即检测图是否有生成树. 我们将在 4.4 节讨论求图 $G$ 的生成树的算法.

**命题 4.2.1** 设 $G=(V,E)$, $I=\{X\subseteq E(G):X$ 不含圈 [1] $\}$, 若 $A,B\in I$ 且 $|A|<|B|$, 则存在 $e\in B-A$ 使得 $A\cup\{e\}\in I$.

**证明** 考虑 $A\cup B$ 的导出子图 $G[A\cup B]$. 由定理 4.2.1 可知, 一个图的极大无圈子图有相同的边数. 由于 $|A|<|B|$, 故 $G[A]$ 是 $G[A\cup B]$ 的无圈子图但不是极大无圈子图. 因此存在 $e\in B-A$ 使得 $A\cup\{e\}$ 不含圈.

**\*注 4.2.1** 介绍一个有趣的事实. 在线性代数中, 有一个类似于命题 4.2.1 的结论: 令 $n$ 个向量的集合 $X=\{a_1,a_2,\cdots,a_n\}$, 而 $I=\{Y\subseteq X:Y$ 中的向量线性无关$\}$. 若 $A,B\in I$ 且 $|A|<|B|$. 则存在 $e\in B-A$ 使得 $A\cup\{e\}\in I$. 习题 4.2 第 6 题给出了生成树的一个重要性质, 其实类似的结论对于向量空间中的极大线性无关组也成立. 这就启发我们这两种情况中存在某种类似的抽象结构, 这种结构我们称之为拟阵(matroid), 是 Whitney 在 1935 年研究图的独立性时首先提出的(习题 4.2 第 6 题).

### 4.2.2 Cayley 公式

下面来研究 $n$ 个顶点的树的棵数问题, 我们将给出一个漂亮的计数公式. 令 $S=\{1,2,3,\cdots,n\}$, 以 $S$ 为顶点集可以构成多少棵树呢? 当 $|S|=1,2,3,4\cdots$ 时, 我们发现树的棵数分别为 1, 1, 3, 16$\cdots$, 即 $\tau(n)=n^{n-2}$ ($\tau(n)$ 表示 $n$ 个顶点的树的棵数), 这就是著名的 Cayley 公式.

在证明这个公式之前我们先对这里的计数问题做一个说明. 以 3 个顶点为例, 存在 3 棵不同的树, 但这 3 棵树是同构的, 因此这里的不同并非同构意义下的不同. 这 3 棵树的边集分别记为 $\{12,23\},\{13,23\},\{12,13\}$, 可以看出这 3 棵树的边集的标记是不同的, 因此有的书上也称这里的树为标记树(labelled tree). 最后指出以 $S$ 为顶点的树的棵数显然等于 $K_n$ 中生成树的棵数. 我们用 $\tau(G)$ 表示连通图 $G$ 的生成树的棵数, Cayley 公式便可如下表述.

**定理 4.2.3(Cayley 公式)** $\tau(K_n)=n^{n-2}$.

**证明一(Prüfer 编码)** 令 $S=\{1,2,3,\cdots,n\}$ 是 $K_n$ 的顶点集, 则由 $S$ 中的元素组成的长度

---

[1] 严格地说 $X$ 不含圈是指 $X$ 的任意子集都不是某个圈的边集, 或者说 $X$ 的导出子图不含圈. 注意, 我们前面只定义了顶点集的导出子图, 而边集 $X$ 的导出子图 $G[X]$ 是以 $X$ 中所有边的顶点为顶点集, $X$ 为边集的子图.

为 $n-2$ 的序列有 $n^{n-2}$ 个. 这样我们要证明 $\tau(K_n)=n^{n-2}$, 只需证明 $K_n$ 的生成树之集和这些序列之集之间存在一个双射. 设 $T$ 是 $K_n$ 的一棵生成树, 下面给 $T$ 赋予一个长度为 $n-2$ 的序列 (这个序列称为 $T$ 的 Prüfer 编码).

设 $s_1$ 是 $T$ 中顶点度为 1 的标号最小顶点, $t_1$ 是 $s_1$ 的相邻顶点, 取 $t_1$ 为 $T$ 的 Prüfer 编码的第 1 个元素; 设 $s_2$ 是 $T-s_1$ 中顶点度为 1 的标号最小顶点, $t_2$ 是 $s_2$ 的相邻顶点, 取 $t_2$ 为 $T$ 的 Prüfer 编码的第 2 个元素; 继续这样的过程, 直到得到 $T$ 的 Prüfer 编码 $(t_1 t_2 \cdots t_{n-2})$.

例如图 4.2.2 所示的树, 其 Prüfer 编码的生成过程如图 4.2.2 的右侧所示.

图 4.2.2 树及其 Prüfer 编码

图 4.2.2 中的树的 Prüfer 编码为 (11555). 我们发现, 首先度数为 1 的顶点不出现在编码中, 其次顶点在编码中出现的次数为度数减 1.

不难看出, 不同树的 Prüfer 编码不同, 证明留作习题. 最后我们说明任意一个长度为 $n-2$ 的序列 $(t_1 t_2 \cdots t_{n-2})$ 都是某棵树的 Prüfer 编码.

设 $s_1$ 是 $S$ 中而不在 $t_1 t_2 \cdots t_{n-2}$ 中的标号最小顶点, 连接 $t_1$ 和 $s_1$; 设 $s_2$ 是 $S-\{s_1\}$ 中而不在 $t_2 \cdots t_{n-2}$ 中的标号最小顶点, 连接 $t_2$ 和 $s_2$; 设 $s_3$ 是 $S-\{s_1,s_2\}$ 中而不在 $t_3 \cdots t_{n-2}$ 中的标号最小顶点, 连接 $t_3$ 和 $s_3$; 继续这样的过程得到 $n-2$ 条边 $t_1 s_1, \cdots, t_{n-2} s_{n-2}$, 再连接 $S-\{s_1,s_2,\cdots,s_{n-2}\}$ 中的两点就得到了 $K_n$ 的一棵生成树. 显然这棵树的 Prüfer 编码就是 $(t_1 t_2 \cdots t_{n-2})$. 这样我们就在由 $K_n$ 的所有生成树构成的集合和由 $S$ 中的元素组成的长度为 $n-2$ 的所有序列构成的集合之间建立了一个双射, 从而证明了 $\tau(K_n)=n^{n-2}$.

**证明二(递归公式)** 我们证明一个更一般的公式 $f(n,s)=sn^{n-s-1}$, 其中 $f(n,s)$ 表示 $n$ 个顶点 $s$ 个连通分支的森林的个数, 则有 $\tau(K_n)=f(n,1)=n^{n-2}$.

首先证明如下的递归公式:

$$f(n,s)=\sum_{j=0}^{n-s}\binom{n-s}{j}f(n-1,s+j-1) \tag{4.2.1}$$

令 $f(1,1)=1, f(n,0)=0 (n\geq 1)$, 设 $G$ 是以 $\{1,2,3,\cdots,n\}$ 为顶点集合的 $s$ 个连通分支的森林. 假设 $1,2,3,\cdots,s$ 是属于不同连通分支的顶点, 则和 1 相邻的顶点集可以是 $\{s+1,s+2,\cdots,n\}$ 的任意子集, 也即顶点 1 的度数 $j$ 可以是 $0,1,\cdots,n-s$ 中任意一个数, 故 1

的相邻顶点集有 $\binom{n-s}{j}$ 种可能; 又因为 $G-1$ 是以 $\{2,3,\cdots,n\}$ 为顶点集合的 $s+j-1$ 个连通分支的森林, 故 $G-1$ 有 $f(n-1,s+j-1)$ 种可能. 这样就证明了式(4.2.1).

然后对 $n$ 用归纳法来证明 $f(n,s) = sn^{n-s-1}$. 当 $n=1$ 时显然成立; 假设

$$f(n-1,i) = i(n-1)^{n-i-2} (n \geq 2), i = 1,2,3,\cdots,n-1 \tag{4.2.2}$$

把式(4.2.2)代入式(4.2.1)得

$$\begin{aligned} f(n,s) &= \sum_{j=0}^{n-s} \binom{n-s}{j}(s+j-1)(n-1)^{n-s-j-1} \\ &= \sum_{j=0}^{n-s} \binom{n-s}{j}(n-1)^{n-s-j} - \sum_{j=0}^{n-s-1} \binom{n-s}{j}(n-s-j)(n-1)^{n-s-j-1} \end{aligned}$$

由二项式定理可得

$$f(n,s) = n^{n-s} - (n-s)n^{n-s-1} = sn^{n-s-1}$$

**注 4.2.2** (1) 证明一采用了双射的组合论证方法, 这和我们前面提到的双计数思想一样是一种重要的计数方法.

(2) Cayley 公式给出了完全图中生成树的个数, 那么对于一般的连通图 $G$, 著名的矩阵树定理 (matrix tree theorem) 给出了 $\tau(G)$ 的计算方法, 感兴趣的读者可参考书后相关文献.

## 习题 4.2

1. 证明: 若图 $G$ 中有两条 $(u,v)$-路径, 则 $G$ 中含圈.

2. 证明: 图 $G$ 是树当且仅当 $G$ 是连通的且 $G$ 中每一条边都是割边.

3. 证明: 图 $G$ 是树当且仅当在 $G$ 中任意添加一条边都恰好构成一个圈.

4. 在定理 4.2.1 中, 直接证明(1) $\Rightarrow$ (4)(提示: 可用归纳法).

5. 设 $G_1, G_2$ 是连通图 $G$ 的两棵生成树, 并且 $e \in E(G_1) - E(G_2)$, 证明: 存在边 $e^* \in E(G_1) - E(G_2)$, 使得 $G_1 - e + e^*$ 是 $G$ 的一棵生成树.

6. 设 $X$ 是非空有限集, $I$ 是 $X$ 的非空子集族且满足下面的性质:
① $Y \in I, Z \subseteq Y \Rightarrow Z \in I$.
② $Y, Z \in I, |Y| < |Z| \Rightarrow$ 存在 $z \in Z - Y$, 使得 $Y \cup \{z\} \in I$.
则称 $(X, I)$ 是一个拟阵. $I$ 中的元素称为独立集(independent set), 全体独立集之集记为 $I$; 极大的独立集称为拟阵的基(base), 所有基之集记为 $B$. 证明:
(1) 拟阵的所有基都有相同的势, 即 $\forall B_1, B_2 \in B \Rightarrow |B_1| = |B_2|$.
(2) 设 $B_1, B_2 \in B$ 且 $b \in B_1 - B_2 \Rightarrow$ 存在 $b^* \in B_2 - B_1$, 使得 $\{b^*\} \cup B - \{b\} \in B$.

(3) 图 $G$ 如图 4.2.3 所示, 由命题 4.2.1 可知 $(E(G), I)$ 是一个拟阵. 找出此拟阵中的几个基并观察这些基有什么特点(我们用边附近的数字代表边).

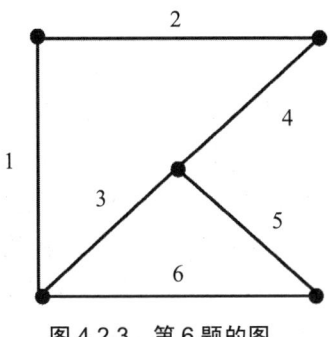

图 4.2.3　第 6 题的图

7. 证明: 不同树的 Prüfer 编码不同.

8. 构造以 $\{1, 2, \cdots, n\}$ 为顶点集且 Prüfer 编码分别为 $(3, 3, 4, \cdots, n-2, n-1)$, $(1, 1, \cdots, 1, 1)$, $(4, 4, 4, 5, \cdots, n-3, n-2, n-2)$ 的树.

9. 设 $d_1, d_2, \cdots, d_n$ 是正整数序列, 证明: 存在以 $(d_1, d_2, \cdots, d_n)$ 为度序列的 $n$ 个顶点的树当且仅当 $d_1 + d_2 + \cdots + d_n = 2(n-1)$. 构造一棵度序列为 $(1, 1, 1, 1, 2, 3, 3)$ 的树 (提示可用 Prüfer 编码).

10. 图 $G$ 的收缩(contract)是指先删除边 $e$, 再将边 $e$ 的两个顶点合为一个顶点, 得到的新图记为 $G \bullet e$ (例如图 4.2.4 给出了一个收缩的例子).

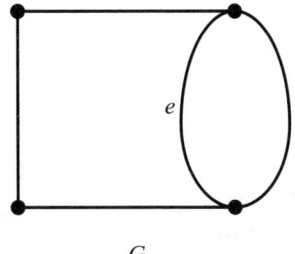
$G$

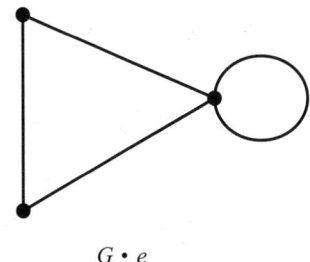
$G \bullet e$

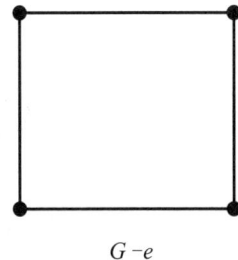
$G - e$

图 4.2.4　图的收缩和删除运算

(1) 证明: 若 $e$ 不是环, 则有

$$\tau(G) = \tau(G-e) + \tau(G \bullet e)$$

(2) 对图 4.2.4 验证上面的公式.

## 4.3 根树及其应用

本节讨论树在计算机学科中的一些应用.

### 4.3.1 Huffman 算法

每一棵树任意选定一个顶点作为根(root)后都可以按下面的方式画出来: 每一个顶点都有层次(level)$0,1,2,\cdots,k$, 根是 0 层唯一的顶点, 和根相邻的顶点画在根的下一层(第 1 层), 和第 1 层相邻的顶点画在第 2 层, 依次表示出整棵树. 最终所有相邻的顶点相差一个层次, 且 $i+1$ 层次上的顶点正好与一个 $i$ 层次上的顶点相邻, 这样的树称为根树(rooted tree). 显然指定一个顶点作为根后, 每一棵树都可以认为是根树. $k$ 称为树高(height); 与顶点 $u$ 相邻且比 $u$ 层次低的顶点称为 $u$ 的孩子(children), $u$ 称为此顶点的父亲; 比 $u$ 层次低且与 $u$ 有路径相连的顶点称为 $u$ 的后代(descendant). 如果一棵树的每个顶点有不多于 $m$ 个孩子, 则称此树为 $m$ 元($m$-ary)树. 如果每个顶点都有 0 个或 $m$ 个孩子, 则称此树为完全 $m$ 元树, 2 元根树也称为二叉树(binary tree). 二叉树中若一个顶点有两个孩子则分别记为左孩子(left child)和右孩子(right child).

图 4.2.2 中的树就是根树. 图 4.3.1(a)给出了一棵树; 图 4.3.1(b)给出了此树以 $b$ 为根得到的根树, 树高为 2; 图 4.3.1(c)给出了此树以 $a$ 为根得到的根树, 树高为 3. 这两棵根树都是 3 元树, 但都不是完全 3 元树.

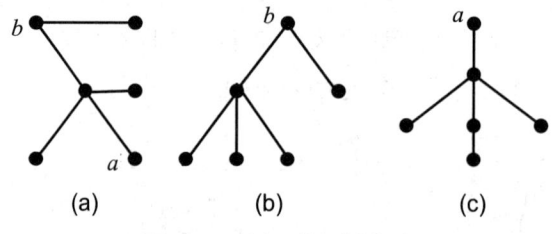

图 4.3.1 树及其根树表示

当传输数据时, 每一个字符被编码或被指定一个二进制串. 例如我们要传送 $\alpha,\beta,\gamma,\varepsilon,\sigma$ 这 5 个符号时就需要至少 3 位等长二进制串. 有时我们可能要处理一些很大的文件, 但计算机的储存空间有限, 我们常常希望将字符编码成二进制串的文件总长最小. 不妨设这五个字符在文件中出现的频率分别为 $a_1,\cdots,a_5$, 如果用 3 位二进制串传输按比例出现的上述符号 1000 个, 则需要 3000 个二进制数字; 如果允许使用变长度的二进制串, 则可能节省很多. 例如我们给上面 5 个字符分别编码:

$$\alpha:0;\ \beta:00;\ \gamma:01;\ \varepsilon:001;\ \sigma:010$$

传输按比例出现的上述符号 1000 个, 则需要二进制数字

$$1000a_1 + 2000(a_2 + a_3) + 3000(a_4 + a_5)$$

个, 显然变长度的传输方式节省了传输位数. 然而却出现了问题, 如果收到二进制串 $001\cdots$,

则没有办法解码. 出现这样问题的原因很简单, 是因为在编码过程中存在某个字符的二进制串是其他字符二进制串的前面部分, 例如上例中 $\alpha$ 的二进制串是 $\beta$ 的前面部分等, 因此我们分不清楚 001 是 0 和 01 还是 001. 我们称不出现这种情况的编码为前缀编码(prefix code), 下面我们来介绍构造最优前缀编码的算法(Huffman 1952).

**Huffman 算法**(最优前缀编码)

**输入**: 权值(频率或概率) $a_1, a_2, \cdots, a_n$.

**输出**: 前缀码(一棵二叉树).

**思想**: 权值小的字符(或数据)应该有较长的编码, 将权值小的数据置于二叉树的深层.

**步骤**: (1) 取权值最小的 $a_i, a_j$ 为叶子, 做一个新顶点为这两个叶子的父亲且其权值为 $a_i + a_j$. 从所有的权值中删除 $a_i, a_j$, 添加 $a_i + a_j$.

(2) 重复 $n-1$ 次步骤(1)后就得到一颗二叉树.

(3) 从二叉树的树根出发, 给左边的边标记 0, 右边的边标记 1, 则叶子的编码为从树根到叶子的路径上所有标记的二进制串.

关于这一算法的最优性的证明略去. 下面我们用一个例子说明求最优前缀编码的过程.

**例 4.3.1** 设 0, 1, 2, 3, 4, 5 出现的频率分别为

$$0:35\%;\ 1:20\%;\ 2:15\%;\ 3:15\%;\ 4:5\%;\ 5:10\%$$

求传输它们的最优前缀编码.

**解** 按照 Huffman 算法得到的二叉树如图 4.3.2 所示, 所以 0, 1, 2, 3, 4, 5 的最优前缀编码分别为

$$0:1;\ 1:011;\ 2:010;\ 3:001;\ 4:0000;\ 5:0001$$

按比例传输上述字符 1000 个需要二进制数字

$$1000(35\%\times1+20\%\times3+15\%\times3+15\%\times3+10\%\times4+5\%\times4)=2450$$

个; 如果所有字符都用 3 位二进制串传输, 则需要二进制数字 3000 个. 所以用最优前缀编码节省了 550 个二进制数字.

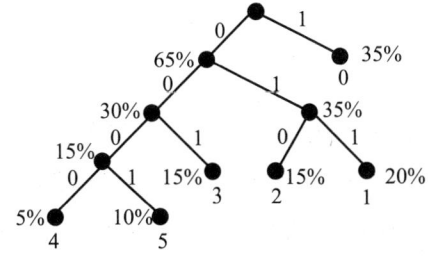

图 4.3.2 编码树

图 4.3.2 的树称为编码树. 注意 Huffman 算法可以产生不同的最优编码树. 试给出不同于图 4.3.2 的一棵编码树.

### 4.3.2 二叉搜索树和决策树

下面我们介绍根树的第二个应用. 考虑搜索 $n$ 个数字列表中的某个数字, 最坏情况是: 该数字处于列表的最后位置, 我们需要 $n$ 步找到它. 下面我们用二叉搜索树储存这些数据, 并说明通过这种方法搜索某个数的步骤将大大减少.

二叉搜索树(binary search tree)是一棵给每一个顶点赋了值的二叉树, 且对每一个顶点如果它有孩子, 那么它的左孩子和左孩子的后代的赋值比该顶点的赋值小; 它的右孩子和右孩子的后代的赋值比该顶点的赋值大. 图 4.3.3(a)给出了一棵完全二叉搜索树, 各顶点的赋值分别为 1, 2, 3, $\cdots$, 7. 例如要搜索 7, 先是和 4 比较, 7 大于 4 故而和 4 的右孩子比较, 7 又大于 6, 故再和 6 的右孩子比较, 这样用 3 步就可以找到 7. 如果按照列表 1, 2, 3, $\cdots$, 7 顺序搜索则需要 7 步.

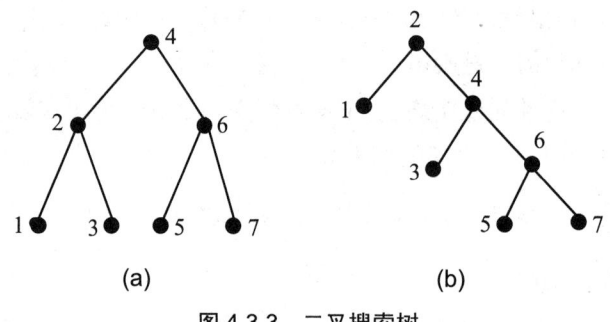

图 4.3.3 二叉搜索树

假如已知一棵二叉搜索树, 最坏情况下用多少步可以搜索到某个顶点取决于这棵二叉树的高度(例如图 4.3.3 中(b)是一棵比(a)高的二叉搜索树). 对于 $n$ 个顶点的二叉树, 我们自然关心它的最小高度是多少.

**定理 4.3.1** $n$ 个顶点的二叉树的最小高度为 $\lceil \log_2(n+1) \rceil - 1$.

定理的证明我们留作习题. 由此定理可知, 对于 $n$ 个数据, 我们利用二叉搜索树搜索某个数据最少需要 $\lceil \log_2(n+1) \rceil$ 步. 这比按顺序查找列表中的项要好很多, 因为

$$\lim_{n \to \infty} \frac{n}{\log_2(n+1)} = \infty$$

最后我们简单介绍根树在排序中的应用. 排序问题是计算机科学中的一个基础性问题, 通过比较进行排序的任意算法可以由一棵称为决策树(decision tree)的(完全)二叉树表示, 我们可以通过决策树给出比较排序算法的下界. 图 4.3.4 给出了排序 3 个不同的数 $a, b, c$ 的计算机程序的决策树.

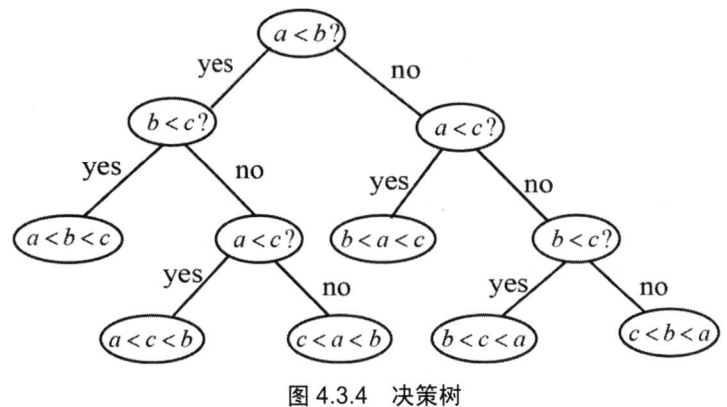

图 4.3.4  决策树

显然高度为 $h$ 的二叉树至多有 $2^h$ 个叶子. 决策树中的每个叶子表示一种可能的排序结果, 最坏情况下的比较次数与决策树的高度相等. 给 $n$ 个数排序有 $n!$ 种可能, 故需要知道有 $n!$ 个叶子的二叉树的最小高度是多少.

$$n! \leq 2^h \Rightarrow h \geq \log_2 n! \geq \log_2\left[n(n-1)\cdots\left(\left\lceil\frac{n}{2}\right\rceil\right)\right] \geq \log_2\left(\frac{n}{2}\right)^{\frac{n}{2}}$$

对于 $n \geq 4$ 有

$$\log_2 n! \geq \log_2\left(\frac{n}{2}\right)^{\frac{n}{2}} = \frac{n}{2}\log_2\frac{n}{2} \geq \frac{n}{4}\log_2 n$$

由上面的公式我们可以得到比较排序算法的最差运行时间下界. 确实有很多算法达到了下界 $cn\log_2 n$ ($c$ 为常数), 例如堆排序和合并排序.

## 习题 4.3

1. 有 6 个消息符号构成的集合, 其中各个符号出现的频率分别为 4%, 8%, 8%, 20%, 28%, 32%. 求传输这些消息符号的最优前缀编码, 并画出编码树.

2. 考虑数据集合: 2 个 $A$, 3 个 $B$, 5 个 $C$, 5 个 $D$.

(1) 证明: Huffman 算法可以产生不同高度的最优编码树.

(2) 修改 Huffman 算法使其产生高度最小的最优编码树.

3. 画出赋值集合为 $\{1,2,\cdots,9,10\}$ 且高度最小的二叉搜索树, 这样的树唯一吗?

4. 证明定理 4.3.1.

(1) 证明: 高度为 $l$ 的二叉树最多有 $2^{l+1}-1$ 个顶点.

(2) 证明: 对 $n$ 个顶点且高度为 $l$ 的二叉树有 $n \leq 2^{l+1}-1$.

(3) 证明: $n$ 个顶点的二叉树的最小高度为 $\lceil\log_2(n+1)\rceil - 1$.

5. 画出例 4.3.1 中不同于图 4.3.2 的最优编码树.

6. 假设在某二叉搜索树中有 1 到 1000 之间的一些数, 现在要找出 363 这个数, 下列的节点序列中, 哪一个是不可能检出的序列.

(1) 2, 252, 401, 398, 330, 344, 397, 363.

(2) 924, 220, 911, 244, 898, 258, 362, 363.

(3) 925, 202, 911, 240, 912, 245, 363.

(4) 2, 399, 387, 219, 266, 282, 381, 278, 363.

(5) 925, 278, 347, 621, 299, 392, 358, 363.

7. 二分搜索算法(binary search algorithm)通过搜索一个有序文件来查询 $x$ 是否在这一文件中. 设文件的项是 $n$ 个从小到大排列的数 $x_1, x_2, \cdots, x_n$. 二分搜索算法第一步是把 $x$ 与第 $\lceil n/2 \rceil$ 项 $x_i$ 进行比较, 若 $x$ 等于 $x_i$, 搜索完毕, 若 $x$ 小于 $x_i$ 则去掉数 $x_i, x_{i+1}, \cdots, x_n$, 算法下一步搜索文件 $x_1, x_2, \cdots, x_{i-1}$; 若 $x$ 大于 $x_i$, 则去掉数 $x_1, x_2, \cdots, x_i$, 算法下一步搜索文件 $x_{i+1}, x_{i+2}, \cdots, x_n$. 算法下一步仍从中间项开始, 继续这一过程. 该算法在搜索过程中会产生一棵二叉搜索树, 利用该算法在下列文件中搜索 87.

(1) 5, 8, 25, 47, 56, 72, 77, 84, 87, 106, 122.

(2) 33, 38, 57, 80, 111, 147, 133, 157, 211, 213, 300, 507, 697, 999, 1000.

## 4.4 最小生成树和最短路径

本节介绍图论中两个著名的优化问题: 最小生成树问题和最短路径问题.

### 4.4.1 最小生成树

需要修建铁路把 $n$ 个城市连接起来, 设任意两个城市 $a, b$ 间修建铁路的花费为 $s(a, b)$, 如何修建总花费最小? 考虑完全图 $K_n$, $K_n$ 中的顶点对应着 $n$ 个城市, 给每一条边 $(a, b)$ 赋予一个数值 $s(a, b)$(称之为边 $(a, b)$ 的权值), 则修建铁路的问题就变成了找到一棵各边权值之和最小的生成树的问题. 类似地, 抽象为求连通图的最小生成树的问题在现实生活中还有很多例子. 如何寻找最小生成树的解法在计算机设计、网络通信等方面有着重要的应用, 本节将介绍解决最小生成树问题的两个著名算法[1].

一般地, 加权图或网络(weighted graph or network)是各边都标有数值(称为边的权值, 我们只考虑非负实数情形)的图, 一个图的权值是图中各边的权值之和. 最小生成树问题就是

---

[1] 关于最小生成树问题的历史可参考由 R. L. Graham 和 P. Hell 发表的"On the history of the minimum spanning tree problem"一文.

给定一个加权连通图,寻找一棵权值最小的生成树. 捷克数学家 Borůvka 于 1926 年最先研究了这个问题,当时摩拉维亚(现属捷克)南部农村地区的供电网络需要设计出一种最经济的方案, Borůvka 最先给出了解决此问题的算法. 遗憾的是 Borůvka 的工作长时间被忽略了,直到 Kruskal 和 Prim 分别于 1956 年和 1957 年给出了解决此问题的算法. 本节就来介绍著名的 Kruskal 算法和 Prim 算法.

**Kruskal 算法**: 求加权连通图的最小生成树.

**输入**: 一个加权连通图 $G$ ($n$ 个顶点).

**输出**: 图的权值最小的生成树.

**思想**: 从权值最小的边开始,通过不断地增加边且不形成圈来扩张,最后形成树. 先以权值递增的顺序排列各边,权值相同的边可以任意排序.

**步骤**: (1) 将各边按权值递增的顺序排序,设 $T$ 为空集.

(2) 检查排序列表中未被检查的第一条边,当它不与 $T$ 中的其他边形成圈时将其加入 $T$ 中. 如果这条边被加入 $T$ 中则进入步骤(3),否则重复步骤(2).

(3) 如果 $T$ 有 $n-1$ 条边则停止,并输出 $T$,否则进入步骤(2).

下面举例说明 Kruskal 算法是怎么实现的. 对于图 4.4.1 中的图 $G$,我们按照 Kruskal 算法找出 $G$ 的一棵生成树,步骤如下.

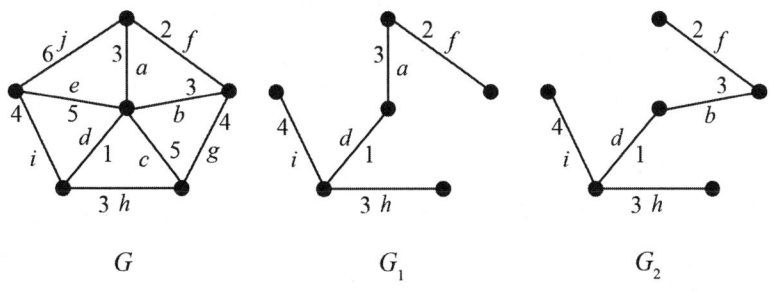

图 4.4.1 Kruskal 算法产生的生成树

(1) 把各边按权值从小到大排序: $d,f,a,b,h,i,g,c,e,j$ (权值相同的边可以任意排列).

(2) 先将 $d$ 加入 $T$,再加入 $f$ (因为 $d$ 和 $f$ 不构成圈);接着考虑 $a$,它和 $T$ (这时 $T=\{d,f\}$)中的边不构成圈,故将 $a$ 加入 $T$;接着考虑 $b$,如果将 $b$ 加入 $T$ (此时 $T=\{d,f,a\}$)中就形成圈了,故 $b$ 不能加入 $T$ 中;接着考虑 $h$……得到图 $G$ 的一棵生成树 $G_1$. 注意 $G_2$ 是图 $G$ 的另一棵最小生成树,换句话说,一个加权连通图的最小生成树不是唯一的. 下面我们来证明 Kruskal 算法的正确性.

**定理 4.4.1** 在加权连通图 $G$ 中, Kruskal 算法能构造出一棵权值最小的生成树. (该定理由 Kruskal 于 1956 年提出.)

**证明** 显然算法最后得到的 $T$ 是无圈图. 如果算法给出了 $n-1$ 条边的 $T$,则由定理 4.2.1 可知 $T$ 是一棵生成树. 若算法终止时 $T$ 中少于 $n-1$ 条边,由于 $T$ 是 $G$ 的生成子图, $T$ 是不连通的, 故存在 $G$ 中的边 $e$ 使其两个顶点分别属于 $T$ 的某两个连通分支; 但根据 Kruskal 算法, 在考虑边 $e$ 时它应该已经加入 $T$ 中了, 这个矛盾说明算法终止时 $T$ 中有 $n-1$ 条边. 下面说明算法得到的生成树是最小生成树.

令 $T$ 是由算法得到的生成树, 假设 $T$ 不是最小生成树, 则存在与 $T$ 有最多公共边的一棵最小生成树 $T^*(T \neq T^*)$[1]. 令 $e$ 是选择 $T$ 的过程中第一条位于 $T$ 中而不在 $T^*$ 中的边, 将 $e$ 添加到 $T^*$ 中就构成一个圈, 由于 $T$ 中无圈, 故此圈中有一条边 $e^* \notin T$.

考虑生成树 $T^*+e-e^*$. 由上面的选择过程可知, $T^*$ 包含 $T$ 中边 $e$ 之前选择的边且包含 $e^*$, 也就是说 $e^*$ 和 $T$ 中边 $e$ 之前选择的边不构成圈. 而在选择 $e$ 时, $e^*$ 未被选择, 说明 $e$ 的权值不大于 $e^*$ 的权值. 因此生成树 $T^*+e-e^*$ 的权值不超过 $T^*$ 的权值, 故 $T^*+e-e^*$ 也是一棵最小生成树. 而 $T^*+e-e^*$ 与 $T$ 的公共边比 $T^*$ 多, 与假设矛盾, 因此算法得到是一棵最小生成树, 证毕.

Kruskal 算法是一种贪心算法 (greedy algorithm). 所谓贪心算法是指每一步的选择都是局部最优的, 期望通过所做的局部最优选择最终产生一个全局最优选择. 一般来说, 贪心算法得到的解不一定是全局最优的, 但对最小生成树问题来说, Kruskal 算法得到的生成树却是最优的. 求加权连通图的最小生成树问题还有许多算法, 下面给出另外一个著名的算法——Prim 算法, 这也是一种贪心算法 (其最优性的证明留作习题).

**Prim 算法**: 求加权连通图的最小生成树

**输入**: 一个加权连通图 $G$ ($n$ 个顶点).

**输出**: 图的权值最小的生成树.

**思想**: 从某一顶点出发, 将访问过的顶点和未访问过的顶点之间的权值最小的边添加进来, 直到所有顶点已被访问.

**步骤**: (1) 设置集合 $E(T)$ 为空集, 选出图 $G$ 的任意一个顶点加入 $V(T)$ 中.

(2) 把一个顶点在 $V(T)$ 中, 一个顶点不在 $V(T)$ 中的所有边中权值最小的边加入 $E(T)$ 中, 如果权值最小的边有多条则任选其一. 同时把新加入边的不在 $V(T)$ 中的顶点加入 $V(T)$ 中.

(3) 如果 $E(T)$ 有 $n-1$ 条边则停止, 并输出 $E(T)$, 否则进入步骤 (2).

为了说明这一算法, 我们考虑图 4.4.1 中的图 $G$, 并从中间的顶点开始: 首先在边 $a,b,c,d,e$ 中将 $d$ 加入 $E(T)$ 中; 接着在边 $i,h,e,c,a,b$ 中, 选择边 $b$ (权值相等的边可以任意选取); 接下来依次将边 $f,h,i$ 依次加入 $E(T)$ 中, 从而得到生成树 $G_2$.

---

[1] 这句话的意思是加权连通图 $G$ 可能有多棵最小生成树, 不同的最小生成树和 $T$ 的公共边的个数可能不同, 我们选择公共边个数最多的最小生成树 $T^*$.

## 4.4.2 最短路径问题

现在我们考虑最短路径问题:从当前地点出发到另一地点的最短路径是什么?设 $G=(V,E)$ 为简单连通图,且给各边赋予非负权值,求 $G$ 中顶点 $u$ 到 $v$ 的权值最小的路径及其长度. 这个问题在现实生活中有很多应用,这里的权值可以表示时间、距离、花费等,则最短路径分别表示到达另一地点的最少时间、最短距离、最小花费等.

下面介绍解决此问题的 Dijkstra 算法(于 1959 年提出).

**Dijkstra 算法**: 求加权连通图中任一顶点到其他顶点的最短距离.

**输入**: 一个加权连通图 $G$($n$ 个顶点),出发顶点 $u$.

**输出**: 从 $u$ 到各个顶点的最短距离.

**思想**: 不断地扩充集合 $S$,其中 $u$ 到 $S$ 中各个顶点的最短距离是已知的;对于 $S$ 外的任一顶点 $z$,定义一个试探距离 $t(z)$,选择试探距离最小的顶点加入 $S$ 中.

**步骤**: (1) 把顶点集 $V$ 分成两个子集 $S$ 和 $T$,$S$ 为已经求得最短路径的顶点集合,$T=V-S$,开始时 $S=\{u\}$.

(2) 对 $T$ 中所有顶点 $x$ 计算 $t(x)$,根据 $t(x)$ 的值找出 $T$ 中距 $u$ 距离最短的顶点 $z$,将 $z$ 从 $T$ 中删除并加入 $S$ 中.

(3) 重复步骤(2) $n-1$ 次,就得到了 $u$ 到其他各个顶点的最短路径按照长度递增排列的序列.

下面来说明怎么在每次迭代中计算 $t(x)$. 在初始阶段 $S=\{u\}$,则 $\forall x \in T, t(x) = w(ux)$($w(ux)$ 表示边 $ux$ 的权值;若 $u$ 和 $x$ 不相邻,则令 $w(ux) = \infty$),选取使 $t(x)$ 最小的顶点加入 $S$ 中. 之后每次迭代中用

$$\min\{t(x), t(z)+w(zx)\}$$

来更新 $t(x)$($z$ 为上一次迭代中加入 $S$ 中的顶点,而 $t(x)$ 为上一次迭代中的数值).

下面通过一个例子来说明 Dijkstra 算法是怎么实现的.

**例 4.4.1** 加权连通图如图 4.4.2(a)所示,求顶点 $a$ 到各个顶点的最短路径长度.

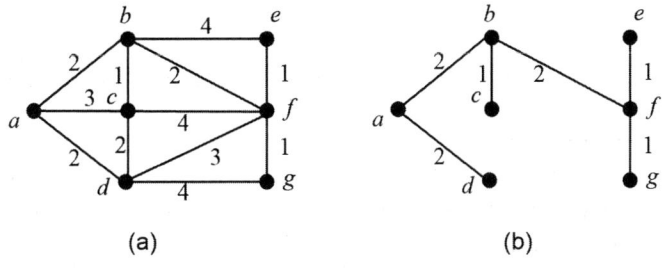

图 4.4.2 一个加权连通图及由 Dijkstra 算法产生的生成树

根据 Dijkstra 算法,每次迭代的情况如表 4.4.1 所示,表后具体说明了 $t_2(c)$, $t_3(c)$, $t_2(d)$

的求法. 用 Dijkstra 算法求从顶点 $a$ 出发到各个顶点的最短路径的过程中产生了一棵生成树, 图 4.4.2(b) 给出了这棵生成树.

表 4.4.1  Dijkstra 算法迭代情况

| 迭代次数 $i$ | $S$ | $t_i(b)$ | $t_i(c)$ | $t_i(d)$ | $t_i(e)$ | $t_i(f)$ | $t_i(g)$ | $z_i$ |
|---|---|---|---|---|---|---|---|---|
| 1 | $\{a\}$ | **2** | 3 | 2 | $\infty$ | $\infty$ | $\infty$ | $b$ |
| 2 | $\{a,b\}$ |  | 3(①) | **2(②)** | 6 | 4 | $\infty$ | $d$ |
| 3 | $\{a,b,d\}$ |  | **3(③)** |  | 6 | 4 | 6 | $c$ |
| 4 | $\{a,b,d,c\}$ |  |  |  | 6 | **4** | 6 | $f$ |
| 5 | $\{a,b,d,c,f\}$ |  |  |  | **5** |  | 5 | $e$ |
| 6 | $\{a,b,d,c,f,e\}$ |  |  |  |  |  | **5** | $g$ |

表中①代表的是 $\min\{t_1(c), t_1(b)+w(bc)\} = \min\{3,3\}$;
②代表的是 $\min\{t_1(d), t_1(b)+w(bd)\} = \min\{2, 2+\infty\}$;
③代表的是 $\min\{t_2(c), t_2(d)+w(cd)\} = \min\{3,4\}$.

最后简单介绍一下中国邮递员问题. 邮递员送信从加权连通图中某顶点(邮局)出发, 需要经过图中每一条边(街道), 最后再回到出发的顶点(邮局). 那么经过所有边的闭合通道的最小权值是多少? 这样我们就需要找到一条经过图中所有边至少一次且权值最小的闭合通道. 这就是著名的中国邮递员问题, 该问题由我国数学家管梅谷于 1962 年提出, Edmonds 和 Johnson 于 1973 年解决了此问题. 下面简要叙述 Edmonds 和 Johnson 的方法.

我们将在下一节证明: 若连通图的每个顶点的度数为偶数, 则存在经过图中每条边仅一次的闭合通道. 因此, 在中国邮递员问题中, 若加权连通图的所有顶点度数为偶数, 则恰好有一条闭合通道经过且仅经过每条边一次, 最小权值就是所有边的权值之和. 若加权连通图中存在奇度顶点(度数为奇数的顶点, 注意一定是偶数个), 那么我们的目标就是: 在图中添加若干条边, 使得加权连通图的所有顶点的度数都变为偶数且所加边的权值和最小[1].

若加权连通图有两个奇度顶点, 则可以根据 Dijkstra 算法求出这两个顶点之间的最短路径, 从而解决这个问题(对路径上的每条边加上相同权值的重边, 得到顶点度数全是偶数的加权连通图). 如果加权连通图有 $2k$ 个奇度顶点, 则用 Dijkstra 算法找出每对奇度顶点的最短路径, 将这些路径的长度作为完全图 $K_{2k}$ 的相应边的权值, 于是问题就变为寻找总权值最小的 $k$ 条边将这 $2k$ 个顶点两两配对(这就是最大加权匹配问题, 见 5.2 节). 根据配对的结果[2]得到一

---

1 这句话可以这样理解: 添加若干条边使得所有顶点的度数为偶数的方案很多, 我们选择的加边方案的权值之和比其他方案的权值之和小. 还要注意的是: 在有奇度顶点时, 邮递员不得不重复走某些街道, 也就是说加权连通图的顶点和边是不改变的, 我们这里说的加边只不过是在某些已有的边上加一条重边, 表示邮递员需要再次经过这条街道而已.

2 假设 $x,y$ 配对, 之前我们已经利用 Dijkstra 算法找到了 $x,y$ 之间的最短路径, 我们将这条最短路径上的所有边都再加上一条重边且重边具有对应边的权值. 对所有配对的顶点都执行同样的操作, 我们就得到了一个具有重边且所有顶点度数都为偶数的加权连通图.

个含有重边且所有顶点的度数全为偶数的加权连通图, 这样我们也就找到了一条经过所有边至少一次且总权值最小的闭合通道.

## 习题 4.4

1. 某地区有 6 个城市, 在城市 $i$ 和 $j$ 之间修一条路的成本是下面矩阵元素 $a_{ij}$ 的值, 无穷表示这两个城市之间由于地理原因不能修路. 设计一种修路方案, 使得该地区的 6 个城市可以连通且修路的总花费最小.

$$\begin{bmatrix} 0 & 2 & 6 & 3 & 5 & 4 \\ 2 & 0 & 3 & 8 & 5 & 3 \\ 6 & 3 & 0 & \infty & 1 & 1 \\ 3 & 8 & \infty & 0 & 9 & \infty \\ 5 & 5 & 1 & 9 & 0 & 7 \\ 4 & 3 & 1 & \infty & 7 & 0 \end{bmatrix}$$

2. 设 $G_1, G_2$ 是连通图 $G$ 的两棵生成树, 并且 $e \in E(G_1) - E(G_2)$, 证明: 存在边 $e^* \in E(G_1) - E(G_2)$, 使得 $G_1 - e + e^*$ 和 $G_2 - e + e^*$ 都是 $G$ 的生成树(注意和习题 4.2 第 5 题的区别).

3. 证明 Prim 算法确实可以找到一棵最小生成树.

4. 设 $T$ 是加权连通图 $G$ 的一棵生成树, 则 $T$ 是最小生成树当且仅当 $\forall e \in E(G-T)$, $\forall f \in E(C_T(e))$, $w(e) \geq w(f)$.

这里 $w(e)$ 表示 $e$ 的权值, 而 $C_T(e)$ 是给 $T$ 加入边 $e$ 后得到的唯一圈(参考习题 4.2 第 3 题).

5. 证明: 对于一个加权连通图来说, Kruskal 算法在选择下一条边时, 如果它面临多条权值相同的边, 则无论怎么选择, 最小生成树中边的权值构成的序列(按递增次序)是唯一的.

6. 设 $T$ 是加权连通图 $G$ 的一棵最小生成树, 证明: $G$ 中任意圈均有权值最大的一条边不在 $T$ 中.

7. 如果加权连通图中各边的权值都不相同, 是否可能有多棵最小生成树?

8. 找出图 4.4.3 中从家属区到竹园餐厅的最短路径.

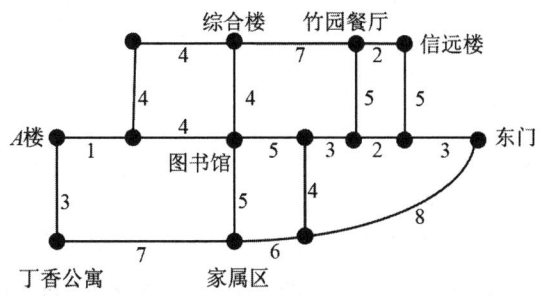

图 4.4.3 西电新校区图示

9. 从图 4.4.2(a)中的 $a$ 点出发经过所有边至少一次再回到 $a$ 点的闭合通道的最小长度是多少？写出这样的最短闭合通道.

10. 证明 Dijkstra 算法的正确性.

## 4.5 欧拉图和哈密顿图

本节研究两类特殊的图：第一类图和开创图论研究的哥尼斯堡七桥问题有关；第二类图来源于哈密顿(Hamilton)发明的一种游戏.

### 4.5.1 欧拉图

东普鲁士的哥尼斯堡[1]城中普雷格尔河上有两个小岛，小岛和城区之间有七座桥相连(如图 4.5.1 所示). 周日人们常在岛上散步，于是有人提出了这样一个问题：从家里出发，能否恰好经过每座桥一次，最后回到家中？

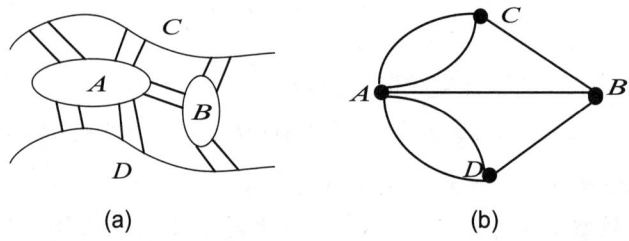

图 4.5.1 哥尼斯堡七桥图示

人们经过多次实验，都给出了否定的答案，但均未能严格证明. 1736 年，欧拉彻底地解决了这个问题，这一年也被认为是图论的元年[2].

欧拉用顶点来表示陆地，两个顶点之间边的数目等于两个陆地之间桥的数目，于是得到了图 4.5.1(b). 这样问题就转化为了此图中是否存在一条包含所有边的闭迹？

下面给出欧拉图的定义.

**定义 4.5.1** 在图 $G$ 中含有所有边的迹称为欧拉迹(Euler trail)，闭的欧拉迹称为欧拉回路(Euler tour)[3]. 若图 $G$ 中含有欧拉回路，则称 $G$ 为欧拉图(Euler graph).

下面讨论欧拉图的特征.

**定理 4.5.1** 对于连通图 $G$，下列条件等价.

---

1 Konigsberg，今称加里宁格勒，属俄罗斯.

2 七桥问题也常被认为开创了拓扑学的研究.

3 有的作者也使用 Euler cycle 或者 Euler circuit 来代替 Euler tour. 由于欧拉回路可能多次经过某一顶点，故我们不用 cycle；而 circuit 这个词也较少使用或者有时表示其他特殊的含义. 我们在这里采用了大多数数学教材中采用的术语 Euler tour.

(1) $G$ 是欧拉图.

(2) $\forall v \in V(G)$, $d(v)$ 是偶数.

(3) $G$ 可表示成无公共边的圈之并.

**证明** (1)$\Rightarrow$(2). 图 $G$ 中存在欧拉回路, 即图中每个顶点都在此回路上, 故和顶点关联的边是成对出现的, 因此每个顶点的度数为偶数.

(2)$\Rightarrow$(3). 若 $G$ 无圈, 则 $G$ 为树, 但树有度为 1 的顶点, 因此 $G$ 中含圈[1]. 设 $G$ 中含圈 $C_1$, 考虑 $G_1 = G - E(C_1)$ (即 $G$ 删除 $C_1$ 中的边后得到的图). 若 $G_1$ 无边, 则 $G = C_1$; 若 $G_1$ 有边, 则 $G_1$ 的每个连通分支中每个顶点的度数都为偶数. 同理可知, $G_1$ 的每个连通分支都含圈, 任选一个圈 $C_2$, 令 $G_2 = G - E(C_1) - E(C_2)$. 若 $G_2$ 无边, 则 $E(C_1 \cup C_2) = E(G)$; 若 $G_2$ 有边, 重复前面的过程, 有限步后得到

$$E(C_1 \cup C_2 \cup \cdots \cup C_n) = E(G) \text{ 且 } E(C_i) \cap E(C_j) = \emptyset, i \neq j$$

(3)$\Rightarrow$(1). 设 $C_1, C_2, \cdots, C_n$ 是 $G$ 中的圈, 并有

$$E(C_1 \cup C_2 \cup \cdots \cup C_n) = E(G) \text{ 且 } E(C_i) \cap E(C_j) = \emptyset, i \neq j$$

令 $A_1 = C_1$, 由于 $G$ 是连通的, 所以存在 $\{C_2, C_3, \cdots, C_n\}$ 中的圈 $C_{22}$ 使得其和 $A_1$ 有公共顶点; 令 $A_2 = C_1 \cup C_{22}$, 则 $A_2$ 是闭迹. 类似地, 存在 $\{C_2, C_3, \cdots, C_n\} - \{C_{22}\}$ 中的圈 $C_{33}$ 使得其和 $A_2$ 有公共顶点; 令 $A_3 = C_1 \cup C_{22} \cup C_{33}$, 则 $A_3$ 是闭迹. 有限步后得到 $A_n = C_1 \cup C_2 \cup \cdots$.

由于 $\cup C_n$ 是闭迹, 故 $G$ 为欧拉图.

有些图虽然不是欧拉图但却存在欧拉迹, 即经过所有边的迹不能回到出发顶点而已. 存在欧拉迹的图我们称为可一笔画的, 即这类图能用笔画出而使笔不离开纸且每条边恰好被画一次. 例如图 4.5.2 中左边的图就是可一笔画的, 但不是欧拉图. 注意图 4.5.2 中左边的图有两个奇度顶点, 这个条件也是充分的.

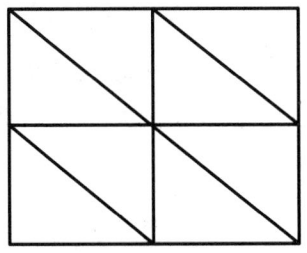 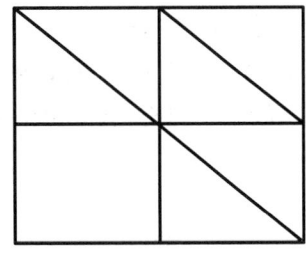

图 4.5.2 是否可一笔画呢?

**定理 4.5.2** 图 $G$ 中存在欧拉迹当且仅当 $G$ 中至多有两个奇度顶点.

定理 4.5.2 不难证明, 我们留作习题. 图 4.5.2 中右边的图有 4 个奇度顶点, 由定理 4.5.2 可知它是不能一笔画的. 但容易看出如果允许笔从纸上离开一次, 那它还是可以被画出来的.

---

1 当然也可以直接应用命题 4.1.1.

其实可以证明: 要画出含有 $m$ 个奇度顶点的连通图, 至少需要笔离开纸 $m/2-1$ 次.

### 4.5.2 哈密顿图

19 世纪, 哈密顿爵士发明了一种游戏: 给定正十二面体的一个顶点, 找出从此顶点出发经其他顶点仅一次又回到出发顶点的路径. 如图 4.5.3 所示, 正十二面体确定了一个有 20 个顶点, 30 条边的图.

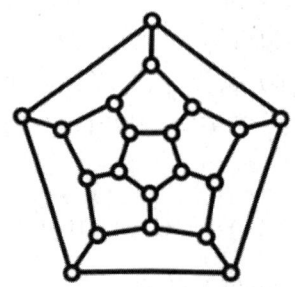

图 4.5.3  正十二面体的平面图示

现在我们称哈密顿游戏中的一个解为哈密顿圈, 确切的定义如下.

**定义 4.5.2**  若图 $G$ 中存在圈包含它的所有顶点, 则称此圈为哈密顿圈(Hamiltonian cycle), 而含有哈密顿圈的图称为哈密顿图(Hamiltonian graph).

下面研究哈密顿图的充分和必要条件, 因为这和图是否含环和平行边没有关系, 因此我们关于哈密顿图的讨论限制在简单图上. 下面先介绍一个必要条件.

**定理 4.5.3**  设 $G$ 是哈密顿图, 则 $\forall S \subseteq V(G)(S \neq \varnothing)$, $G-S$ 至多有 $|S|$ 个连通分支.

**证明**  设 $C$ 是 $G$ 的一个哈密顿圈, $S$ 中的顶点把 $C$ 划分成 $m$ 段分开的路径, 则 $C-S$ 的连通分支个数(即 $m$)不大于 $|S|$. 又 $C$ 是 $G$ 的生成子图, 故 $G-S$ 的连通分支个数不大于 $C-S$ 的连通分支个数, 证毕.

上述定理中的条件不是充分的.

**例 4.5.1**  图 4.5.4 中的图称为 Petersen 图(这两个图是 Petersen 图的不同画法, 它们是同构的, 顶点的标号给出了同构映射). Petersen 图满足上述条件, 下面来说明 Petersen 图不是哈密顿图.

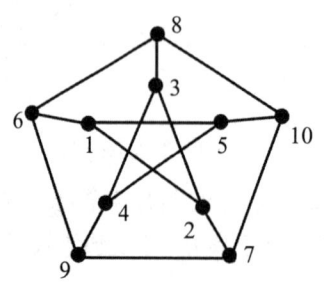 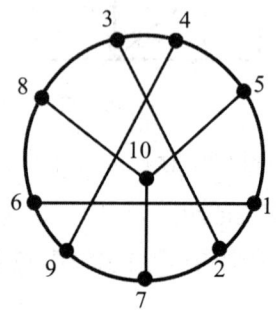

图 4.5.4  Petersen 图的两种图示

显然 Petersen 图中每个顶点的度数为 3. 假设 Petersen 图含有哈密顿圈 $C$, 则每个顶点均关联一条不属于 $C$ 的边. 不妨设 $12 \notin C$, 则 $16, 23, 27, 15 \in C$.

(1) 若 $8(10) \notin C$, 可得出 $(10)7, (10)5, 38, 86 \in C$, 此时已形成了一个圈, 矛盾.

(2) 若 $8(10) \in C$, 类似地可得出矛盾.

这样就证明了 Peterson 图不是哈密顿图.

下面给出一个充分条件.

**定理 4.5.4** 若图 $G$ 的阶为 $n \geq 3$, 且 $\forall v \in V(G)$, $d(v) \geq \dfrac{n}{2}$, 则 $G$ 是哈密顿图. (该定理由 Dirac 于 1952 年提出.)

**证明** 当 $n = 3$ 时, 满足定理条件的图为 $K_3$, 显然是哈密顿图. 下面设图 $G$ 满足定理条件且至少有 4 个顶点. 用反证法, 假设 $G$ 不是哈密顿图, 因为给 $G$ 中任意不相邻的两个顶点间添加一条边不影响图的最小度, 所以从 $G$ 可得到满足定理条件且不是哈密顿图的图 $G_1$, 使得给 $G_1$ 中任意两个不相邻顶点再添加一条边都得到一个哈密顿图.

对于 $G_1$ 中任意两个不相邻的顶点 $u, v$, 因为添加边 $uv$ 到 $G_1$ 后得到的图是哈密顿图, 因此在 $G_1$ 中存在一条包含 $G_1$ 中所有顶点的 $(u, v)$-路径:

$$u u_1 u_2 \cdots u_{n-2} v$$

下面说明存在 $i \in \{2, 3, \cdots, n-2\}$ 使得 $u$ 和 $u_i$ 相邻, 而 $u_{i-1}$ 和 $v$ 相邻. 如若不然, 因为在 $\{u_2, u_3, \cdots, u_{n-2}\}$ 中与 $u$ 相邻的顶点至少有 $\dfrac{n}{2} - 1$ 个, 所以在 $\{u_1, u_2, \cdots, u_{n-3}\}$ 中与 $v$ 不相邻的顶点至少有 $\dfrac{n}{2} - 1$ 个, 即在 $\{u, u_1, u_2, \cdots, u_{n-3}\}$ 中与 $v$ 不相邻的顶点至少有 $\dfrac{n}{2}$ 个. 换句话说, $G_1$ 中与 $v$ 相邻的顶点至多有 $\dfrac{n}{2} - 1$ 个 (注意 $v$ 不能与自己相邻), 这与每个顶点度数至少为 $\dfrac{n}{2}$ 矛盾.

我们已经证明了存在 $i \in \{2, 3, \cdots, n-2\}$ 使得 $u$ 和 $u_i$ 相邻, 而 $u_{i-1}$ 和 $v$ 相邻, 则

$$u u_1 \cdots u_{i-1} v u_{n-2} \cdots u_i u$$

就是图 $G_1$ 的一个哈密顿圈 (见图 4.5.5), 这与 $G_1$ 不是哈密顿图矛盾. 因此 $G$ 是哈密顿图.

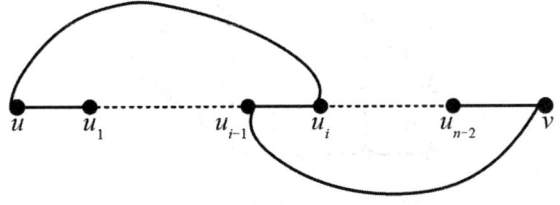

图 4.5.5 $G_1$ 的哈密顿圈

最后我们指出定理 4.5.4 中的条件显然不是必要的.

## 习题 4.5

1. 判断图 4.5.6 中的各图是否是欧拉图或哈密顿图.

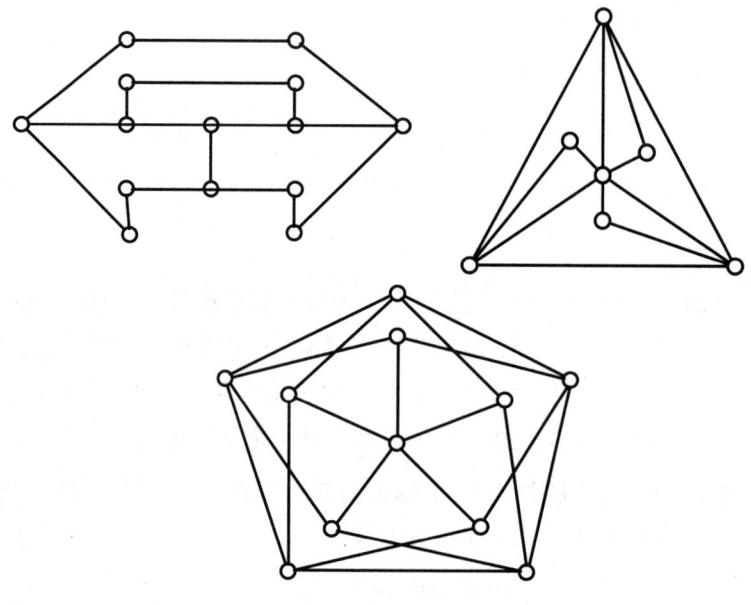

图 4.5.6　第 1 题的三个图

2. 图 4.5.6 中的各图若不是欧拉图, 试确定要画此图至少需要笔离开纸面多少次.

3. 证明: 图中若存在割点, 则此图不是哈密顿图.

4. 考虑 $3\times 3\times 3=27$ 个小立方体(如图 4.5.7 所示, 各个小立方体已经标号). 构造一个图, 图的顶点对应着一个小立方体, 两个顶点相邻当且仅当两个小立方体有公共的面. 问这样构造得到的图是哈密顿图吗?

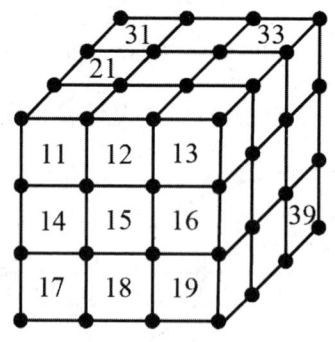

图 4.5.7　第 4 题的小立方体

5. 证明定理 4.5.2.

6. 已知 $a,b,c,d,e,f$ 这 6 个人会讲的语言如表 4.5.1 所示.

表 4.5.1　6 人会讲的语言

| 人 | a | b | c | d | e | f |
|---|---|---|---|---|---|---|
| 语言 | 英语 法语 | 英语 法语意语 | 汉语 | 汉语 英语 | 意语 | 法语 意语 |

如果要这 6 个人围成一圈, 试问如何安排位置才能使得相邻的两个人可以交谈?

7. 图 4.4.3 是哈密顿图吗?

8. 举例说明定理 4.5.4 中的条件不能减弱为 $d(v) \geq n/2 - 1$.

9. 设 $G$ 是 $n$ 个顶点, $m$ 条边的图, 且 $m \geq \frac{1}{2}(n-1)(n-2) + 2$, 证明 $G$ 是哈密顿图.

10. 对于图 $G$ 中满足 $d(u) + d(v) \geq n$ 的任意不相邻顶点 $u$ 和 $v$, 在 $u$ 和 $v$ 间添加一条边, 直到不存在这样的不相邻顶点对, 通过这样的方式得到的新图称为 $G$ 的闭包.

(1) 设图 $G$ 的阶为 $n \geq 3$, 对于 $G$ 中满足 $d(u) + d(v) \geq n$ 不相邻的顶点 $u$ 和 $v$, 证明: $G$ 是哈密顿图当且仅当 $G + uv$ 是哈密顿图. (该命题由 Ore 于 1960 年提出.)

(2) 证明: $n$ 个顶点的简单图是哈密顿图当且仅当其闭包是哈密顿图. (该命题由 Bondy-Chvatal 于 1976 年提出.)

# 第 5 章
# 再论图论

本章我们继续学习图论并给出几个内容深刻的结论. 前两节学习二部图及和二部图有关的匹配问题, 后面三节分别学习图的连通、着色和可平面图. 关于图的连通和可平面图, 我们分别给出两个内容深刻的定理: 刻画 $k$-连通图的 Menger 定理和刻画可平面图的 Kuratowski 定理. 关于图的着色, 我们将介绍著名的四色问题, 并证明五色定理.

## 5.1 二部图

### 5.1.1 二部图和匹配

有工作申请者和 $n$ 项工作, 每项工作最多由一个人来做且每个人可接受的工作有若干种, 能否有一种工作安排方案, 使得 $n$ 个人都能得到自己满意的工作? 我们可以用一个简单图来对这一问题建立模型: 图的顶点分别表示工作申请者和工作, 若人 $a$ 满意工作 $j$, $a$ 和 $j$ 就用一条边连接. 这样问题就变为是否可以找出 $n$ 条相互之间无公共顶点的边.

上述模型中简单图的顶点集可以分为两个集合, 即申请者的集合和工作的集合, 使得每个集合中的顶点互不相邻, 这样的图称为二部图, 模型中需要寻找的相互无公共顶点的边集称为图的匹配. 本节就来学习二部图和匹配.

**定义 5.1.1** 图 $G=(V,E)$ 称为二部图(bipartite graph), 如果 $V$ 是两个互不相交的集合 $V_1$ 和 $V_2$ 的并集, 且每个集合($V_1$ 和 $V_2$)中的顶点互不相邻. 这样的二部图也常称为 $(V_1,V_2)$-二部图, $V_1$ 和 $V_2$ 称为二部图的部集(part).

**定义 5.1.2** $(V_1,V_2)$-二部图称为一个完全二部图(complete bipartite graph), 如果 $V_1$ 中的每个顶点都与 $V_2$ 中的每个顶点相邻. 如果 $|V_1|=m, |V_2|=n$, 则此完全二部图记为 $K_{m,n}$.

图 5.1.1 给出了两个二部图, 这两个二部图的部集都分别由 3 个顶点和 4 个顶点组成, 注意, 图 5.1.1(b)是完全二部图 $K_{3,4}$. 三条边的圈 $C_3$(我们常用 $C_n$ 表示 $n$ 条边的圈)显然不是二部图, $C_4$ 容易看出是二部图 $K_{2,2}$. 图 5.1.3(b)给出了 $C_5$, 假设它是二部图, 不妨设 $a$ 属于部

集 $V_1$，因为 $b,c$ 与 $a$ 相邻，故 $b,c$ 属于另一个部集 $V_2$；而 $e$ 与 $c$ 相邻，故 $e$ 属于 $V_1$；又 $d$ 与 $e$ 相邻，故 $d$ 属于 $V_2$. 因此 $b,d$ 都属于 $V_2$，但 $b,d$ 相邻，这样得到一个矛盾，故 $C_5$ 不是二部图. 用同样的方法，容易证明 $C_7$，$C_9$ 等奇数长度的圈(称为奇圈)都不是二部图. 其实利用奇圈，我们可以给出二部图的等价刻画.

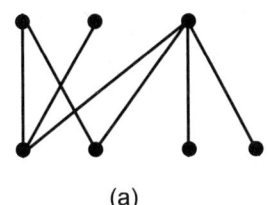 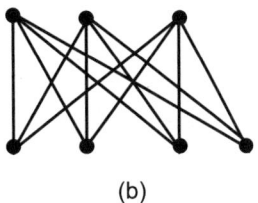

(a)　　　　　　　　　　　　　　(b)

图 5.1.1　两个二部图

**定理 5.1.1**　一个图是二部图当且仅当它不含奇圈. (该定理由 könig 于 1936 年提出.)

**证明**　必要性. 二部图中的闭合通道都是从某个部集出发往返于两个部集间最后再回到出发的部集，经过了偶数步，也即二部图的闭合通道都是偶数长的. 故二部图不含奇圈.

充分性. 已知图 $G$ 不含奇圈. 不妨设 $G$ 是连通的. 取 $u \in V(G)$，$\forall v \in V(G)$，定义 $f(v)$ 为 $u$ 到 $v$ 的最短路径的长度. 令

$$V_1 = \{v \in V(G): f(v) \text{是奇数}\}, V_2 = \{v \in V(G): f(v) \text{是偶数}\}$$

下面说明 $V_1$ 中的顶点互不相邻. 假设 $V_1$ 中存在相邻的顶点，即有 $ab \in E(G)$ ($a,b \in V_1$). 设 $u$ 到 $a,b$ 的最短路径分别为 $P_1, P_2$，$P_1, P_2$ 上最后一个公共顶点为 $w$，路径 $P_1$ 上 $u$ 到 $w$ 这段路径记为 $P_1^{uw}$，类似地定义 $P_1^{wa}, P_2^{uw}, P_2^{wb}$. 由 $P_1$ 的定义可知 $P_1^{uw}$ 也是 $u$ 到 $w$ 的最短路径，同理 $P_2^{uw}$ 也是 $u$ 到 $w$ 的最短路径，因此 $P_1^{uw}$ 和 $P_2^{uw}$ 长度相同. 这样 $P_1^{wa}$ 和 $P_2^{wb}$ 这两条路径长度的奇偶性相同. 这时 $P_1^{wa}, P_2^{wb}, ab$ 就构成了一个奇圈(见图 5.1.2)，与已知矛盾. 因此假设不成立，$V_1$ 中的顶点互不相邻. 同理可证 $V_2$ 中的顶点互不相邻.

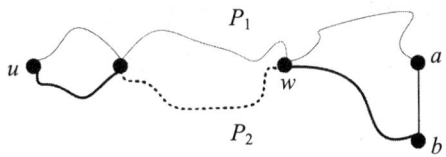

图 5.1.2　定理 5.1.1 充分性证明的图示

**定义 5.1.3**　图 $G$ 的匹配 $M$ (matching)是由 $G$ 中没有公共顶点的边构成的集合，与匹配 $M$ 中的边关联的顶点称为被 $M$-浸润的($M$-saturated)，其余的顶点称为未被 $M$-浸润的($M$-unsaturated). 图 $G$ 的一个完美匹配(perfect matching)是浸润所有顶点的匹配. 图 $G$ 的边数最多的匹配称为最大匹配(maximum matching).

例如，在图 5.1.3(a)中，粗边给出了一个匹配 $M_1$，两条细边给出了一个最大匹配 $M_2$；在图 5.1.3(b)中，两条粗边给出了一个匹配 $M_3$，这也是最大匹配.

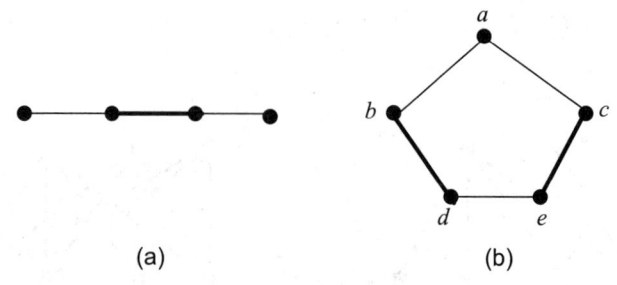

图 5.1.3　最大匹配

**定义 5.1.4**　设 $M$ 是图 $G$ 的一个匹配，如果路径 $P$ 的边交替出现在 $M$ 中和不出现在 $M$ 中，则称 $P$ 是一条 $M$-交错路径($M$-alternating path). 起点和终点都未被 $M$-浸润的交错路径称为 $M$-增广路径($M$-augmenting path).

图 5.1.4(a)给出了几种 $M$-交错路径($M$ 用粗边给出); 图 5.1.4(b)中粗边给出了一个匹配 $M_4$，虚线边给出了一条 $M_4$-交错路径，注意此交错路径是 $M_4$-增广路径(记为 $P$). $P\Delta M_4$(两个边集的对称差)是比 $M_4$ 更大的一个匹配(图 5.1.4(c)给出).

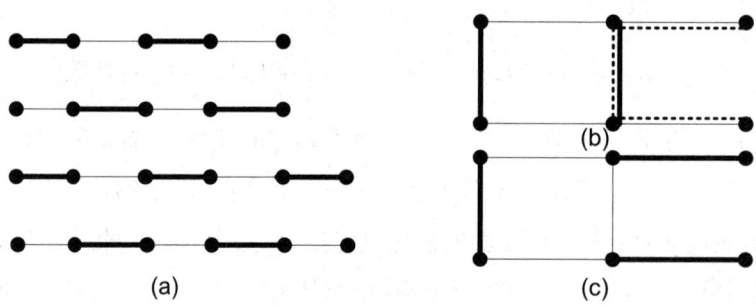

图 5.1.4　几种 $M$-交错路径

再考虑图 5.1.3，存在 $M_1$-增广路径，不存在 $M_2$-增广路径和 $M_3$-增广路径. 注意 $M_2$, $M_3$ 都是最大匹配，这不是偶然的，因为有下面的结论(证明留作习题).

**定理 5.1.2**　图 $G$ 的一个匹配 $M$ 是最大匹配当且仅当 $G$ 中无 $M$-增广路径.

## 5.1.2　顶点覆盖

下面来介绍顶点覆盖的概念.

街道上需要有警察来维持治安，假设交叉路口的警察可以监管和路口相连的街道，我们往往关心最少安排多少名警察可以监管整个街道网络. 把这个具体的问题抽象成图论中的模型，就有了下面顶点覆盖的概念.

**定义 5.1.5**　图 $G$ 的一个顶点覆盖(covering)是由 $G$ 的一些顶点构成的集合 $K$，使得 $G$ 的任何一条边都至少有一个顶点包含于 $K$. 一个顶点覆盖 $K$ 称为最小顶点覆盖，是指不存在

顶点覆盖 $K_1$, 使得 $|K_1|<|K|$.

设 $K$ 是 $G$ 的一个顶点覆盖, $M$ 是 $G$ 的一个匹配, 显然 $|K| \geq |M|$. 我们关心的是对于最大匹配和最小顶点覆盖来说, 等式是否成立. 对于图 5.1.3(a), 等式成立; 而对于图 5.1.3(b), 最小顶点覆盖大小为 3, 最大匹配大小则为 2. 注意图 5.1.3(a)为二部图, 其实我们有下面的定理.

**定理 5.1.3(König-Egerváry 定理)** 设 $G$ 是 $(X,Y)$-二部图, 则 $G$ 的最大匹配的大小等于 $G$ 的最小顶点覆盖的大小. (该定理由 König-Egerváry 于 1931 年提出.)

**证明** 设 $M$ 是 $G$ 的最大匹配, 而 $Q$ 是 $G$ 的最小顶点覆盖, 下证 $|M|=|Q|$.

显然 $|Q| \geq |M|$, 故只需证明存在 $G$ 的 $|M|$ 个顶点的覆盖(即 $|M| \geq |Q|$). 对于 $M$ 中的每一条边, 如果存在未被 $M$-浸润的 $X$ 中顶点出发的交错路径可达这条边, 则选择此边在 $Y$ 中的顶点; 否则选择此边在 $X$ 中的顶点. 这样就选了 $|M|$ 个顶点, 把这 $|M|$ 个顶点的集合记为 $U$. 下面证明 $U$ 是一个顶点覆盖.

$\forall xy \in E(G)$ (其中 $x \in X, y \in Y$), 只需证明 $x \in U$ 或 $y \in U$ (或者由 $U$ 的定义只需证明 $xy \in M$). 若 $xy \notin M$, 由于 $M$ 是最大匹配, 故有 $x_1y_1 \in M$ (其中 $x_1 \in X$, $y_1 \in Y$)且 $x=x_1$ 或 $y=y_1$. 设 $y=y_1$ (此时 $x$ 未被 $M$-浸润), 由于 $xyx_1$ 是 $M$-交错路径, 故 $y \in U$. 下设 $x=x_1$, 如果 $x \notin U$, 则 $y_1 \in U$. 由 $U$ 的定义可知存在某条从 $X$ 中未被 $M$-浸润的顶点出发的交错路径可达 $y_1$, 即存在交错路径 $P'$ 可达 $y$. 这样就出现了 $M$-增广路径, 与 $M$ 是最大匹配矛盾, 故 $x \in U$. 证毕.

对于 $(X,Y)$-二部图, 若存在一个浸润 $X$ 的匹配, 则显然 $\forall K \subseteq X$, 至少在 $Y$ 中存在 $|K|$ 个顶点与 $K$ 中的顶点相邻. 我们用 $N(K)$ 表示与 $K$ 中顶点相邻的顶点构成的集合, 下面的定理说明"$\forall K \subseteq X, N(K) \geq |K|$"这个显然的必要条件也是充分的.

**定理 5.1.4(Hall 定理)** $(X,Y)$-二部图中存在浸润 $X$ 的匹配当且仅当 $\forall K \subseteq X, N(K) \geq |K|$. (该定理由 Hall 于 1935 年提出.)

**证明** 必要性已经说明, 下面只证明充分性. 由定理 5.1.3 可知, 只需证明对每个顶点覆盖 $Z$, 有 $|Z| \geq |X|$. 令 $S = X - Z \cap X$, 则 $S$ 中的点都不在 $Z$ 中, 因此 $N(S)$ 中的点都在 $Z \cap Y$ 中(由顶点覆盖的定义可得), 故 $N(S) \subseteq Z \cap Y$. 因此有 $|N(S)| \leq |Z \cap Y|$, 故

$$|Z| = |Z \cap X| + |Z \cap Y| \geq |Z \cap X| + |N(S)| \geq |Z \cap X| + |S| = |X|$$

证毕.

Hall 定理有许多证明方法, 这里我们利用 König-Egerváry 定理进行了证明, 也可利用 Hall 定理证明 König-Egerváry 定理. 另外, Hall 定理告诉我们可以通过 $X$ 的某些子集的邻域顶点太少来说明不存在浸润 $(X,Y)$-二部图中部集 $X$ 的匹配. 最后我们指出, 匹配理论是组合数学及最优化学科中最经典且最为重要的内容之一, 在诸多领域有着广泛应用. 关于匹配理论更多的介绍可参考由 L.Lovász 和 M.Plummer 编著的 *Matching Theory* 一书.

## 习题 5.1

1. $C_n$ 有完美匹配吗?

2. $K_{n,n}$ 和 $K_{2n}$ 分别有多少种完美匹配? $K_{2n+1}$ 有多少种最大匹配?

3. (1) 证明: 两个匹配的对称差的每一个连通分支或者是一条路径或者是有偶数条边的圈.

(2) 证明定理 5.1.2 (提示: 利用(1)的结论).

4. 给出一个可以利用 Hall 定理来说明不存在浸润 $X$ 的匹配的 $(X,Y)$-二部图.

5. 设 $T$ 是 $G$ 的生成树, 证明: $T$ 的完美匹配也是 $G$ 的完美匹配. 反之成立吗?

6. 假设有 $n$ 个人和 $n$ 份工作, 每个人可以胜任 $k(k \le n)$ 份工作, 每份工作也恰好可以由 $k$ 个人来做, 问是否存在一种分配方案使得每个人刚好可以分配到他能胜任的工作?

7. Tutte 于 1947 年证明了下面的定理.

**定理 5.1.5(Tutte 定理)** 图 $G$ 有完美匹配当且仅当 $\forall S \subseteq V(G), \mathrm{oc}(G-S) \le |S|$. 其中 $\mathrm{oc}(G-S)$ 表示 $G-S$ 中有奇数个顶点的连通分支(简称奇分支)的个数.

利用此定理证明 Hall 定理. 提示: 设 $G$ 为 $(X,Y)$-二部图, 若 $G$ 有奇数个顶点, 则给部集 $Y$ 添加一个顶点, 再添加若干条边, 使 $Y$ 变为完全图, 这样由 $G$ 就得到了一个新图 $H$; 若 $G$ 有偶数个顶点, 则直接给部集 $Y$ 添加若干条边使 $Y$ 变为完全图, 从而得到新图 $H$ (参考图 5.1.5). 可以证明: (1) $G$ 有浸润 $X$ 的匹配当且仅当 $H$ 有完美匹配; (2)若 $G$ 满足 Hall 定理的条件, 则 $H$ 满足 Tutte 定理的条件.

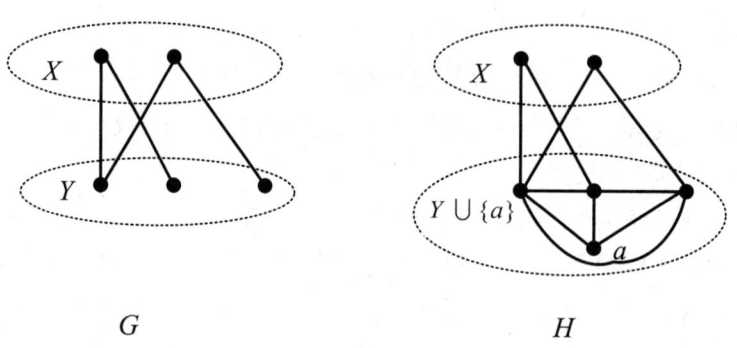

图 5.1.5 第 7 题提示中新图 $H$ 的构造

8. (1) 证明: 没有割边且每个顶点度数都为 3 的图 $G$ 有完美匹配. (该结论由 Petersen 于 1891 年提出.)

这里的每个顶点度数都为 3 的图称为 3-正则图 (3-regular graph), 类似的我们可以定义 $k$-正则图为每个顶点度数都为 $k$ 的图.

提示: 利用上面的 Tutte 定理.

(2) 结论(1)中的条件"没有割边"能去掉吗?

## 5.2 最大匹配及稳定匹配

### 5.2.1 最大匹配

下面我们介绍寻找最大匹配的算法. 由定理 5.1.2 可知, 对于一个二部图中的匹配 $M$ 来说, 若图中没有 $M$-增广路径, 则 $M$ 就是最大匹配了. 这就为我们提供了一种求最大匹配的方法. 设 $M$ 是 $(X,Y)$-二部图 $G$ 中的一个给定的匹配(可以是空集), 如果 $M$ 不是最大匹配, 则一定存在一条 $M$-增广路径, 此路径一定是一条从 $X$ 中未被 $M$-浸润的顶点出发并终止于 $Y$ 中未被 $M$-浸润的顶点的 $M$-交错路径.

我们就需要去找这样的 $M$-增广路径, 若找不到, 则由定理 5.1.2 可知 $M$ 就是最大匹配. 否则, 假设 $P$ 是这样的一条 $M$-增广路径, 令 $M_1 = M\Delta E(P)$, 则 $M_1$ 就是比 $M$ 更大的一个匹配. 然后继续这样的过程, 有限步后就得到 $G$ 的一个最大匹配. 这样问题的关键就成为怎么去寻找 $M$-增广路径.

**最大匹配算法**

**输入**: $(X,Y)$-二部图 $G$ 的一个匹配 $M$, $U = X - V(M)$.

**思想**: 从 $X$ 中未被 $M$-浸润的某个顶点 $u$ 出发(即 $U$ 中顶点)寻找 $M$-增广路径. 记录交错路径经过的顶点, 记交错路径经过的 $Y$ 中顶点之集为 $T$, 相应的 $X$ 中顶点之集为 $S$. 两种可能的结果:

(1) 如果交错路径的最后一个顶点未被 $M$-浸润, 则找到了一条增广路径, 利用此增广路径扩充 $M$, 得到一个更大的匹配 $M'$. 然后从 $X$ 中未被 $M'$-浸润的顶点出发继续寻找增广路径.

(2) 交错路径的最后一个顶点已被 $M$-浸润, 即没有找到从 $u$ 出发的 $M$-增广路径, 这时从 $X$ 中未被 $M$-浸润的顶点中选择另外的顶点出发继续寻找 $M$-增广路径. $X$ 中所有未被当前匹配浸润的顶点都处理过后, 就得到了最大匹配.

**步骤**: (1) 若 $M$ 浸润 $X$ 的所有顶点, 则停止($M$ 为最大匹配); 否则取 $X$ 中未被浸润的顶点 $x$, 令 $S = \{x\}, T = \emptyset$.

(2) 若 $N(S) = T$, 则停止; 否则取 $y \in N(S) - T$.

(3) 若 $y \notin V(M)$, 则 $M = M\Delta xPy$ (其中 $xPy$ 表示一条 $x$ 到 $y$ 的增广路径), 转步骤(1); 否则设 $yz \in M$, 令 $S = S \cup \{z\}, T = T \cup \{y\}$, 转步骤(2).

下面我们以一个例子来介绍二部图的最大匹配算法是怎么实现的.

**例 5.2.1** 考虑图 5.2.1(a)中的二部图, 二部图的一个匹配 $M$ 用粗边给出, 下面就利用最大匹配算法从此匹配开始寻找一个最大匹配. 设图 5.2.1(a)中在下面的顶点集合为二部图的部集 $X$, 算法从 $X$ 中未被 $M$-浸润的顶点 $a$ 开始寻找 $M$-增广路径, 一条这样的增广路径已经在图 5.2.1(a)中用虚线给出. 根据这条增广路径扩展匹配 $M$, 设新匹配为 $M_1$(图 5.2.1(b)中用粗边给出); 然后继续从 $X$ 中未被 $M_1$-浸润的顶点出发寻找 $M_1$-增广路径, 从 $c$ 出发的增广路径在图 5.2.1(b)中用虚线给出, 这样就扩展匹配 $M_1$ 为新匹配 $M_2$ (图 5.2.1(c)中用粗边给出). 最后只剩下一个 $X$ 中的顶点 $f$ 未被 $M_2$-浸润, 从 $f$ 出发的一条 $M_2$-增广路径在图 5.2.1(c)中用虚线给出,最终得到的最大匹配在图 5.2.1(d)中用粗边给出.

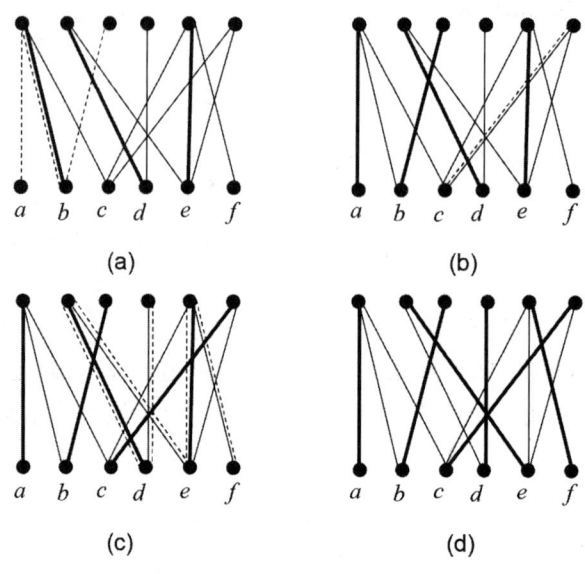

图 5.2.1　二部图的最大匹配算法

**注 5.2.1**　考虑上面讨论的问题的两种扩展: (1) 寻找一般图中的最大匹配. 上面介绍的算法在寻找一般图中的最大匹配时会出现问题. 例如图 5.2.2 中,若我们寻找从 $a$ 出发的增广路径时,选择了 $abci$,则会得到从 $a$ 出发无增广路径的错误结论(漏掉了增广路径 $abcdefghij$ ). 在二部图中由于不存在奇圈从而不会出现这种情况. Edmonds 于 1965 年在他的经典论文"Paths, tree, and flowers"中解决了这个难题,给出了寻找一般图中最大匹配的算法.

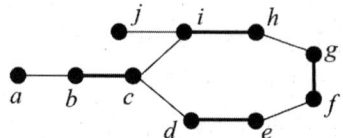

图 5.2.2　注 5.2.1 中的图

(2) 寻找加权二部图中权值最大的匹配. Kuhn 于 1955 年解决了这个问题,由于 König 和 Egerváry 的工作是算法的基础,为了纪念这两位匈牙利数学家,Kuhn 把此算法称为匈牙利算法.

### 5.2.2　稳定匹配

有时匹配问题和优先选择的顺序有关. 我们现在来介绍稳定婚姻问题: 假设一个社区有 $n$ 位男士和 $n$ 位女士,男士按照自己的喜好程度给女士排序,同时每位女士也按照自己的喜好程度给男士排序(这里不允许名次并列的情况出现),现在考虑给这 $2n$ 位男女配对的问题. 如果在某种配对方案中,$m_1$ 和 $w_1$ 结合,$m_2$ 和 $w_2$ 结合,且对 $m_1$ 来说,在 $w_1$ 和 $w_2$ 之间,他更喜欢 $w_2$ 一些,同时对于对 $w_2$ 来说,在 $m_1$ 和 $m_2$ 之间,她更喜欢 $m_1$,那我们称 $(m_1, w_2)$ 是一个不稳定对(unstable pair). 通俗来讲, 不稳定对就是分别喜欢对方胜过自己目前配偶的一对男女.

这 $2n$ 个男女的一个配对就是 $K_{n,n}$ 的一个完美匹配, 显然一共有 $n!$ 个完美匹配. 我们关心的是没有不稳定对的完美匹配, 称其为稳定匹配(stable matching). 现在自然产生了一个问题: $n!$ 个完美匹配中是否总存在稳定匹配?

Gale 和 Shapley 首先考虑了匹配和选择顺序结合的问题, 并提出了一个简单的算法解决了上面的问题. 下面就来介绍 Gale-Shapley 算法(于 1962 年提出).

**Gale-Shapley 算法**

(1) 每位男士(女士)按照喜好顺序给每位女士(男士)排序, 最喜欢的排在第一位, 依次排列.

(2) 每位男士向排在第一位的女士求婚. 若某位女士有多个追求者, 则该女士与她的排序最前面的男士订婚; 若某位女士只有一个追求者, 则与其订婚. 若所有男士都订婚了, 则算法终止.

(3) 剩下的男士(即还未订婚的男士)继续向排在第二位的女士求婚. 每位女士在新求婚者和未婚夫(如果在上一步已订婚)中选择排序最前面的男士订婚.

(4) 重复上面的过程, 即还未订婚的男士向还未追求过的最喜欢的女士求婚, 而每位女士在新求婚者和未婚夫(如果已订婚)中选择排序最前面的男士订婚, 直到每位男士都已订婚(当然同时每位女士也已订婚)时, 算法终止.

注意: 算法每个阶段分两步, 一是男士求婚, 二是女士选择; 每一阶段都有可能某位女士没有一人追求, 因此也不用做出选择; 女士可以悔婚, 即使在上一步已经订婚, 如果在下一步遇到了更心仪的追求者, 则可以和上一步的订婚者悔婚, 而和后者订婚.

下面通过一个例子来说明 Gale-Shapley 算法.

**例 5.2.2** 假设有 4 位男士和 4 位女士, 他们之间的喜好程度由表 5.2.1 给出.

现在就通过这个具体事例来说明 Gale-Shapley 算法是怎么给出一个稳定匹配的. 第一阶段, 男士们选择自己最喜欢的女士, $m_2$ 和 $w_2$ 订婚; 其他三位男士都选择了 $w_1$, 在 $w_1$ 看来 $m_3$ 是这三位中最喜欢的, 故 $w_1$ 和 $m_3$ 订婚. 第二阶段, 剩下的男士 $m_1$ 和 $m_4$ 分别向排在第二位的女士求婚, $m_1$ 向 $w_2$ 求婚, 但 $w_2$ 已订婚, 故 $w_2$ 要在 $m_1$ 和 $m_2$ 间做出选择, 她根据喜好程度选择 $m_1$ 而和 $m_2$ 悔婚; $m_4$ 和 $w_3$ 订婚. 第三阶段, 剩下的男士就是 $m_2$ 了, 他和 $w_4$ 订婚. 这样我们就得到了一个稳定匹配: $m_1 w_2, m_2 w_4, m_3 w_1, m_4 w_3$. (在表中我们用中括号表示订婚.)

表 5.2.1　4 位男士和 4 位女士之间的喜好程度

| 排序 | 男士选择 | | | | 女士选择 | | | |
|---|---|---|---|---|---|---|---|---|
| | $m_1$ | $m_2$ | $m_3$ | $m_4$ | $w_1$ | $w_2$ | $w_3$ | $w_4$ |
| 1 | $w_1$ | $[w_2]$ | $[w_1]$ | $w_1$ | $m_2$ | $m_3$ | $m_2$ | $m_1$ |
| 2 | $[w_2]$ | $w_1$ | $w_4$ | $[w_3]$ | $m_3$ | $m_4$ | $m_1$ | $m_2$ |
| 3 | $w_3$ | $[w_4]$ | $w_3$ | $w_2$ | $m_4$ | $m_1$ | $m_4$ | $m_3$ |
| 4 | $w_4$ | $w_3$ | $w_2$ | $w_4$ | $m_1$ | $m_2$ | $m_3$ | $m_4$ |

**注 5.2.2** 若将 Gale-Shapley 算法中的男士求婚变为女士求婚, 则也得到一个稳定匹配, 这个稳定匹配和男士求婚得到的稳定匹配未必一样(例如对例 5.2.2 中的实例应用女士求婚的 Gale-Shapley 算法得到的稳定匹配就不是 $m_1\,w_2$, $m_2\,w_4$, $m_3\,w_1$, $m_4\,w_3$). 这就说明每个稳定婚姻问题中存在稳定匹配且稳定匹配未必唯一. 而利用男士求婚或女士求婚的 Gale-Shapley 算法只不过找到了这些稳定匹配中的两个稳定匹配(当然这两个稳定匹配也可以相同, 例如只存在唯一稳定匹配的稳定婚姻问题, 见习题 5.2 第 3 题).

前面已经指出利用 Gale-Shapley 算法(男士求婚或女士求婚)可能得到两个稳定匹配, 那么这两个稳定匹配在所有稳定匹配中的"地位"怎么样? 或者说这两个稳定匹配和其他稳定匹配(如果有的话)的关系如何? 为了回答这个问题, 我们先介绍几个概念.

设 $M_1$, $M_2$ 是某个稳定婚姻问题中的稳定匹配. 若对每一位男士来讲, 在 $M_1$ 中的配偶都比在 $M_2$ 中的排名靠前或相同, 则称对男士 $M_1$ 优于 $M_2$. 如果对每一位男士来说, 稳定匹配 $M$ 都优于其他所有的稳定匹配, 则称 $M$ 是男士最优稳定匹配. 类似可以定义男士最差稳定匹配、女士最优稳定匹配、女士最差稳定匹配.

**注 5.2.3** (1) 男士最优稳定匹配是女士最差稳定匹配, 女士最优稳定匹配是男士最差稳定匹配(习题 5.2 第 4 题).

(2) 男士求婚的 Gale-Shapley 算法产生的稳定匹配是男士最优稳定匹配, 女士求婚的 Gale-Shapley 算法产生的稳定匹配是女士最优稳定匹配.

(3) 对于男士的"优于"关系是所有稳定匹配集合上的一个偏序关系, 所有的稳定匹配在此偏序关系下是一个格. 格的最大元是男士最优稳定匹配, 最小元是男士最差稳定匹配. 对于女士的"优于"关系也有类似的结果.

(4) 关于稳定匹配的数量有如下结论(由 Irving 和 Leather 于 1986 年提出): 对于每一个为 2 的幂的正整数 $n$, 存在 $n$ 位男士和 $n$ 位女士的有 $2^{n-1}$ 个稳定匹配的稳定婚姻问题.

最后我们需要指出我们讨论的稳定婚姻问题有相当大的局限性, 比如男士和女士人数相等, 每一个人要选择与其性别相反的人并且是一选一, 等等. 但实际生活中往往没有这些限制, 比如师范院校学生申请实习学校, 首先学生人数和学校数量不必相同, 其次一个学校一般也可接收多个实习生, 因此很有必要去讨论稳定婚姻问题的若干变形. 对稳定匹配及各种扩展感兴趣的读者可以参考由 D.Gusfiedl 和 R.W.Irving 编著的 *The stable marriage problem: structure and algorithms* 一书. 值得一提的是, Gale-Shapley 算法的提出者之一、著名数学家、加州大学洛杉矶分校的 Shapley 教授因在博弈论领域的杰出贡献获得了 2012 年诺贝尔经济学奖.

## 习题 5.2

1. 利用最大匹配算法从图 5.2.3 的匹配开始找出一个最大匹配.

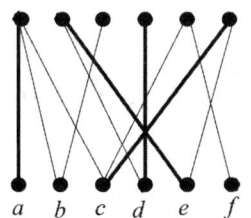
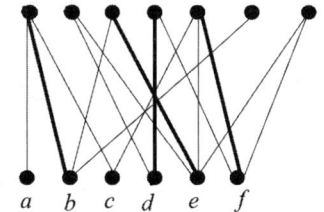

图 5.2.3　两个图及已知的匹配

2. 构造一个正好有一个稳定匹配的稳定婚姻问题.

3. 给出表 5.2.2 稳定婚姻问题的一个稳定匹配.

表 5.2.2　稳定婚姻问题

| 排序 | 男士选择 | | | | | 女士选择 | | | | |
|---|---|---|---|---|---|---|---|---|---|---|
| | $m_1$ | $m_2$ | $m_3$ | $m_4$ | $m_5$ | $w_1$ | $w_2$ | $w_3$ | $w_4$ | $w_5$ |
| 1 | $w_5$ | $w_4$ | $w_5$ | $w_1$ | $w_1$ | $m_3$ | $m_3$ | $m_1$ | $m_5$ | $m_2$ |
| 2 | $w_2$ | $w_5$ | $w_4$ | $w_4$ | $w_5$ | $m_4$ | $m_1$ | $m_2$ | $m_3$ | $m_3$ |
| 3 | $w_3$ | $w_2$ | $w_3$ | $w_2$ | $w_2$ | $m_1$ | $m_4$ | $m_3$ | $m_4$ | $m_5$ |
| 4 | $w_4$ | $w_3$ | $w_2$ | $w_5$ | $w_3$ | $m_2$ | $m_2$ | $m_5$ | $m_1$ | $m_1$ |
| 5 | $w_1$ | $w_1$ | $w_1$ | $w_3$ | $w_4$ | $m_5$ | $m_5$ | $m_4$ | $m_2$ | $m_4$ |

4. 证明: 男士最优稳定匹配是女士最差稳定匹配.

5. 考虑有四个人分配到两间宿舍, 每个人对其他三个人按喜好程度排序. 所谓稳定的宿舍分配是指没有两个人对彼此的偏好程度都高于当前的舍友. 找出在表 5.2.3 给出的排序情况下的一个稳定宿舍分配方案. 对于不同的优先序列, 稳定宿舍分配方案一定存在吗?

表 5.2.3　四个人之间的喜好程度排序

| 排序 | $a_1$ | $a_2$ | $a_3$ | $a_4$ |
|---|---|---|---|---|
| 1 | $a_4$ | $a_1$ | $a_2$ | $a_2$ |
| 2 | $a_2$ | $a_3$ | $a_4$ | $a_1$ |
| 3 | $a_3$ | $a_4$ | $a_1$ | $a_3$ |

(这是稳定舍友问题的一个简单实例, 这一问题最早由 Gale 和 Shapley 于 1962 年提出. 需要注意的是, 这和我们本节讨论的稳定婚姻问题是有些不同的, 因为这里匹配的对象是在同组对象之间.)

## 5.3　图的连通性

前面我们定义了连通图, 不同图的连通"程度"可能是不同的, 有些连通图(例如完全图), 删除一些顶点(或边)后还是连通的; 有些连通图, 删除一个顶点(或边)就不连通了(例如圈). 本节我们就来研究图的连通"程度".

## 5.3.1 连通度

因为连通与否与图是否含环无关,故本节假定所有的图都不含环,且只考虑非平凡图$G$,即$n(G)>1$.

**定义 5.3.1** 图$G$的一个点割(vertex cut)是一个集合$S \subseteq V(G)$,使得$G-S$的连通分支多于一个. $G$的连通度(connectivity) $\kappa(G)$是使得$G-S$不连通或只有一个顶点的最小顶点集$S$的大小[1]. 如果$\kappa(G) \geq k$,则称$G$是$k$-连通的($k$-connected).

图5.3.1中,最小的点割集为$\{v\}$,故$\kappa(G)=1$. 由连通度的定义,显然有:

(1) 连通图都是1-连通的;
(2) $G$是不连通的 $\Leftrightarrow$ $G$的连通度为0;
(3) 图的连通度为1 $\Leftrightarrow$ 它是连通的且有一个割点.

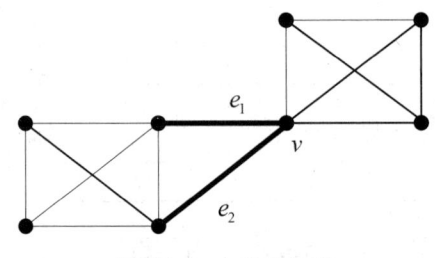

图 5.3.1  1-连通的图

**注 5.3.1** 设图$G$的连通度为$k$,因为删除$G$中某个顶点的所有相邻顶点得到的图或者是不连通的或者只有一个顶点,故$\delta(G) \geq k$. 这样图$G$中至少有$\lceil kn/2 \rceil$条边;确实存在$n$个顶点且有$\lceil kn/2 \rceil$条边的$k$-连通图(习题5.3 第1题).

前面我们介绍的连通度是通过删除顶点来定义的,下面我们考虑通过删除边来定义图的连通程度.

**定义 5.3.2** 图$G$的边连通度是从$G$中删除边而使得$G$不连通的边数的最小值,记为$\lambda(G)$. 如果$\lambda(G) \geq k$,则称$G$是$k$-边连通的($k$-edge connected).

考虑图 5.3.1,此图没有割边,且删除掉两条粗边后图就变得不连通了,因此此图的边连通度为2,另对于此图我们有$\kappa(G) < \lambda(G) < \delta(G)$. 通常我们有下面的结论.

**定理 5.3.1** 设$G$是$n$阶图,则$\kappa(G) \leq \lambda(G) \leq \delta(G)$. (该定理由 Whitney 于 1932 年提出.)

**证明** 设$G$中顶点$v$的度数为$\delta(G)$,删除掉和$v$关联的$\delta(G)$条边,则$G$就变成了一个不连通图,因此$\lambda(G) \leq \delta(G)$. 设$S$是由$k$条边组成的边集且删除$S$后图就变得不连通,则可以分别从与这些边关联的顶点中选出不多于$k$个顶点,使得删除这些顶点后图就变得不连通或只有一个顶点,因此$\kappa(G) \leq k \leq \lambda(G)$. 证毕.

---

1 完全图$K_n$没有点割,故其连通度为$n-1$;对于不以完全图为生成子图的其他图,连通度为其最小点割集的大小. 因此有的书上给出的等价定义为: 设$|G|=n$,若$K_n$为$G$的生成子图,则定义$G$的连通度$\kappa(G)$为$n-1$,否则定义$G$的连通度为$G$的最小点割集的大小.

## 5.3.2 Menger 定理

前面我们用任意两个顶点间有路径相连来定义连通图,而两个顶点间的不同路径越多,图的连通程度似乎就越高.下面说明通过这种方式定义图的连通程度本质上和删除顶点的定义方式是等价的.

**定理 5.3.2** 多于两个顶点的图 $G$ 是 2-连通图当且仅当 $\forall u,v \in V(G)$,$G$ 中至少存在两条内部不相交的(internally-disjoint) $u,v$-路径(即两条路径没有公共的内点).(该定理由 Whitney 于 1932 年提出.)

**证明** 充分性.显然删除一个顶点后任意一对顶点间仍有路径相连,故 $G$ 是 2-连通的.

必要性.对顶点 $u,v$ 之间的距离 $d(u,v)$ 用归纳法进行证明.当 $d(u,v)=1$ 时,$G-uv$ 是连通的(因为 $\lambda(G) \geq \kappa(G) \geq 2$),$G-uv$ 中的 $u,v$-路径与边 $uv$ 构成了两条内部不相交的 $u,v$-路径.

假设当 $d(u,v) \leq k-1$ 时命题成立,下设 $d(u,v)=k$.

如图 5.3.2 所示,令 $w$ 是某条最短 $u,v$-路径上 $v$ 的前一顶点,则 $d(u,w)=k-1$.由归纳假设可知,$G$ 有内部不相交的 $u,w$-路径 $P,Q$.若 $v \in V(P) \cup V(Q)$,则在圈 $P \cup Q$ 上可以找到两条内部不相交路径.若 $v \notin V(P) \cup V(Q)$,由于 $G$ 是 2-连通的,故 $G-w$ 连通,所以 $G-w$ 中含有一条 $u,v$-路径 $R$.若 $R$ 不含 $P$ 或 $Q$ 的内部顶点,则完成了证明.如若不然,不妨设 $R$ 与 $P$ 的内部顶点相交,设 $z$ 是这些交点中在 $P$ 上与 $v$ 最近的一个顶点,则 $P$ 上的 $u,z$-路径合并 $R$ 上的 $z,v$-路径就得到一条与 $Q \cup wv$ 内部不相交的路径.

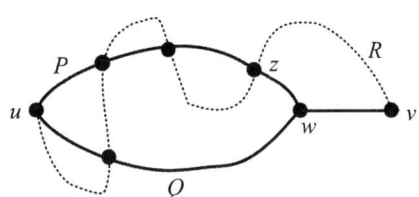

图 5.3.2 内部不相交路径的构造

**推论 5.3.1** 多于两个顶点的图 $G$ 是 2-连通图当且仅当 $\forall u,v \in V(G)$,存在包含这两个顶点的圈.

**证明** 显然存在包含两个顶点 $u,v$ 的圈当且仅当存在两条内部不相交的 $u,v$-路径.由定理 5.3.2 可知此推论成立.

**推论 5.3.2** 多于两个顶点的图 $G$ 是 2-连通图当且仅当 $G$ 中的任意两条边都在某一个圈上.

证明留作习题.

下面我们把定理 5.3.2 推广到一般的 $k$-连通图,就得到了经典的 Menger 定理.由于证明比较烦琐,我们这里略去.先来介绍一个概念.

**定义 5.3.3** 设 $x,y \in V(G)$, $S \subseteq V(G)-\{x,y\}$,如果 $G-S$ 中没有 $(x,y)$-路径(即 $x,y$ 位

于 $G-S$ 的不同连通分支), 则称 $S$ 为 $xy$-割($x, y$-vertex-cut). 我们也称这样的子集为分离 $x, y$ 的子集. 我们用 $\kappa(x, y)$ 表示最小 $xy$-割的大小, 用 $\lambda(x, y)$ 表示由两两内部不相交的 $(x, y)$-路径构成的集合的大小的最大值.

例如在图 5.3.3 中, $\{w_1, w_2, w_5, w_6\}$ 是一个 $uv$-割, 且任意去掉一个顶点后不再是一个 $uv$-割. 但 $\{w_1, w_2, w_5, w_6\}$ 不是一个最小 $uv$-割, 因为我们可以找到三个顶点的 $uv$-割, 例如 $\{w_1, w_2, w_3\}$, 这是一个最小 $uv$-割, 因此 $\kappa(u, v) = 3$. $\{uw_1w_2w_5v, uw_3w_6v\}$ 是两条内部不相交的 $(u, v)$-路径, 而且不存在第三条 $(u, v)$-路径 $P$, 使得 $P$ 和这两条 $(u, v)$-路径两两内部不相交. 但 $\lambda(u, v)$ 不为 2, 因为我们能很容易找到三条两两内部不相交的 $(u, v)$-路径. 对于图 5.3.3 来说, $\kappa(u, v) = \lambda(u, v)$. 下面的定理说明此结论对于一般情况也成立.

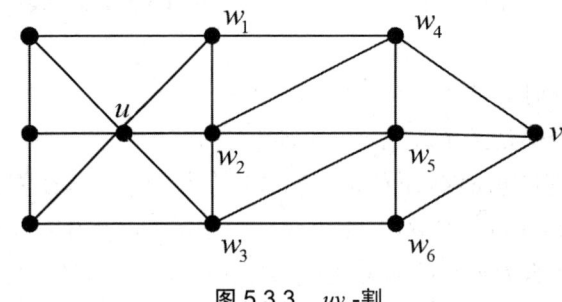

图 5.3.3 $uv$-割

**定理 5.3.3(Menger 定理)** 若 $x, y$ 是图 $G$ 中的不相邻顶点, 则最小 $xy$-割的大小等于由两两内部不相交的 $(x, y)$-路径构成的集合的大小的最大值. (该定理由 Menger 于 1927 年提出.)

上述 Menger 定理非常有用, 由它可以得到很多关于连通性的深刻结论, 且其在网络优化中也有重要应用. 另外, 关于边的类似 Menger 定理的结论也成立: 设 $x, y$ 是图 $G$ 中的不相邻顶点, 则连接 $x, y$ 的边不相交路径的最大值等于分离 $x, y$ 的边集的最小边数. 最后, 作为 Menger 定理的一个推论, 我们给出 Whitney 提出的关于 $k$-连通图的特征结论.

**推论 5.3.3** 设 $k \in \mathbf{Z}^+, n(G) \geq k+1$, 则图 $G$ 是 $k$-连通图当且仅当对于 $G$ 中任意不同顶点 $x, y$, 都存在 $k$ 条内部不相交的 $x, y$-路径. (该推论由 Whitney 于 1932 年提出.)

## 习题 5.3

1. 举例说明确实存在 $n$ 个顶点且有 $\lceil kn/2 \rceil$ 条边的 $k$-连通图.

2. 设 $|V(G)| \geq 3$, 证明: $G$ 是 2-连通的当且仅当 $G$ 是连通的且 $G$ 无割点.

3. 图 $G$ 中边 $xy$ 的加细(subdividing)是指在边 $xy$ 上加入一个新的顶点 $z$ 从而用边 $xz, zy$ 替代边 $xy$, 图 $G$ 的细分(subdivision)就是给图 $G$ 中的边进行连续的加细得到的新图(例如图 5.3.4 中, (a)给出了 $K_4$ 中边 $xy$ 的加细, 而(b)给出了 $K_4$ 的一个细分). 证明: 一个 2-连通图加细一条边得到的新图还是 2-连通的.

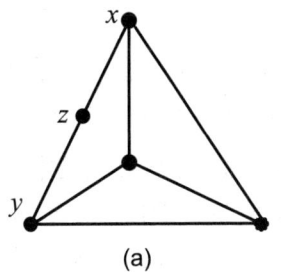 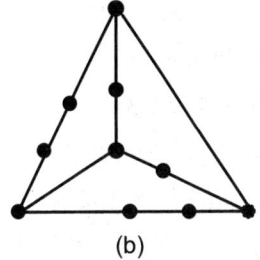

图 5.3.4　图的细分

4. 利用第 3 题的结论证明: 图 $G$ 是 2-连通的当且仅当 $\delta(G) > 1$ 且 $G$ 的每一对边均位于一个公共圈上.

5. 设 $P$ 是某个 2-连通图中的一条 $(x,y)$-路径, 问是否存一条和 $P$ 内部不相交的 $(x,y)$-路径 $Q$?

6. 证明: 删除一条边, 连通度最多减少 1. 删除一个顶点呢?

7. 证明: 设 $G$ 是 3-正则图, 则 $\kappa(G) = \lambda(G)$.

8. 证明推论 5.3.3.

## 5.4　平面图

在图的理论研究和实际应用中, 图的平面化问题具有非常重要的意义. 本节就来讨论平面图的性质.

### 5.4.1　欧拉定理及应用

**定义 5.4.1**　一个图 $G$ 可以图示在平面上, 使得任何两边除了顶点外无公共交点, 则称图 $G$ 为可平面图(planar graph). $G$ 的这种图示也称为 $G$ 的一个平面嵌入(planar embedding). 一个平面图(plane graph)是指一个可平面图的一个特定的平面嵌入. 平面图将平面分成许多区域, 这些由边围成的区域称为面(face).

**例 5.4.1**　图 5.4.1 中, (a)是可平面图, (b)给出了(a)的一个平面嵌入; 平面图(b)有 6 个面, 其中外部的面是仅有的无界面; (c)(即 $K_5$)比(a)只多一条边, 但它不是可平面图. 下面我们来证明这一点.

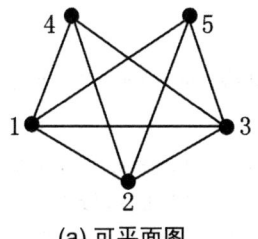 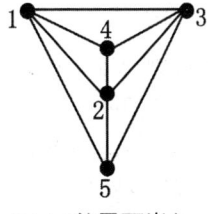 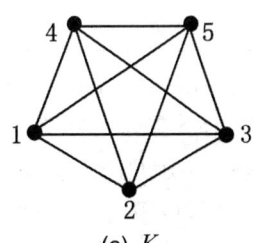

(a) 可平面图　　　(b) (a)的平面嵌入　　　(c) $K_5$

图 5.4.1　例 5.4.1 的图示

**命题 5.4.1**  $K_5$ 不是可平面图.

**证明** 反证法. 假设 $K_5$ 有一个平面嵌入 $K_5'$, 由于 $K_5'$ 中任意两个顶点相邻, 故存在圈 123(不妨设 $K_5$ 的顶点为 $\{1,2,3,4,5\}$), 圈将平面分成了两个部分[1]. 不妨设 4 位于此圈的内部, 则 124, 234, 134 将圈的内部分成了三个区域. 5 位于这四个区域的其中一个区域内, 不妨设 5 在 134 的内部, 则边 52 与圈 134 相交, 这与 $K_5'$ 是 $K_5$ 的平面嵌入矛盾, 故 $K_5$ 不是可平面图.

用类似的方法可以证明 $K_{3,3}$ 也不是可平面图. 令人吃惊的是 $K_5$ 和 $K_{3,3}$ 可以给出平面图的特征刻画, 我们在本节的最后将介绍这个深刻的结论. 下面我们先证明著名的欧拉公式 $n-e+f=2$, 并由此得到平面图的一些性质.

**定理 5.4.1(欧拉定理)**[2] 如果连通平面图 $G$ 恰好有 $n$ 个顶点, $e$ 条边和 $f$ 个面, 则 $n-e+f=2$.

**证明** 对边数 $e$ 用归纳法进行证明. 当 $e=1$ 时, 因 $G$ 是连通的, 故有两种可能: $G$ 是环或一条边, 因此 $n-e+f=2$ 成立. 假设当 $e=k$ 时, $n-e+f=2$ 成立. 当 $e=k+1(\geq 2)$ 时, 找一条两个顶点的边, 有两种情况: (1)不存在这样的边, 即每条边都是环. 由于 $G$ 是连通的, 故只可能是一个顶点、多个环的图, 显然公式成立. (2)存在一条两个顶点的边 $a$, 考察 $G$ 收缩 $a$ 后得到的新图 $G \bullet a$. 注意收缩不会改变面的个数, 但顶点数和边数各减少 1. 由于 $G \bullet a$ 的边数为 $k$(即 $e=k$), 由归纳假设可得 $n-e+f=2$. 另外 $G$ 的边数、顶点数各比 $G \bullet a$ 增加 1, 而面数不变, 因此当 $e=k+1$ 时, $n-e+f=2$ 也成立.

下面我们利用欧拉定理给出平面图边数的一个上界.

**定理 5.4.2** 设 $G$ 是连通平面图, $G$ 的围长(girth, $G$ 中长度最小的圈的长度)为 $k$, 若 $G$ 中无圈我们定义围长为 $+\infty$. 当 $k \geq 3$ 时, 有

$$e(G) \leq \frac{k(n(G)-2)}{k-2}$$

**证明** 当 $n(G)=3$ 时, 结论显然成立. 假设当 $n(G) < m$ 时结论成立, 下证当 $n(G)=m$ 时结论也成立.

首先假设 $G$ 中有一条割边 $e$, 则 $G-e$ 有两个连通分支, 不妨设为 $G_1, G_2, n(G_1)+n(G_2) = n(G)$. 因为 $e$ 为割边, 故 $G_1$ 或 $G_2$ 含有长度为 $k$ 的圈. 若 $G_1$ 和 $G_2$ 都含圈, 则由归纳假设有

---

[1] 这里及本节许多地方都用到了 Jordan 曲线定理: 平面上的简单闭合曲线将平面分成两个区域(内部和外部). 证明这个看似显然的结论是非常困难的, 要用到代数拓扑的知识.

[2] 欧拉定理最早是以凸多面体形式给出的, 欧拉公式的产生和发展有一段漫长而曲折的历史. 虽然我们在本教材的图论部分给出了欧拉定理, 但还是要指出, 欧拉公式实际上反映了一种拓扑性质, 而欧拉定理的推广也是拓扑学中非常重要的结论之一. 拓扑学和图论有着密切的联系, 前面提到的图论起源的哥尼斯堡七桥问题也被认为是拓扑学的起源. 关于欧拉定理的精彩介绍推荐读者参阅由王敬庚编著的《直观拓扑》一书. 另外对拓扑学感兴趣的同学, 推荐参阅 M.A. Armstrong 所著的 *Basic Topology* 一书(有中译本), 该书从欧拉定理开始对拓扑学进行了引人入胜的介绍.

$$e(G) = e(G_1) + e(G_2) + 1 \leq \frac{k((n(G_1)-2)+(n(G_2)-2))}{k-2} + 1 < \frac{k(n(G)-2)}{k-2}$$

若 $G_1$ 或 $G_2$ 只有一个含圈,不妨设 $G_1$ 含圈. 由于此时 $G_2$ 是无圈连通图,故由定理 4.2.1 可得 $e(G_2)+1 = n(G_2)$. 则由归纳假设有

$$e(G) = e(G_1) + e(G_2) + 1 \leq \frac{k((n(G_1)-2))}{k-2} + n(G_2) < \frac{k(n(G)-2)}{k-2}$$

然后来说明 $G$ 中无割边时,结论仍成立. 此时每一条边都含于某个圈中,由于 $G$ 是平面图,故每一条边是两个面的边界. 令 $f_i$ 为 $i$ 条边构成的面的个数,已知 $i \geq k$,于是

$$2e(G) = \sum_i if_i \geq \sum_i kf_i = kf$$

式中 $f$ 为图 $G$ 的面数. 由欧拉定理可得

$$e(G) + 2 = n(G) + f \leq n(G) + 2e(G)/k$$

即

$$e(G) \leq \frac{k(n(G)-2)}{k-2}$$

证毕.

**推论 5.4.1** 设 $G$ 是至少有 3 个顶点的简单平面图,则 $e(G) \leq 3n(G)-6$;若 $G$ 是三角形无关的(即不含 $K_3$),则 $e(G) \leq 2n(G)-4$.

**证明** 先考虑 $G$ 为连通图的情况. 若 $G$ 中不含圈,则 $e(G) = n(G)-1 < 3n(G)-6(n(G) \geq 3)$. 若 $G$ 含圈,由于 $G$ 是简单图,故其围长不小于 3,由定理 5.4.2 可得

$$3 \leq k \leq \frac{2e(G)}{e(G)-n(G)+2}$$

因此 $e(G) \leq 3n(G)-6$. 若 $G$ 是三角形无关的,则其围长不小于 4,由定理 5.4.2 可得 $e(G) \leq 2n(G)-4$.

若 $G$ 不连通,则已证对于每个连通分支结论成立,显然对于 $G$ 结论也成立.

证毕.

**推论 5.4.2** 设 $G$ 是简单平面图,则 $\delta(G) \leq 5$.

**证明** 当 $n(G) \leq 2$ 时,结论显然成立. 下设 $n(G) \geq 3$,由推论 5.4.1 可得

$$\delta(G)n(G) \leq \sum_{v \in V(G)} d(v) = 2e(G) \leq 6n(G)-12$$

故 $\delta(G) \leq 5$.

前面已证明 $K_{3,3}$ 和 $K_5$ 都不是可平面图,下面重新证明.

**推论 5.4.3**  $K_5$ 和 $K_{3,3}$ 都不是可平面图.

**证明**  对于 $K_5$, 有 $e(K_5) = 10 > 9 = 3n - 6$; 而对于 $K_{3,3}$, 它是三角形无关的, 且 $e(K_{3,3}) = 10 > 8 = 2n - 4$. 故由推论 5.4.1 可知 $K_5$ 和 $K_{3,3}$ 都不是可平面图.

### 5.4.2 可平面图的刻画

本节最后给出刻画可平面图特征的著名的 Kuratowski 定理. 定理的证明比较烦琐, 这里略去, 感兴趣的读者可参考书后相关参考文献.

**定理 5.4.3 (Kuratowski 定理)**  一个图是可平面的当且仅当它不含 $K_{3,3}$ 或 $K_5$ 的细分 (细分的定义见习题 5.3 第 3 题). (该定理由 Kuratowski 于 1930 年提出.)

**例 5.4.2**  证明: Peterson 图 (图 5.4.2(a)) 不是可平面图.

**证法一.** Peterson 图的围长为 5, 于是

$$e(G) = 15 > \frac{5 \times 8}{3} = \frac{k(n(G) - 2)}{k - 2}$$

故由定理 5.4.2 可知 Peterson 图不是可平面图.

**证法二.** 图 5.4.2(b) 给出的 Peterson 图的子图是 $K_{3,3}$ 的一个细分, 方形点和大圆点分别给出了 $K_{3,3}$ 的两个部集, 小圆点是细分过程中加入的新顶点. 由定理 5.4.3 可知 Peterson 图不是可平面图.

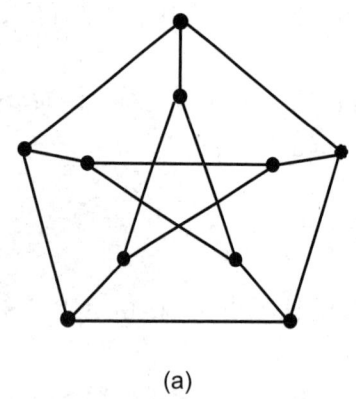 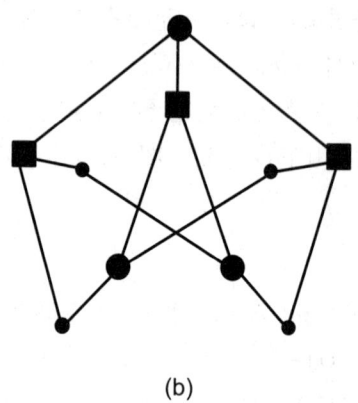

(a)　　　　　　　　　(b)

图 5.4.2  Peterson 图及其子图

## 习题 5.4

1. 用类似命题 5.4.1 的证明方法证明: $K_{3,3}$ 不是可平面图.
2. 对图的面数进行归纳, 证明定理 5.4.1.
3. 利用欧拉定理重新证明推论 5.4.1.
4. 从 Peterson 图中至少删除多少条边才可以得到可平面图?

5. 设 $G$ 是 $n$ 个顶点的平面图且度数不大于 $d$ 的顶点个数为 $m_d$, 证明:

$$m_d \geq \frac{n(d-5)+12}{d+1}$$

6. 如果 $G$ 是简单平面图且给 $G$ 任意添加一条边(注意加边不加顶点, 即在 $G$ 的任意两个顶点间连一条边)后得到的图都不是平面图, 则称平面图 $G$ 为极大平面图(maximal plane graph). 设 $G$ 有 $n$ 个顶点, 证明下面命题等价.

(1) $G$ 是极大平面图.

(2) $G$ 有 $3n-6$ 条边.

(3) $G$ 的每个面均由 3 条边围成.

7. 平面图 $G$ 的对偶图(dual graph) $G^*$ 是一个平面图, 其顶点对应于 $G$ 的面, $G^*$ 中两顶点间有一条边相连当且仅当这两顶点对应的 $G$ 中的面有一个公共边界. 例如图 5.4.3 给出了一个平面图和其对偶图(对偶图顶点用方形表示, 边用虚线表示).

(1) $(G^*)^*$ 与 $G$ 一定同构吗?

(2) 可平面图的不同平面嵌入的对偶一定同构吗?

(3) 如果 $G$ 与 $G^*$ 同构, 则称 $G$ 是自对偶的(self-dual). 证明: 如果 $G$ 是自对偶的, 则 $2n(G) = e(G) + 2$.

(4) 对于任意大于 3 的正整数 $n$, 试画出有 $n$ 个顶点的自对偶图.

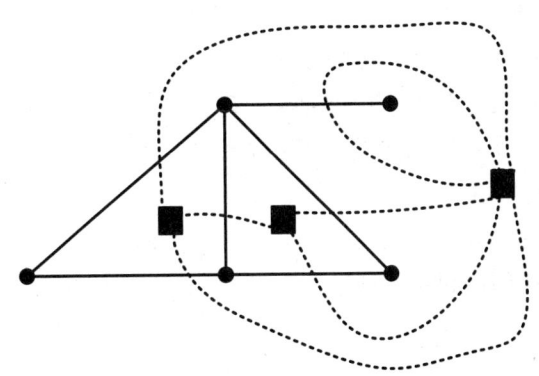

图 5.4.3  一个平面图和其对偶图

8. 在中学时我们已经知道由若干个平面多边形所围成的封闭的立体称为多面体(polyhedron), 如果多面体在它的每一个面所决定的平面的同一侧, 则称此多面体为凸多面体. 平面图和凸多面体密切相关, 实际上, 每个凸多面体和一个连通平面图对应(例如图 5.4.4 中, (a)给出了一个凸多面体, (b)给出了与此凸多面体对应的平面图). 设凸多面体的顶点、棱和面的个数分别为 $V, E, F$, 则由欧拉公式可知 $V - E + F = 2$, 这就是凸多面体的欧拉公式. 若凸多面体的各个面都是全等的正多边形, 则称此凸多面体为正多面体. 证明: 正多面体只有 5 种, 即如果假设正多面体有 $n$ 个面, 则 $n$ 的取值只有 5 种可能.

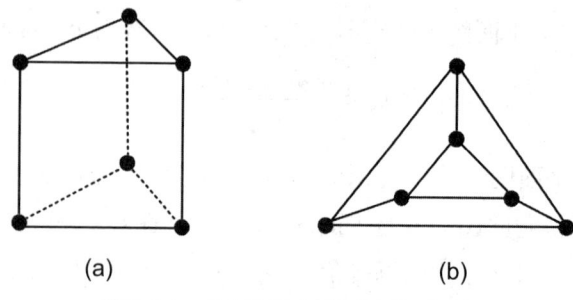

图 5.4.4 凸多面体与其对应的平面图

9. 关于可平面图还有下面的刻画.

**定理 5.4.4** 一个图是可平面的当且仅当它没有收缩到 $K_5$ 或 $K_{3,3}$ 的子图. (该定理由 Wagner 于 1937 年提出.)

由定理 5.4.4 可以证明 Peterson 图不是可平面图.

## 5.5 图的顶点着色

学校安排补考, 需要将有同一个学生参加的两门课安排在不同时间. 将各门课程作为图的顶点, 若某个学生需要补考两门课程, 则将这两门课程对应的顶点用边相连. 我们给这样的图中每个顶点赋予某种颜色, 使得相邻顶点的颜色不同, 则安排考试需要的时间段的最小值等于对图中顶点进行着色的最少颜色数.

计算机在循环内计算时把频繁使用的变量的值存储于中央处理器的寄存器中而不是内存中, 这样做便于快速访问数据从而提高效率. 如果两个变量在不同时刻使用, 则可以分配给它们同一个寄存器. 定义一个图, 其顶点就是变量, 两个顶点相邻当且仅当对应的两个变量在某时刻同时使用, 则变量所需要的寄存器的最少个数等于给图中顶点着色使得相邻顶点的颜色不同所需的最少颜色数.

类似的还有装箱问题: 有些货物装在同一个箱子里面不安全, 给定一些货物, 至少需要多少个箱子来装? 这些问题都和图的顶点着色有关, 下面给出图的顶点着色的定义.

### 5.5.1 顶点着色的定义和性质

**定义 5.5.1** 图 $G$ 的顶点着色(vertex coloring)是给每个顶点赋予一种颜色, 使得相邻顶点的颜色不同. 给图 $G$ 进行顶点着色需要的最少颜色数称为 $G$ 的色数(chromatic number), 记为 $\chi(G)$. 若 $\chi(G)=k$, 则称 $G$ 是 $k$-色的($k$-chromatic); 若 $\chi(G) \leqslant k$, 则称 $G$ 是可 $k$-着色的($k$-colorable).

带环的图不能进行顶点着色, 有重边的图不影响顶点着色, 故本节我们所提到的图都指简单图. 显然 $G$ 是可 2-着色的当且仅当 $G$ 是二部图.

**例 5.5.1** 图 5.5.1(a)是 Peterson 图. 因为 Peterson 图中含有奇圈, 故 Peterson 图不是二部图, 因此 Peterson 图的色数至少为 3. 图 5.5.1(a)给出了 Peterson 图的 3 种颜色的顶点着色

方案(标相同字母的顶点着相同的颜色),这就说明 Peterson 图的色数为 3. 图 5.5.1(b)为 Grötzsch 图,图中给出了 4 种颜色的顶点着色方案(标相同字母的顶点着相同的颜色),不难验证用 3 种颜色不可能给 Grötzsch 图着色,故此图的色数为 4.

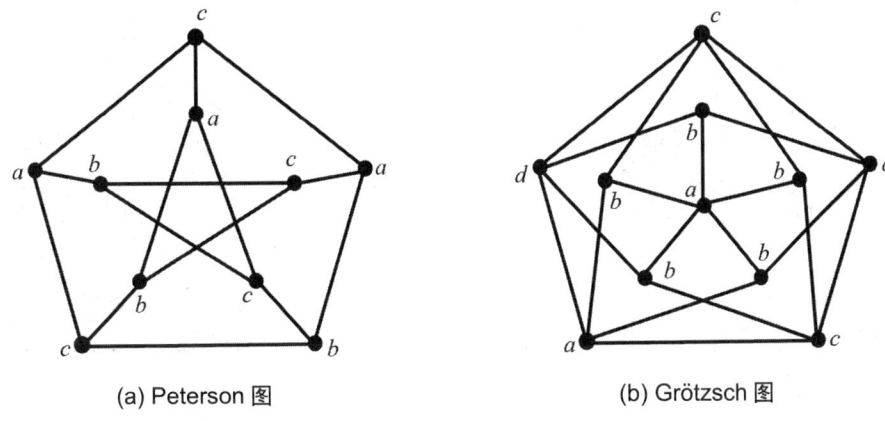

(a) Peterson 图　　　　　　(b) Grötzsch 图

图 5.5.1　Peterson 图与 Grötzsch 图

下面讨论 $\chi(G)$ 的上界和下界.

**定义 5.5.2**　图 $G$ 中两两不相邻的顶点组成的集合称为独立集(independent set),用 $\alpha(G)$ 来表示 $G$ 中最大独立集的元素个数. 图 $G$ 中两两相邻的顶点组成的集合称为团(clique),用 $\omega(G)$ 表示 $G$ 中最大团的元素个数.

显然 $G$ 是可 $k$-着色的当且仅当 $V(G)$ 是 $k$ 个独立集的并. 不难证明色数有如下的两个下界:

$$\chi(G) \geqslant \omega(G) \text{ 且 } \chi(G) \geqslant \frac{n(G)}{\alpha(G)} \text{(习题 5.5 第 1 题)}$$

容易验证对于完全图 $K_n$ 有 $\chi(K_n) = \omega(K_n) = n(K_n)$,即两个下界都取到.

**定义 5.5.3**　图 $G$ 称为 $k$-临界的($k$-critical),如果 $\chi(G) = k$ 且对于 $G$ 中任意边 $e$ 有

$$\chi(G-e) < k$$

1-临界图和 2-临界图各只有一个,分别为 $K_1$ 和 $K_2$. 另外,$G$ 为 3-临界图当且仅当 $G$ 为奇圈. 下面说明 Grötzsch 图是 4-临界图.

**例 5.5.2**　由于 Grötzsch 图的对称性,可以将边分为三类:第一类为外围 $C_5$ 的 5 条边;第二类为和中心顶点邻接的 5 条边;第三类为一、二类外的 10 条边. 例 5.5.1 中已知 Grötzsch 图的色数为 4. 由临界图的定义及对称性,我们只需说明任意删除这三类边中的一条边所得到的图的色数小于 4 即可. 图 5.5.2 分别给出了删除这三类边中的一条后得到的新图的一种用 3 种颜色的顶点着色方案(标相同字母的顶点着相同的颜色).

下面介绍 $k$-临界图的一个重要性质.

**定理 5.5.1**　如果 $G$ 是 $k$-临界的,则 $\delta(G) \geqslant k-1$.

**证明**　设 $v \in V(G)$ 且 $d(v) = \delta(G)$,由于 $G$ 是 $k$-临界的,故 $\chi(G-v) \leqslant k-1$.

假设 $\delta(G) \le k-2$,由于 $d(v) = \delta(G) \le k-2$,故在对 $G-v$ 顶点着色的 $k-1$ 种颜色中,存在一种颜色没有被 $v$ 的至多 $k-2$ 个相邻顶点使用,将这种颜色对 $v$ 着色就得到 $G$ 的一种 $(k-1)$-顶点着色方案,与 $\chi(G) = k$ 矛盾. 因此假设不成立,$\delta(G) \ge k-1$. 证毕.

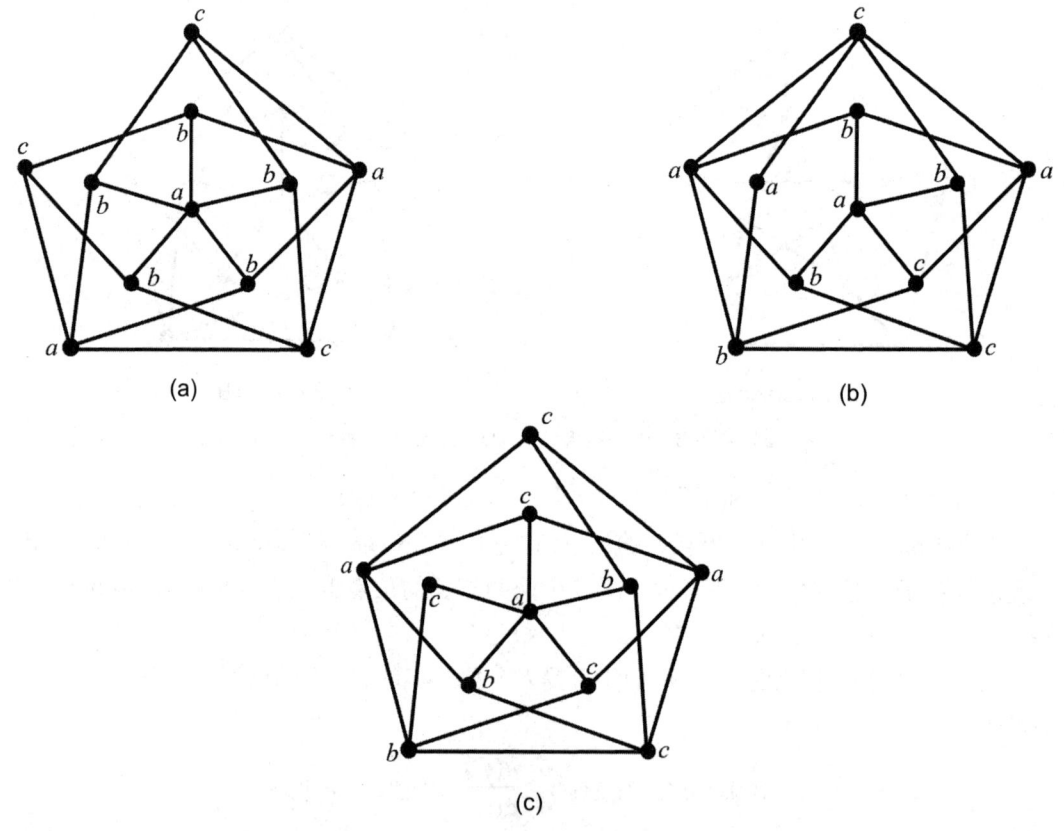

图 5.5.2  Grötzsch 图删除一条边后的 3-着色方案

**推论 5.5.1**  如果 $\chi(G) = k$,则 $G$ 至少有 $k$ 个顶点的度数不小于 $k-1$.

**证明**  令 $H$ 为 $G$ 的一个 $k$-临界子图(删除 $G$ 中不影响 $\chi(G)$ 的边,直到不能继续为止),由定理 5.5.1 可知 $\delta(H) \ge k-1$. 由于 $\chi(H) = k$,故 $H$ 至少有 $k$ 个顶点. 所以 $H$ 至少有 $k$ 个顶点的度数不小于 $k-1$,即这 $k$ 个顶点在 $G$ 中的度数不小于 $k-1$.

**推论 5.5.2**  $\chi(G) \le \Delta(G) + 1$.

**证明**  由推论 5.5.1 可知 $\Delta(G) \ge \chi(G) - 1$,即 $\chi(G) \le \Delta(G) + 1$.

怎么给一个图进行顶点着色?下面我们介绍一种称之为贪婪着色的方法,用正整数 1, 2, 3… 来表示颜色.

**贪婪着色**

**步骤**: (1) 把图的顶点按一定的顺序排列为 $v_1, v_2, \cdots, v_n$.

(2) 给 $v_1$ 赋予颜色 1.

(3) 给 $v_i$ 赋予未被 $v_1, v_2, \cdots, v_{i-1}$ 中和 $v_i$ 相邻的顶点使用的最小颜色.

对于一个图进行贪婪着色的"质量"(即所用颜色的多少)取决于对图的顶点的排序. 在为某个顶点进行着色时, 排在此顶点之前的相邻顶点最多有 $\Delta(G)$ 个, 因此每一步所选的颜色不大于 $\Delta(G)+1$, 即整个着色过程中使用的颜色数量不超过 $\Delta(G)+1$, 这样就给出了推论 5.5.2 的另一个证明. 如果特别地安排贪婪着色中的顶点顺序, 就可以改进 $\Delta(G)+1$ 这个最坏上界, 例如习题 5.5 第 5 题给出的一种顶点排序就改进了这个上界. 另外, 任何图都存在一个顶点排序, 按照这种顶点排序进行贪婪着色恰好需要 $\chi(G)$ 种颜色(习题 5.5 第 7 题).

对于完全图和奇圈来说, 色数恰为推论 5.5.2 中的上界 $\Delta(G)+1$, 其实也仅有这两类图满足此上界.

**定理 5.5.2** 如果 $G$ 是连通图, 并且 $G$ 不是完全图或奇圈, 则 $\chi(G) \leqslant \Delta(G)$. (该定理由 Brooks 于 1941 年提出.)

证明略去, 可参考书后相关文献.

### 5.5.2 四色问题

平面图及平面图的着色问题一直是图论研究的热点问题, 与之相关联的四色问题是图论发展的主要推动力之一. 四色问题的最初形式是: 能否用 4 种颜色给任意平面区域着色, 使得有公共边的相邻区域有不同的颜色. 如图 5.5.3(a)所示, 给每个区域放置一个顶点, 如果两个区域有公共边则在两个相应顶点间添加一条通过公共边的连线, 这样就得到了一个平面图(其实是平面区域的对偶图). 于是对平面区域(或地图)的着色问题就转变为了平面图的顶点着色问题(见图 5.5.3(b)).

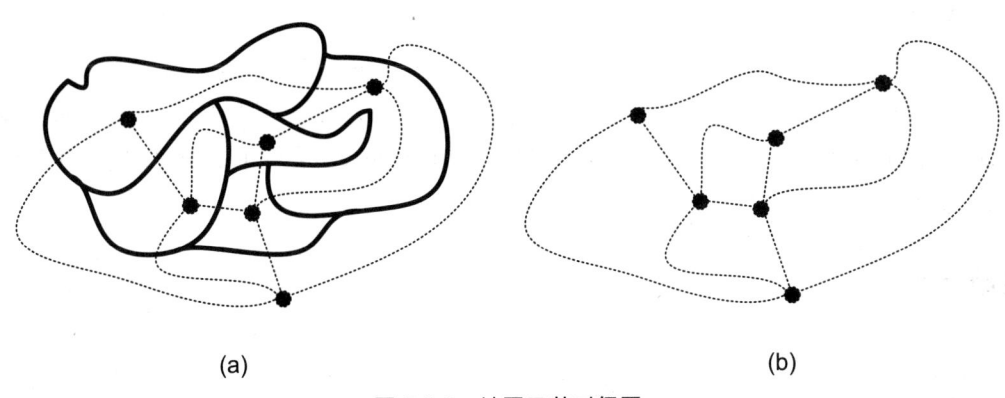

图 5.5.3 地图及其对偶图

四色问题最早于 19 世纪 50 年代被提出, 此后许多图论专家沉迷于此问题. 经过漫长的发展, 出现了很多接近正确的结果[1]. 最终 K. Appel 和 W. Haken 在 1976 年利用计算机成功给出了证明, 但是一些数学家期待的不使用计算机的常规证明仍没有出现. 下面分别给出四色

---

[1] 值得一提的是 Alfred Kempe(1849—1922)于 1879 年发表的"证明", 这或许是数学中最有名的错误证明. 这名律师的证明在 1890 年被他的同胞 P. J. Heawood(1861—1955)指出了错误, 但是 Kempe 的证明思路却是 100 年后 K. Appel 和 W. Haken 完成的计算机辅助证明的基础.

定理和五色定理.

**定理 5.5.3(四色定理)** 平面图的着色数不超过 4.

**定理 5.5.4(五色定理)** 所有可平面图都是可 5-着色的. (该定理由 Heawood 于 1890 年提出.)

**证明** 对图的阶 $n(G)$ 使用归纳法. 当 $n(G) \leq 5$ 时显然这些图都是可 5-着色的. 假设 $n(G) \leq k$ 的所有可平面图都是可 5-着色的, 下设 $G$ 是 $n(G) = k+1$ 的可平面图, 由推论 5.4.2 可知存在 $G$ 的顶点 $v$ 且 $d(v) \leq 5$. 由归纳假设可知 $G-v$ 是可 5-着色的, 若 $d(v) < 5$, 则显然某种颜色没有被 $v$ 的相邻顶点使用, 故给 $v$ 赋予这种颜色就完成了 $G$ 的 5-着色. 下设 $d(v) = 5$ 且 $v$ 的相邻顶点使用了 5 种颜色. 设 $v$ 的相邻顶点 $v_i$ 使用了颜色 $c_i (i=1,2,\cdots,5)$ (如图 5.5.4 所示).

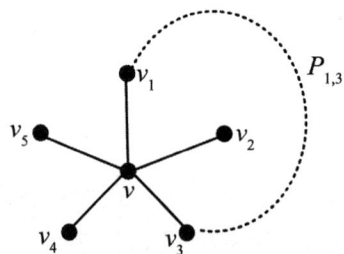

图 5.5.4 定理 5.5.4 证明中的图

令 $G(i,j)$ 为颜色是 $c_i$ 或 $c_j$ 的顶点组成的 $G$ 的导出子图, 下面考虑 $G(1,3)$, 分两种情况考虑.

情况 1: $v_1,v_3$ 属于 $G(1,3)$ 的不同连通分支. 那么在包含 $v_1$ 的连通分支中, 将顶点 $v_1$ 的颜色从 $c_1$ 变为 $c_3$, 我们就得到了一种 $G-v$ 的新的 5-着色. 而且此时 $v$ 的相邻顶点空出了颜色 $c_1$, 给 $v$ 赋予颜色 $c_1$ 就得到了 $G$ 的一种 5-着色.

情况 2: $v_1,v_3$ 属于 $G(1,3)$ 的同一个连通分支, 那么存在一条颜色为 $c_1$ 和 $c_3$ 交替的 $(v_1,v_3)$-路径, 记为 $P_{1,3}$, 而且边 $vv_3$、$v_1v$ 及路径 $P_{1,3}$ 构成了一个圈, $v_2$ 和 $v_4$ 分别位于这个圈的内部和外部. 由于 $G$ 是平面图, 故 $v_2,v_4$ 属于 $G(2,4)$ 的不同连通分支, 类似于情况 1, 所以我们同样可以得到 $G$ 的一种 5-着色.

## 习题 5.5

1. 证明: $\chi(G) \geq \omega(G)$ 且 $\chi(G) \geq \dfrac{n(G)}{\alpha(G)}$.

2. 确定图 5.5.5 中每个图的 $\chi(G), \omega(G)$ 和 $\alpha(G)$, 并判断各图是否是颜色临界图.

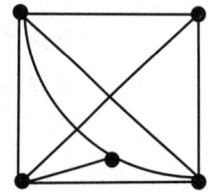 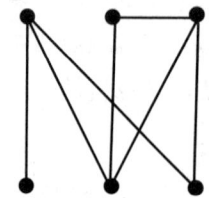 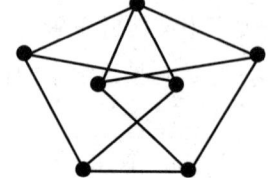

图 5.5.5 第 2 题的三个图

3. 新学期安排补考, 表 5.5.1 是上学期考试不及格的情况("×"表示不及格).

表 5.5.1　5 位同学的考试情况

| 学生 | 数学分析 | 高等代数 | 离散数学 | 解析几何 | 英语 |
|---|---|---|---|---|---|
| 张三 | × | × | — | — | — |
| 李四 | — | × | — | — | × |
| 王五 | — | × | × | × | — |
| 赵六 | × | × | — | × | — |
| 陈七 | — | — | × | × | × |

问至少需要安排几场考试才能使得这五位同学参加完所有的补考(注: 每场考试一个学生只能考一个科目, 但考场中的学生可以考不同的科目)

4. 有的书中将 $k$-临界图定义为: 如果 $\chi(G) = k$ 且对于 $G$ 的任意真子图 $H$, 有 $\chi(H) < \chi(G)$. 这种定义方式和本书中的定义等价吗?

5. 如果 $G$ 的度序列为 $d_1 \geq d_2 \geq \cdots \geq d_n$, 证明:

$$\chi(G) \leq 1 + \max_{i \in \{1, \cdots, n\}} \min\{d_i, i-1\}$$

(提示: 利用贪婪着色.)

6. 举例说明第 5 题中的上界确实优于 $\Delta(G) + 1$.

7. 证明: 任意图 $G$ 有一个顶点排序使得贪婪着色按照这个顺序进行时恰好使用 $\chi(G)$ 种颜色.

8. 证明: 对于任意图 $G$, 有 $\chi(G) \leq \max\{\delta(H) : H \subseteq G\} + 1$.

9. 设 $G$ 为非正则的连通图, 证明: $\chi(G) \leq \Delta(G)$. (不能利用定理 5.5.2.)

10. 图 $G$ 的边着色是指对 $G$ 的每一条边赋予一种颜色, 如果相邻边的颜色不同, 则称这种边着色为正常边着色(proper edge coloring). 边色数记为 $\chi'(G)$, 是对 $G$ 进行正常边着色所需要的最少颜色数.

(1) 证明: $\chi'(G) \geq \Delta(G)$. (由(3)可知许多图可以取到此下界.)

(2) 证明: 对完全图 $K_{2n-1}$, 有 $\chi'(K_{2n-1}) = 2n-1$;

对完全图 $K_{2n}$, 有 $\chi'(K_{2n}) = 2n-1$.

因此对于任意完全图 $K_n$, 有 $\Delta(K_n) = n-1 \leq \chi'(K_n) \leq \Delta(K_n) + 1 = n$. 这个结果不是偶然的, 因为一般的结论(Vizing 定理)是: 对简单图 $G$, 有 $\Delta(G) \leq \chi'(G) \leq \Delta(G) + 1$.

Vizing 定理说明边色数的取值只可能有两种情况, 然而要确定边色数到底等于 $\Delta(G)$ 还是等于 $\Delta(G) + 1$ 却是一个非常难的问题.

(3) 证明: 如果 $G$ 是二部图, 则 $\chi'(G) = \Delta(G)$. (该结论由 Konig 于 1916 年提出.)

# 第 6 章 代数结构

一个集合，如果定义其上的一种或多种代数运算，我们就称它是一个代数系统. 本章主要介绍格、群、环、域等几种代数系统. 近世代数(modern algebra)[1]或抽象代数就是研究代数系统的学科，是数学专业重要的一门基础课程.

作为离散数学的一章，我们没有用近世代数或抽象代数的名称，是想和传统的数学教材有所区别. 本章的目的仅是让计算机或信息科学背景的读者熟悉格、群、环、域等代数结构，了解一些基本的代数思想和方法.

## 6.1 代数系统

代数就是对运算的研究，我们熟知的数的加减乘除运算就属于代数的范畴. 但随着学习的深入，逐渐发现数不是我们唯一的研究对象，例如矩阵、函数、向量、多项式等都可以像数那样来进行运算. 虽然对象不同，但有时候一些运算具有相似的性质，例如数的加法和矩阵的加法都有交换律等. 抛开具体的对象，在一般集合上定义运算，研究运算的性质，这种从具体到一般的思想在数学中屡见不鲜. 下面就先来看一般集合上运算的定义.

### 6.1.1 代数运算

**定义 6.1.1** 设 $X$ 是一个集合，则 $X^2$ 到 $X$ 的一个映射 "∘" 称为 $X$ 上的一个代数运算或二元运算.

注意，$\forall x, y \in X$，$\circ(<x, y>)$ 常记为 $x \circ y$.

**例 6.1.1** 设 $x, y \in \mathbf{R}$，定义 $x \perp y = 2x - 4y$. 则 $\perp$ 是 $\mathbf{R}$ 上的二元运算.

由二元运算的定义我们容易得到 $n$ 元运算的定义.

---

[1] 现在来说，近世代数这个名字似乎有些过时，因为所包含的内容早已不那么"modern". 抽象代数，或者干脆直接叫代数(学)好像更合适些.

**定义 6.1.2** 设 $X$ 是一个集合, 则 $X^n$ 到 $X$ 的一个映射"。"称为 $X$ 上的一个 $n$ 元运算.

我们通常遇到的是一元运算和二元运算. 一般情况下, 我们简单地说运算时指的都是二元运算.

**例 6.1.2** 设 $x \in \mathbf{R}^+$, 则求平方根"$\sqrt{\phantom{x}}$"是 $\mathbf{R}^+$ 上的一元运算.

**定义 6.1.3** 设 $X$ 是一个集合, $X$ 及其上的若干个代数运算一起称为一个代数系统.

**例 6.1.3** $(\mathbf{R},\perp)$ 和 $(\mathbf{R}^+,\sqrt{\phantom{x}})$ 都是代数系统.

熟悉的加法"+"、减法"−"和乘法"×"都是 $\mathbf{R}$ 上的二元运算, 因此 $(\mathbf{R},+,−,\times)$ 是带了三个运算的代数系统.

下面介绍一类重要的代数系统, 我们将在后面详细研究它.

**定义 6.1.4** 集合 $X$ 到自身的映射称为 $X$ 的一个变换; 若此映射是单射(满射或双射), 则称此变换是单射变换(满射变换或双射变换); 每个元素与自身对应的变换显然是一个双射变换, 称为恒等变换.

**定义 6.1.5** 有限集 $X = \{1,2,\cdots,n\}$ 的双射变换 $\sigma$ 称为一个置换(permutation[1]).

上面的 $\sigma$ 常用符号表示为

$$\begin{bmatrix} 1 & 2 & \cdots & n \\ \sigma(1) & \sigma(2) & \cdots & \sigma(n) \end{bmatrix}$$

显然集合 $X$ 的置换 $\sigma$ 和 $X$ 的排列 $\sigma(1)\sigma(2)\cdots\sigma(n)$ 是一一对应的, 故 $X$ 共有 $\mathrm{P}(n,n) = n!$ 个置换[1]. 例如当 $n = 3$ 时, $X = \{1,2,3\}$ 共有 6 个置换, 分别为

$$\sigma_1 = \begin{bmatrix} 1 & 2 & 3 \\ 1 & 2 & 3 \end{bmatrix}, \sigma_2 = \begin{bmatrix} 1 & 2 & 3 \\ 1 & 3 & 2 \end{bmatrix}, \sigma_3 = \begin{bmatrix} 1 & 2 & 3 \\ 2 & 1 & 3 \end{bmatrix}$$

$$\sigma_4 = \begin{bmatrix} 1 & 2 & 3 \\ 2 & 3 & 1 \end{bmatrix}, \sigma_5 = \begin{bmatrix} 1 & 2 & 3 \\ 3 & 1 & 2 \end{bmatrix}, \sigma_6 = \begin{bmatrix} 1 & 2 & 3 \\ 3 & 2 & 1 \end{bmatrix}$$

注意, 同一个置换可以有 $n!$ 种不同写法, 例如

$$\sigma_2 = \begin{bmatrix} 1 & 2 & 3 \\ 1 & 3 & 2 \end{bmatrix} = \begin{bmatrix} 1 & 3 & 2 \\ 1 & 2 & 3 \end{bmatrix} = \begin{bmatrix} 2 & 1 & 3 \\ 3 & 1 & 2 \end{bmatrix}$$

$$= \begin{bmatrix} 2 & 3 & 1 \\ 3 & 2 & 1 \end{bmatrix} = \begin{bmatrix} 3 & 1 & 2 \\ 2 & 1 & 3 \end{bmatrix} = \begin{bmatrix} 3 & 2 & 1 \\ 2 & 3 & 1 \end{bmatrix}$$

分别用 $T(X)$ 和 $S(X)$ 表示 $X$ 上的所有变换和置换构成的集合, 定义它们上的运算。为映射的合成. 即 $\forall \sigma_1, \sigma_2 \in T(X)$, $\sigma_1 \circ \sigma_2$ 表示两个映射的合成, 称为变换的乘法. 我们常常省去运算符。, 仅记为 $\sigma_1 \sigma_2$. 有了乘法运算, 我们就可以称代数系统 $T(X)$ 和代数系统 $S(X)$ 了. 对于这种乘法, 我们看两个例子.

---

[1] 见 2.1 节脚注, 排列和置换是同一个单词"permutation".

$$\sigma_4\sigma_3 = \begin{bmatrix} 1 & 2 & 3 \\ 2 & 3 & 1 \end{bmatrix}\begin{bmatrix} 1 & 2 & 3 \\ 2 & 1 & 3 \end{bmatrix} = \begin{bmatrix} 1 & 2 & 3 \\ 3 & 2 & 1 \end{bmatrix}$$

$$\sigma_3\sigma_4 = \begin{bmatrix} 1 & 2 & 3 \\ 2 & 1 & 3 \end{bmatrix}\begin{bmatrix} 1 & 2 & 3 \\ 2 & 3 & 1 \end{bmatrix} = \begin{bmatrix} 1 & 2 & 3 \\ 1 & 3 & 2 \end{bmatrix}$$

映射的概念使两个集合联系了起来,但单独考虑集合没有多大意义. 在研究带有某种结构(代数、拓扑或序结构)的集合时,我们往往给映射赋予额外的"结构"信息. 对于代数系统来说,我们自然要求映射要"保持运算".

**定义 6.1.6** 设 $(X, \circ)$ 和 $(Y, *)$ 是两个代数系统, $f$ 是 $X$ 到 $Y$ 的一个映射. 如果 $\forall x, y \in X$, 有 $f(x \circ y) = f(x) * f(y)$, 则称 $f$ 是两个代数系统之间的同态映射 [1]. 同态的双射称为同构映射.

同构映射是数学中非常重要的概念. 如果两个代数系统之间存在同构映射, 则称两个代数系统是同构的. 同构的代数系统有相同的代数结构, 也就是说, 抽象地看同构的代数系统都是一样的没有什么区别.

### 6.1.2 格和群

本节介绍两类重要的代数系统,先来介绍格的概念.

**定义 6.1.7** 设 $X$ 是非空集合, $\wedge$ 和 $\vee$ 是 $X$ 上的两个二元运算, 如果 $\forall x, y, z \in X$, 有

(1) 交换律: $x \wedge y = y \wedge x, x \vee y = y \vee x$.

(2) 结合律: $x \wedge (y \wedge z) = (x \wedge y) \wedge z, x \vee (y \vee z) = (x \vee y) \vee z$.

(3) 吸收律: $x \wedge (x \vee y) = x, x \vee (x \wedge z) = x$.

则称 $(X, \vee, \wedge)$ 是一个格.

**注 6.1.1** (1) 由定义 6.1.7 可知,格就是特殊的代数系统,所谓特殊是指两个二元运算满足交换律、结合律和吸收律. $\wedge$ 和 $\vee$ 分别称为交和并运算.

(2) 在第 1 章我们已经介绍了格的概念,在那里我们从偏序出发,定义了两个元素的最小上界和最大下界(分别用 $\vee$ 和 $\wedge$ 表示). 而这里没有定义任何偏序关系, $\wedge$ 和 $\vee$ 只是表示两个二元运算. 当然我们也可以用其他符号来表示这两个二元运算(很多离散数学教材都是这么做的),但是从定义 6.1.7 中的交和并运算出发可以定义一种偏序(习题 6.1 第 3 题),格中任意两个元素在这种偏序下的最大下界和最小上界运算就是交和并运算,所以这里我们仍用 $\wedge$ 和 $\vee$ 这两个符号 (就像大多数格论教材一样). 这两种定义方式是等价的.

**例 6.1.4** 设 $X = \{a, b, c, d\}$, $X$ 上的两个二元运算 $\vee$ 和 $\wedge$ 的定义分别如表 6.1.1 和表 6.1.2 所示.

---

[1] 定义 6.1.6 中的代数系统带有一个二元运算,对于带有一元运算或者带有多个运算的代数系统可以类似地定义同态映射.

表 6.1.1 $X$ 上的二元运算 $\vee$

| $\vee$ | $a$ | $b$ | $c$ | $d$ |
| --- | --- | --- | --- | --- |
| $a$ | $a$ | $b$ | $c$ | $d$ |
| $b$ | $b$ | $b$ | $d$ | $d$ |
| $c$ | $c$ | $d$ | $c$ | $d$ |
| $d$ | $d$ | $d$ | $d$ | $d$ |

表 6.1.2 $X$ 上的二元运算 $\wedge$

| $\wedge$ | $a$ | $b$ | $c$ | $d$ |
| --- | --- | --- | --- | --- |
| $a$ | $a$ | $a$ | $a$ | $a$ |
| $b$ | $a$ | $b$ | $a$ | $b$ |
| $c$ | $a$ | $a$ | $c$ | $c$ |
| $d$ | $a$ | $b$ | $c$ | $d$ |

可以验证,这两个二元运算满足定义 6.1.7 的条件,故 $(X,\vee,\wedge)$ 是一个格. 这两个运算表刻画了格 $(X,\vee,\wedge)$ ,但是这些表格好像远没有第 1 章介绍的格的 Hasse 图直观. 我们想要画出此格的 Hasse 图,就要先了解它的偏序关系 $\leqslant$. 定义偏序关系为

$$\forall x,y \in X, x \leqslant y \text{ 当且仅当 } x \vee y = y$$

于是有 $a \leqslant b \leqslant d, a \leqslant c \leqslant d$ ,因此格 $(X,\vee,\wedge)$ 的 Hasse 图如图 6.1.1(a)所示.

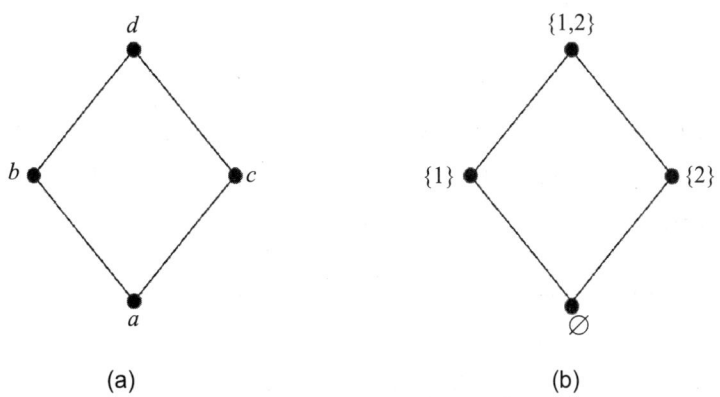

图 6.1.1 格 $(X,\vee,\wedge)$ 的 Hasse 图

**定义 6.1.8** $\forall x,y,z \in X$, 若格 $(X,\vee,\wedge)$ 满足分配律:

$$x \wedge (y \vee z) = (x \wedge y) \vee (x \wedge z), x \vee (y \wedge z) = (x \vee y) \wedge (x \vee z)$$

则称 $(X,\vee,\wedge)$ 是分配格.

若格中存在 $0,1 \in X$,使得

$$0 \wedge x = 0, 0 \vee x = x, 1 \wedge x = x, 1 \vee x = 1$$

则称 $(X, \vee, \wedge)$ 为有界格.

对于有界格 $(X, \vee, \wedge)$，若 $X$ 上的一元运算 $'$ 满足

$$\forall x \in X, \quad x' \wedge x = 0, x' \vee x = 1$$

则称 $(X, \vee, \wedge)$ 为有补格，$x'$ 称为 $x$ 的补.

**定义 6.1.9** 如果 $X$ 上的两个二元运算 $\wedge$ 和 $\vee$ 和一元运算 $'$ 满足定义 6.1.7 和定义 6.1.8 中的所有条件，则称代数系统 $(X, \vee, \wedge, ')$ 为布尔代数(或布尔格).

现在我们知道布尔代数是一种特殊的代数系统，根据代数系统同构的概念我们给出下面的定义.

**定义 6.1.10** 设 $f$ 是布尔代数 $(X, \vee, \wedge, ')$ 和 $(Y, \vee, \wedge, ')$ 之间的一个双射，如果 $f$ 保持并、交和补运算，即

$$f(x_1 \vee x_2) = f(x_1) \vee f(x_2), f(x_1 \wedge x_2) = f(x_1) \wedge f(x_2) \ (\forall x_1, x_2 \in X)$$
$$f(x') = f(x)' \ (\forall x \in X)$$

则称 $f$ 是布尔代数 $(X, \vee, \wedge, ')$ 和 $(Y, \vee, \wedge, ')$ 之间的一个同构映射，称这两个布尔代数是同构的.

**注 6.1.2** (1) 上面我们看到布尔代数是一个集合带上三种特殊运算的代数系统，因此布尔代数同构就是要求存在保持这三种运算的双射. 布尔代数作为格同构只要求保持并和交运算，但作为布尔代数同构却还要求保持补运算. 这其实是一致的，因为可以证明格同构一定保持补运算(习题 1.4 第 9 题). 另外有的教材要求布尔代数同构还要保持 0 和 1，这一点同样可以从格同构推出.

(2) 严格地讲定义 6.1.9 中两个布尔代数的并、交和补运算应该用不同的符号(例如用 $\vee_1, \vee_2$ 分别表示两个布尔代数中的并运算等). 数学讲究简洁美，那样做显得非常烦琐，因此本教材涉及此类问题时都采用一般格论教材的处理方式，请读者自明.

**例 6.1.5** (续例 6.1.4) 考虑 $X$ 上的一元运算，如表 6.1.3 所示.

表 6.1.3 $X$ 上的一元运算 $'$

| 运算符 | $a$ | $b$ | $c$ | $d$ |
|---|---|---|---|---|
| $'$ | $d$ | $c$ | $b$ | $a$ |

可验证此一元运算为 $X$ 上的补运算 $(0 = a, 1 = d)$. 另外，容易验证 $(X, \vee, \wedge)$ 是分配格，因此 $(X, \vee, \wedge, ')$ 是布尔代数.

**例 6.1.6** 设 $Y = \{1, 2\}$，考虑幂集格 $(2^Y, \subseteq)$(参考例 1.4.5)，显然例 6.1.5 中的布尔代数 $(X, \vee, \wedge, ')$ 和布尔格 $(2^Y, \subseteq)$ 是同构的(参考图 6.1.1). 注意这里布尔格 $(2^Y, \subseteq)$ 是按照第 1 章定义格的方式表示的(即集合 $X$ 加上偏序 $\subseteq$)，若按照代数系统的表示方法，$(2^Y, \subseteq)$ 应该记为 $(2^Y, \cup, \cap, \sim)$，其中 $\cup, \cap, \sim$ 分别表示集合的并、交、补运算.

下面来介绍群的概念,也是本章最重要的概念.

**定义 6.1.11**  设 $(X,\circ)$ 是一个代数系统,若二元运算 $\circ$ 满足

(1) 结合律: $x\circ(y\circ z)=(x\circ y)\circ z$ $(\forall x,y,z\in X)$.

(2) 单位元: 存在 $e\in X$, 使得 $e\circ x=x\circ e=x$ $(\forall x\in X)$.

(3) 逆元: 存在 $x-1\in X$, 使得 $x\circ x^{-1}=x^{-1}\circ x=e$ $(\forall x\in X)$.

则称 $(X,\circ)$ 是一个群. 定义中的 $e$ 称为群的单位元, $x^{-1}$ 称为 $x$ 的逆元. 若还满足

(4) 交换律: $x\circ y=y\circ x$ $(\forall x,y\in X)$.

则称 $(X,\circ)$ 是一个交换群或 Abel[1] 群.

设 $(X,\circ)$ 是一个群, 若不需要凸显运算 $\circ$, 我们通常直接称为群 $X$. 对于群 $X$, 若 $|X|=n$ ($n$ 为正整数), 则称 $X$ 为有限群, 且称 $n$ 为群 $X$ 的阶; 否则称其为无限群. 群中的运算叫什么或用什么符号表示没有本质的区别, 为了方便起见, 在不引起混淆的情况下, 群中的代数运算通常称为"乘法", 而 $x\circ y$ 也常记为 $x*y, xy$.

**例 6.1.7**  考虑实数集合 $\mathbf{R}$ 及其上的加法运算. 实数加法满足结合律, 加法运算的单位元为 0, 对于任意实数 $x$ 的逆元是 $-x$, 加法还有交换律, 因此 $(\mathbf{R},+)$ 是一个交换群. 而除 0 之外的实数及乘法运算 $(\mathbf{R}-\{0\},\times)$ 也构成一个交换群, 这个群的单位元为 1, 对于任意实数 $x$ 的逆元是 $1/x$.

一般地, 若交换群中的运算用加号"+"表示, 我们通常称其为一个加群. 例如整数集合 $\mathbf{Z}$ 及其上的加法就构成一个群, 称为整数加群. 加群中的单位元常用 0 表示, 元素 $x$ 的逆元就表示为 $-x$.

**例 6.1.8**  正整数集合 $\mathbf{Z}^+$ 及其上的普通乘法构成的代数系统不是群. 这个代数系统满足结合律, 且单位元为 1, 但因为任意正整数未必存在逆元, 故它不是群.

**例 6.1.9**  正整数集合 $\mathbf{Z}^+$ 及其上的普通加法构成的代数系统不是群. 这个代数系统满足结合律, 但无单位元.

像上面两个例子中满足结合律的代数系统称为半群, 含有单位元的半群称为幺半群 (monoid). 习题 6.1 第 4 题给出了一个半群是群的充要条件.

### 6.1.3 群的例子

**例 6.1.10(一般线性群)**  $\mathrm{GL}_n(\mathbf{R})$ 和 $M_n(\mathbf{R})$ 分别是全体 $n\times n$ 实可逆矩阵和全体 $n\times n$ 实矩阵构成的集合.

$M_n(\mathbf{R})$ 中的加法运算满足交换律和结合律, 加法意义下的单位元为零矩阵(即所有位置

---

[1] Niels Abel (1802—1829), 挪威著名数学家. Abel 和法国著名数学家 Evariste Galois (1811—1832) 彻底解决了数学史上长期悬而未决的难题: 五次和五次以上方程的根式解问题. 由于 Abel 发现了方程的 Galois 群的交换性可以推出求根公式的存在性, 因此法国数学家 Camille Jordan (1838—1922, 发现了 Jordan 标准型)将交换群称为 Abel 群. 2003 年设立的 Abel 奖现为数学界的最高荣誉之一.

元素均为 0)且任意 $n \times n$ 实矩阵都有逆元. 因此 $M_n(\mathbf{R})$ 在矩阵加法下构成交换群. $M_n(\mathbf{R})$ 在乘法意义下是幺半群: 单位元为单位矩阵, 但任意 $n \times n$ 实矩阵未必是可逆的, 所以未必有逆元.

$GL_n(\mathbf{R})$ 在矩阵加法下构成交换群; $GL_n(\mathbf{R})$ 及其上的矩阵乘法构成群, 称为一般线性群(general linear group), 但一般线性群 $GL_n(\mathbf{R})$ 不是交换群. 注意这里的 $\mathbf{R}$ 可换为复数域 $\mathbf{C}$ 或有理数域 $\mathbf{Q}$ [1].

**例 6.1.11($n$ 次单位根群)**  所谓 $n$ 次单位根是指方程 $x^n=1$ 的 $n$ 个复数解, 具体为

$$x_k = \cos\frac{2k\pi}{n} + i\sin\frac{2k\pi}{n} \quad (k=0,1,2,\cdots,n-1)$$

首先, 复数的乘法显然满足结合律和交换律:

$$[\rho_1(\cos\theta_1 + i\sin\theta_1)][\rho_2(\cos\theta_2 + i\sin\theta_2)] = \rho_1\rho_2[\cos(\theta_1+\theta_2) + i\sin(\theta_1+\theta_2)]$$

其次, 单位元为 1(即 $\cos 0 + i\sin 0$).

最后, 对于任意 $n$ 次单位根 $x_k$, 由于

$$x_k x_{n-k} = \cos(\frac{2k\pi}{n} + \frac{2(n-k)\pi}{n}) + i\sin(\frac{2k\pi}{n} + \frac{2(n-k)\pi}{n}) = 1$$

故 $x_{n-k}$ 为 $x_k$ 的逆元 [2]. 因此所有 $n$ 次单位根及复数的乘法运算构成了一个交换群, 称为 $n$ 次单位根群.

当 $n=6$ 时, $n$ 次单位根如图 6.1.2 所示.

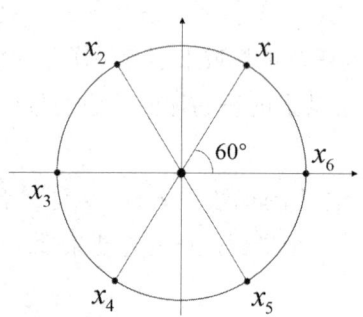

图 6.1.2  $n=6$ 时的 $n$ 次单位根

**例 6.1.12($n$ 元对称群)**  前面介绍了置换的概念, 下面考虑集合 $X(|X|=n)$ 的所有置换

---

1 在线性代数或高等代数中常遇到数域的概念, 常见的有实数域、有理数域和复数域. 所谓数域是指这些数集上的加法和乘法运算满足一定的性质. 我们将在 6.5 节介绍域的概念, 也就是说, 我们其实早就接触到了域这类特殊的代数系统, 只是没有明确它的抽象定义而已.

2  $k=0$ 时, $n-k=n$. 我们并没有定义 $x_n$, 但其实 $x_n=x_0=1$, 即 $x_0$ 的逆就是它自己. 为了简洁统一, 我们未分开论述.

构成的代数系统. 设 $\sigma$ 是 $X$ 的一个置换, 即 $X$ 到自身的一个双射, 则 $\sigma$ 的逆映射和 $\sigma$ 复合就是恒等变换. 因为映射的复合满足结合律, 所以集合 $X$ 上的所有置换构成一个群, 称为 $n$ 元对称群, 记为 $S_n$.

$n$ 元对称群的子群称为置换群, 我们将在 6.3 节详细研究这类群. 为了后面更好的理解置换群, 我们以 $S_3$ 为例结束本节的讨论. $X=\{1,2,3\}$ 共有 6 个置换, 分别为

$$\sigma_1 = \begin{bmatrix} 1 & 2 & 3 \\ 1 & 2 & 3 \end{bmatrix}, \sigma_2 = \begin{bmatrix} 1 & 2 & 3 \\ 1 & 3 & 2 \end{bmatrix}, \sigma_3 = \begin{bmatrix} 1 & 2 & 3 \\ 2 & 1 & 3 \end{bmatrix}$$

$$\sigma_4 = \begin{bmatrix} 1 & 2 & 3 \\ 2 & 3 & 1 \end{bmatrix}, \sigma_5 = \begin{bmatrix} 1 & 2 & 3 \\ 3 & 1 & 2 \end{bmatrix}, \sigma_6 = \begin{bmatrix} 1 & 2 & 3 \\ 3 & 2 & 1 \end{bmatrix}$$

以 $\sigma_2$ 为例, 它把 2 变为 3, 把 3 变为 2, 称其为一个 2-轮换. 由于 1 在 $\sigma_2$ 作用下未变, 因此可以用(23)表示这个置换. 类似地, 用(12)表示 $\sigma_3$, (123)表示 $\sigma_4$, (132)表示 $\sigma_5$, (13)表示 $\sigma_6$, 而恒等置换 $\sigma_1$ 就简单表示为(1). 当然这样的表述法不唯一, 例如 $\sigma_5 = (132) = (321) = (213)$.

这样 $S_3$ 的所有元素就是(1), (12), (13), (23), (123), (132).

## 习题 6.1

1. 例 6.1.1 中的代数运算是否构成 **R** 上的群?
2. 正整数集合上的运算

$$a * b = a + b + \frac{ab}{2}$$

是半群吗? 是幺半群吗? 是群吗?

3. 设 $(X, \vee, \wedge)$ 是一个格, 定义 $X$ 上的二元关系为

$$\forall x, y \in X, x \leqslant y \text{ 当且仅当 } x \vee y = y$$

证明: $\leqslant$ 是 $X$ 上的偏序关系.

4. 设 $X$ 是一个半群, 证明: $X$ 是群的充要条件是 $\forall a, b \in X$, 方程组

$$ax = b, ya = b$$

在 $X$ 中都有解.

5. $S_3$ 是交换群吗?
6. 证明: 若群中的每个元素 $x$ 都满足 $x^2 = e$ ($e$ 为单位元), 则此群为交换群.

## 6.2 子群和商群

本节我们首先介绍生成新群的方法: 子群和商群, 然后介绍建立群之间联系的特殊映射: 群同态.

### 6.2.1 子群

上一节学习了群的概念, 群是集合及其上满足某些性质的一个代数运算. 那么集合的子集上能否诱导出群结构呢？这里诱导的意思是子集上的代数运算由原来的群的代数运算而来.

**定义 6.2.1**  设 $(X, \circ)$ 是一个群, $Y$ 是 $X$ 的一个子集. 如果 $\circ$ 也是 $Y$ 上的代数运算且满足群的定义, 则称 $(Y, \circ)$ 是 $(X, \circ)$ 的子群, 记为 $Y \leqslant X$.

这里的论述有些啰唆, 其实简单地说就是如果群 $X$ 的乘法对其子集 $Y$ 也构成一个群, 则称 $Y$ 是 $X$ 的一个子群. 我们在定义中记为群 $(X, \circ)$ 而非群 $X$ 是为了突出子群和原来的群的代数运算的一致性. 当然严格来说, $(Y, \circ)$ 和 $(X, \circ)$ 中的代数运算是不一样的, 因为定义的集合不一样, 但这样表述显然不会引起混淆.

任何一个群 $X$ 至少有两个子群: 一个是 $X$ 本身, 另一个是单位元构成的子群 $\{e\}$. 这两个群称为平凡子群, 其余子群称为非平凡子群.

**例 6.2.1**  整数及普通加法构成一个交换群, 称为整数加群. 设 $\mathbf{Z}_{2n}$ 是全体偶数构成的集合, 则 $\mathbf{Z}_{2n}$ 是整数加群 $\mathbf{Z}$ 的子群. 正整数集合 $\mathbf{Z}^+$ 不是整数加群 $\mathbf{Z}$ 的子群, 因为没有单位元 0, 且元素没有逆元. 注意, 只是说 $\mathbf{Z}^+$ 不是整数加群 $\mathbf{Z}$ 的子群, $\mathbf{Z}^+$ 上当然可以定义其他的代数运算从而构成群. 例如定义

$$x * y = 1 (\forall x, y \in \mathbf{Z}^+)$$

则显然 $(\mathbf{Z}^+, *)$ 是一个群. 但这个群或者运算 $*$ 和整数加群的加法运算没有任何关系, 从中可以体会子群里面的"子"暗含子群的运算来自原来的群, 有时可以说由某运算遗传或诱导而来.

设 $Y$ 是 $X$ 的一个子群, $y \in Y$, 那么 $y$ 在子群 $Y$ 和群 $X$ 都有一个逆元, 这两个逆元相同吗？

**定理 6.2.1**  设 $Y$ 是 $X$ 的一个子群, 则子群 $Y$ 的单位元就是群 $X$ 的单位元, $Y$ 中元素 $a$ 在 $Y$ 中的逆元就是 $a$ 在 $X$ 中的逆元.

**证明**  设 $e'$ 是子群 $Y$ 的单位元, $e$ 是群 $X$ 的单位元, 则

$$e'e' = e' = e'e$$

于是由消去律可得 $e' = e$.

同样, 设 $a'$ 是 $a$ 在 $Y$ 中的逆元, $a^{-1}$ 是 $a$ 在 $X$ 中的逆元, 则

$$a'a = a^{-1}a = e$$

于是由消去律可得 $a' = a^{-1}$.

由例 6.2.1 可知并非群的所有子集都可以构成子群, 下面给出子集构成子群的充要条件.

**定理 6.2.2**  群 $X$ 的一个非空子集 $Y$ 构成子群的充要条件是:

(1) $a, b \in Y \Rightarrow ab \in Y$.

(2) $a \in Y \Rightarrow a^{-1} \in Y$.

**证明** 必要性. 设 $Y$ 是 $X$ 的子群, 则 $X$ 的代数运算也是 $Y$ 的代数运算, 因此当 $a,b \in Y$ 时有 $ab \in Y$; 另外, 由定理 6.2.1 可知, 当 $a \in Y$ 时有 $a^{-1} \in Y$.

充分性. 设 $Y$ 满足(1)与(2)两个条件, 则(1)说明 $X$ 的代数运算也是 $Y$ 的代数运算, 结合律在 $X$ 中成立自然在 $Y$ 中也成立; 又根据(2), 当 $a \in Y$ 时 $a^{-1} \in Y$, 结合(1)可得

$$aa^{-1} = e \in Y$$

即 $Y$ 中有单位元 $e$, 且每个元素都有逆元, 因此 $Y$ 是 $X$ 的一个子群.

下面我们介绍关于子群和群的阶的一个重要结论.

**定义 6.2.2** 设 $Y$ 是 $X$ 的一个子群, $x \in X$, 则称集合

$$xY = \{xy \mid y \in Y\}$$

为群 $X$ 关于子群 $Y$ 的一个左陪集; 称集合

$$Yx = \{yx \mid y \in Y\}$$

为群 $X$ 关于子群 $Y$ 的一个右陪集.

**例 6.2.2** 如例 6.2.1 所述, $\mathbf{Z}_{2n}$ 是整数加群 $\mathbf{Z}$ 的子群, 有

$$3\mathbf{Z}_{2n} = \{\cdots, -12, -6, 0, 6, 12, \cdots\}$$
$$\mathbf{Z}_{2n}3 = \{\cdots, -12, -6, 0, 6, 12, \cdots\}$$

上例中, $3\mathbf{Z}_{2n} = \mathbf{Z}_{2n}3$, 因为整数加群是交换群. 一般情况下, 左右陪集未必相等.

**例 6.2.3** 考虑 $S_3$ (3 元对称群), 其 6 个元素 (即 $X = \{1,2,3\}$ 共有的 6 个置换)分别为

$$\sigma_1 = \begin{bmatrix} 1 & 2 & 3 \\ 1 & 2 & 3 \end{bmatrix}, \sigma_2 = \begin{bmatrix} 1 & 2 & 3 \\ 1 & 3 & 2 \end{bmatrix}, \sigma_3 = \begin{bmatrix} 1 & 2 & 3 \\ 2 & 1 & 3 \end{bmatrix}$$
$$\sigma_4 = \begin{bmatrix} 1 & 2 & 3 \\ 2 & 3 & 1 \end{bmatrix}, \sigma_5 = \begin{bmatrix} 1 & 2 & 3 \\ 3 & 1 & 2 \end{bmatrix}, \sigma_6 = \begin{bmatrix} 1 & 2 & 3 \\ 3 & 2 & 1 \end{bmatrix}$$

由例 6.1.12 可知这 6 个元素可简记为(1), (12), (13), (23), (123), (132). $Y = \{(1), (12)\}$ 是 $S_3$ 的一个子群. 而(13)(12)=(123), 这是因为(12)这个元素(即 $X$ 上的置换)把 1 变为 2, 而(13)把 2 还是变为 2, 因此(13)(12)把 1 变为 2; (12)这个元素把 2 变为 1, 而(13)把 1 变为 3, 因此(13)(12)把 2 变为 3; (12)这个元素把 3 变为 3, 而(13)把 3 变为 1, 因此(13)(12)把 3 变为 1. 类似地可得(12)(13)=(132). 这就说明 $S_3$ 不是交换群(见习题 6.1 第 5 题). 又有

$$(13)Y = \{(13),(123)\}, \quad Y(13) = \{(13),(132)\}$$

所以 $(13)Y \neq Y(13)$.

下面我们仅讨论群 $X$ 关于子群 $Y$ 的左陪集, 而右陪集有类似的结论.

**定理 6.2.3** 设 $Y$ 是 $X$ 的一个子群, 则 $\{aY \mid a \in X\}$ 是 $X$ 的一个划分.

**证明** 由于 $\forall x \in X$, 有 $xe \in xY$, 故只需证明若 $aY \cap bY \neq \varnothing$, 则 $aY = bY$.

设 $c \in aY \cap bY$，下证 $cY = aY$．

设 $c = ay\ (y \in Y)$，则 $cY = ayY = aY$（由于 $Y$ 是子群，$\forall z \in Y$，有 $yz \in Y$，故易得 $ayY = a(yY) = aY$）．

同理可证 $cY = bY$．

因此 $aY = bY$．

**例 6.2.4**  $Y = \{(1),(12)\}$ 是 $S_3$ 的一个子群，且有

$$(1)Y = (12)Y = \{(1),(12)\}$$
$$(13)Y = (123)Y = \{(13),(123)\}$$
$$(132)Y = (23)Y = \{(132),(23)\}$$

故共有 3 个不同的左陪集构成了 $S_3$ 的一个划分．

我们给上例中的 3 起一个名字，称为 $Y$ 在 $S_3$ 里的指数．

**定义 6.2.3**  群 $X$ 关于子群 $Y$ 的不同的左陪集的个数称为 $Y$ 在 $X$ 里的指数，记为 $(X:Y)$．根据定义可知 $(S_3:Y) = 3$，当然指数也可能无限．下面给出关于群、子群的阶和指数的重要关系．

**定理 6.2.4(拉格朗日[1]定理)**  设 $Y$ 是 $X$ 的一个子群，则

$$|X| = |Y|(X:Y)$$

**证明**  令 $(X:Y) = s$，则

$$X = a_1 Y \cup a_2 Y \cup \cdots \cup a_s Y \tag{6.2.1}$$

是 $X$ 关于 $Y$ 的左陪集构成的 $X$ 的一个划分．易知

$$\varphi: a_i y \to a_j y\ (\forall y \in Y)$$

是左陪集 $a_i Y$ 到 $a_j Y$ 的一个双射，从而 $|a_i Y| = |a_j Y|$．于是有

$$|a_1 Y| = \cdots = |a_s Y| = |Y|$$

因此由式 (6.2.1) 可知 $|X| = |Y|s$，即

$$|X| = |Y|(X:Y)$$

我们知道有限群 $X$ 的阶就是 $|X|$，下面介绍群中元素的阶．

**定义 6.2.4**  设 $x$ 是群 $X$ 中的一个元素，则满足

$$x^n = e$$

---

[1] 拉格朗日(Lagrange, 1736—1813)，法国籍意大利裔著名数学家，大学阶段熟知的微积分中的拉格朗日中值定理、最优化里面的拉格朗日乘数法、数值分析中的拉格朗日插值等都归功于他．

的最小正整数 $n$ 称为 $x$ 的阶. 如果这样的最小正整数不存在, 则称 $x$ 的阶为无限.

注意这里 $x^n = \underbrace{xx\cdots x}_{n\text{个}}$, 即 $n$ 个 $x$ 相乘. 这里说"相乘"是因为群里的代数运算我们一般称为"乘法", 当然对于不同的群, 具体运算规则是不同的. 同时规定

$$x^0 = e, x^{-n} = (x^{-1})^n = \underbrace{x^{-1}x^{-1}\cdots x^{-1}}_{n\text{个}}$$

例如, 整数加群中所有非零元素的阶都为无限; $S_3$ 中 (12) 的阶为 2, (123) 的阶为 3.

由拉格朗日定理可以得出如下有用的推论.

**推论 6.2.1**  有限群中每个元素的阶都整除群的阶.

**证明**  设 $x$ 是有限群 $X$ 中的一个 $n$ 阶元素, 则

$$\{e, x, x^2, \cdots, x^{n-1}\}$$

是 $X$ 的一个 $n$ 阶子群(证明留作习题). 由拉格朗日定理可知 $n \mid |X|$.

## 6.2.2 商群

我们已经知道, 对一个群 $X$ 的子群 $Y$ 来说, 左陪集 $xY$ 和右陪集 $Yx$ 未必相等. 但有些子群具有左右陪集相等的性质, 这类群非常重要.

**定义 6.2.5**  设 $Y$ 是 $X$ 的一个子群. 如果 $\forall x \in X$, 都有

$$xY = Yx$$

则称 $Y$ 是 $X$ 的正规子群, 记为 $X \trianglelefteq Y$.

由于交换群的左、右陪集都相等, 因此交换群的子群都是正规子群. 我们一般关心的是非交换群的正规子群.

**例 6.2.5**  由例 6.2.3 可知, $\{(1),(12)\}$ 是 $S_3$ 的一个子群, 但不是正规子群. 类似地, $\{(1),(13)\}$, $\{(1),(23)\}$ 也都不是 $S_3$ 的正规子群, 而 $\{(1),(123),(132)\}$ 是 $S_3$ 的正规子群.

正规子群之所以重要, 是因为它的全体陪集对于子集的乘法又可以构成一个新群. 我们先定义这种"乘法".

**定义 6.2.6**  设 $Y$ 是 $X$ 的一个正规子群, 对任意的两个陪集 $xY$ 和 $zY$, 定义

$$(xY)(zY) = (xz)Y$$

我们定义了陪集的运算, 还需要说明这个定义是合理的. 所有陪集构成了 $X$ 的一个划分, 通过第 1 章的学习我们知道划分和等价类是一回事, 而等价类中的任意元素都可以表示这个等价类. 因此 $\forall a \in xY$, 有 $aY = xY$. 类似地, $\forall b \in zY$, 有 $bY = zY$. 下面我们需要验证的是虽然同一等价类用了不同的代表元表示, 但按照我们定义的乘法, 结果应该相等. 也就是说, 我们定义的乘法和代表元的选取无关. 由群中运算的结合律, 有

$$(ab)Y = a(bY) = a(zY) = a(Yz) = (aY)z = (xY)z = x(Yz) = x(zY) = (xz)Y$$

故这样的定义是合理的.

另外, 定义 6.2.6 定义的陪集的运算显然满足结合律, 单位元为 $eY = Y$, $xY$ 的逆元为 $x^{-1}Y$, 因此全体陪集及上面定义的运算就构成了一个群, 记为 $X/Y$, 称为 $X$ 关于正规子群 $Y$ 的商群.

**例 6.2.6** 由例 6.2.5 可知, $\{(1),(123),(132)\}$ 是 $S_3$ 的正规子群, 其上的陪集有

$$(1)\{(1),(123),(132)\} = (123)\{(1),(123),(132)\}$$
$$= (132)\{(1),(123),(132)\}$$
$$= \{(1),(123),(132)\}$$

$$(12)\{(1),(123),(132)\} = (13)\{(1),(123),(132)\}$$
$$= (23)\{(1),(123),(132)\}$$
$$= \{(12),(13),(23)\}$$

设 $Y = \{(1),(123),(132)\}$, 则 $S_3$ 关于 $Y$ 的商群 $S_3/Y = \{Y,(12)Y\}$, $Y$ 为单位元.

## 习题 6.2

1. 令 $K_4 = \{(1),(12)(34),(13)(24),(14)(23)\}$, 证明: $K_4$ 是 4 元对称群 $S_4$ 的一个子群. $K_4$ 也称为 Klein 四元群, Klein 四元群是交换群吗?

2. 任意个子群的交一定是子群吗? 任意个子群的并一定是子群吗?

3. 证明: 群 $X$ 的非空子集 $Y$ 构成子群的充要条件为

$$a,b \in Y \Rightarrow ab^{-1} \in Y$$

4. 设 $x$ 是有限群 $X$ 中的一个 $n$ 阶元素, 证明:

$$\{e,x,x^2,\cdots,x^{n-1}\}$$

是 $X$ 的一个 $n$ 阶子群.

5. 设群 $X$ 中元素 $a$ 的阶是 $n$, 证明:

$$a^m = e \Leftrightarrow n \mid m$$

6. 设群 $X$ 中元素 $a$ 的阶是 $n$, 证明:

$$|a^k| = \frac{n}{(k,n)}$$

式中 $k$ 为任意整数, $(k,n)$ 为 $k$ 与 $n$ 的最大公因数.

7. Klein 四元群是 $S_4$ 的正规子群吗?

8. 正规子群的正规子群一定是原来的群的正规子群吗?

## 6.3 循环群和对称群

本节研究两类重要的群: 循环群和对称群. 然后指出在同构意义下, 任何群都和某个变换群相同; 任何有限群都和对称群的某个子群相同.

### 6.3.1 循环群

设 $Y$ 是群 $X$ 的一个非空子集, 则 $Y$ 未必是 $X$ 的子群, 但是包含 $Y$ 的所有子群的交仍是 $X$ 的子群(习题 6.2 第 2 题), 称为由 $Y$ 生成的子群, 记为 $\langle Y \rangle$. 显然 $\langle Y \rangle$ 是 $X$ 中包含 $Y$ 的最小子群, $Y$ 也称为 $\langle Y \rangle$ 的生成系.

由一个元素 $x$ 生成的群 $X$ 称为循环群, 记为 $\langle x \rangle$, $x$ 也称为 $\langle x \rangle$ 的生成元. 若群中运算用乘法表示, 则

$$\langle x \rangle = \{\cdots, x^{-2}, x^{-1}, x^0, x^1, x^2, \cdots\}$$

即 $\langle x \rangle$ 中的任意元素可以写为 $x^k$ ($k$ 为整数). 若群中运算用加法表示, 则

$$\langle x \rangle = \{\cdots, -2x, -x, 0, x, 2x, \cdots\}$$

即 $\langle x \rangle$ 中的任意元素可以写为 $kx$ ($k$ 为整数).

**例 6.3.1** 整数加群 $\mathbf{Z}$ 是无限循环群, 1 为其生成元. 即

$$\mathbf{Z} = \{k1 \mid k \in \mathbf{Z}\} = \langle 1 \rangle$$

也就是说整数加群 $\mathbf{Z}$ 中任何一个元素都可以通过 1 和加法生成.

**例 6.3.2** 设 $n$ 为正整数, 整数加群 $\mathbf{Z}$ 的加法子群

$$n\mathbf{Z} = \{kn \mid k \in \mathbf{Z}\}$$

也是一个循环群. 因为 $n\mathbf{Z}$ 中的任何元素 $kn$ 都可以通过 $n$ 和加法生成, 即循环群 $n\mathbf{Z}$ 的生成元为 $n$. $n\mathbf{Z}$ 也是一个无限循环群.

**例 6.3.3** $n$ 次单位根群是一个循环群. 回忆例 6.1.11 中的 $n$ 次单位根是指方程 $x^n = 1$ 的 $n$ 个复数解, 具体为

$$x_k = \cos\frac{2k\pi}{n} + i\sin\frac{2k\pi}{n} \quad (k = 0, 1, 2, \cdots, n-1)$$

由复数乘法可得 $x_k = (x_1)^k$ ($k = 0, 1, 2, \cdots, n-1$), 即任意 $n$ 次单位根都可以由 $x_1$ 的幂运算生成. 因此 $x_1$ 是生成元, $n$ 次单位根群是 $n$ 阶循环群.

以上两种具体的群实际上就是循环群的全部了(见 6.4.2 节). 我们再看一类特殊的循环群.

**例 6.3.4** 素数阶群是循环群. 设 $x$ 是素数阶群 $X$ ($|X|=p$) 中的元素, 由拉格朗日定理的推论(推论 6.2.1)可知, $x$ 的阶为 1 或 $p$, 故 $x, x^1, \cdots, x^p = e$ 是 $X$ 中的不同元素. 因此

$$X = \{x, x^1, \cdots, x^p\} = \langle x \rangle$$

为循环群.

下面研究循环群的子群.

**定理 6.3.1** 循环群的子群仍是循环群.

**证明** 设 $Y$ 是循环群 $\langle a \rangle$ 的任一子群. 当 $Y = \{e\}$ 时, 显然 $Y$ 是循环群. 下设 $Y \neq \{e\}$. 由于当 $a^m \in Y$ 时必有 $a^{-m} \in Y$, 故可设 $a^m$ 为 $Y$ 中 $a$ 的最小正幂, 于是有

$$\langle a^m \rangle \subseteq Y$$

另一方面, 任取 $a^s \in Y$, 令

$$s = mq + r, 0 \leqslant r < m$$

由于 $a^s, a^m \in Y$, 故有

$$a^r = a^{s-mq} = a^s(a^m)^{-q} \in Y \tag{6.3.1}$$

因为 $a^m$ 是 $Y$ 中 $a$ 的最小正幂, 所以 $r = 0$. 从而由式(6.3.1)可知

$$a^s = (a^m)^q \in \langle a^m \rangle$$

于是又有

$$Y \subseteq \langle a^m \rangle$$

因此

$$Y = \langle a^m \rangle$$

即子群 $Y$ 也是循环群.

**定理 6.3.2** (1) 无限循环群有无限多个子群.

(2) 设 $X = \langle x \rangle$ 是 $n$ 阶循环群, 则对 $n$ 的任意正因子 $k$ (即 $k \in \mathbf{Z}^+$ 且 $k|n$), $X$ 只有一个 $k$ 阶子群, 这个子群就是 $\langle x^{n/k} \rangle$.

**证明** (1) 设 $|x| = \infty$, 则易知

$$\langle e \rangle, \langle x \rangle, \langle x^2 \rangle, \cdots$$

是 $X$ 的全部互不相同的子群, 且除 $e$ 外都是无限循环群, 从而彼此同构.

(2) 设 $|x| = n, k|n$ 且

$$n = kq \tag{6.3.2}$$

则 $|x^q| = k$, 因此 $\langle x^q \rangle$ 是 $X$ 的一个 $k$ 阶子群.

设 $Y$ 也是 $X$ 的一个 $k$ 阶子群, 根据定理 6.3.1 可设 $Y=\langle x^m\rangle$, 则 $|x^m|=k$. 又由习题 6.2 第 6 题可知, $x^m$ 的阶是 $\dfrac{n}{(m,n)}$, 故

$$\dfrac{n}{(m,n)}=k$$
$$n=k(m,n) \tag{6.3.3}$$

式中, $(m,n)$ 为 $m$ 与 $n$ 的最大公因数. 由式(6.3.2)与式(6.3.3)得 $q=(m,n)$ 且 $q\mid m$, 从而

$$x^m\in\langle x^q\rangle, \langle x^m\rangle\subseteq\langle x^q\rangle$$

由于 $x^q$ 与 $x^m$ 的阶相同, 故

$$Y=\langle x^m\rangle=\langle x^q\rangle=\langle x^{n/k}\rangle$$

即 $X=\langle x\rangle$ 的 $k$ 阶子群是唯一的.

### 6.3.2 对称群

回忆一下 6.1 节介绍的几个概念. 集合 $X$ 到自身的映射称为 $X$ 的一个变换; 双射的变换称为一个置换. $X$ 的一些变换关于变换的乘法构成的群称为变换群; $X$ 的全体双射变换(即置换)构成的群称为对称群; 若 $|X|=n$, 则称全体双射变换 (即置换)构成的群为 $n$ 元对称群, 记为 $S_n$.

**定义 6.3.1** $n$ 元对称群的子群称为置换群.

由定义可知, $S_n$ 是置换群, 而置换群是变换群. 下面给出一个是变换群而不是置换群的例子.

**例 6.3.5** 设 $X=\{1,2,3,4\}$, 考虑两个变换:

$$\sigma_1=\begin{bmatrix}1&2&3&4\\1&1&3&4\end{bmatrix}, \sigma_2=\begin{bmatrix}1&2&3&4\\1&1&4&3\end{bmatrix}$$

由于 $\sigma_1\sigma_1=\sigma_2\sigma_2=\sigma_1$, $\sigma_1\sigma_2=\sigma_2\sigma_1=\sigma_2$, 所以 $\{\sigma_1,\sigma_2\}$ 对乘法是封闭的, 即变换乘法(复合映射)是 $\{\sigma_1,\sigma_2\}$ 的代数运算, 乘法运算的结合律成立, 单位元为 $\sigma_1$, 两个元素的逆元就是自己, 因此 $\{\sigma_1,\sigma_2\}$ 是 $X$ 的变换群. 但由于 $\sigma_1$ 和 $\sigma_2$ 都不是双射变换, 故此变换群不是置换群.

前面已经指出, $S_3$ 中的元素

$$\sigma_3=\begin{bmatrix}1&2&3\\2&1&3\end{bmatrix}, \sigma_4=\begin{bmatrix}1&2&3\\2&3&1\end{bmatrix}$$

可分别记为(12)和(123). (12)是把 1 变成 2, 把 2 变成 1; (123)是把 1 变成 2, 把 2 变成 3, 把 3 变成 1, 这样的变换称为轮换. 一般地, 我们可以用 $(i_1,i_2,\cdots,i_m)$ 表示一个轮换, $m$ 称为轮换的长. 长为 2 的轮换称为对换; 长为 1 的轮换就是恒等变换; 没有公共元素的若干轮换称为不相交轮换.

**定理 6.3.3**  每个置换(非轮换)都可以表示为不相交轮换的乘积; 每个轮换都可以表示为对换的乘积.

证明留作习题. 注意由定理 6.3.3 可知, 每个置换都可以表示为对换的乘积.

**例 6.3.6**  4 元对称群 $S_4$ 的元素有 $4! = 24$ 个, 分别为

$$(1)$$
$$(12), (13), (14), (23), (24), (34)$$
$$(123), (124), (132), (134), (142), (143), (234), (243)$$
$$(1234), (1243), (1324), (1342), (1423), (1432)$$
$$(12)(34), (13)(24), (14)(23)$$

根据定理 6.3.3, 每个轮换都可以表示为对换的乘积, 但表示法未必唯一. 例如

$$(123) = (13)(12) = (13)(32)(32)(12)$$
$$(1234) = (34)(13)(23) = (23)(13)(23)(13)(14)$$

虽然同一置换表示为对换的乘积时有不同的方法, 但是各种方法中对换个数的奇偶性却相同. 我们有下面的定理(证明留作习题).

**定理 6.3.4**  每个置换表示为对换的乘积时, 对换个数的奇偶性不变.

这样我们就可以把置换分为奇置换和偶置换. $(123)$ 是偶置换, $(1234)$ 是奇置换. $S_n$ 有 $n!$ 个元素, 由于奇置换和偶置换的个数一样多(证明留作习题), 故奇置换和偶置换各有 $n!/2$ 个. $S_n$ 的所有偶置换关于置换的乘法构成一个群(证明留作习题), 称为交错群, 记为 $A_n$.

**例 6.3.7**  $A_3$ 和 $A_4$ 分别为

$$A_3 = \{(1),(123),(132)\}$$
$$A_4 = \{(1),(12)(34),(13)(24),(14)(23),(123),$$
$$\qquad (132),(124),(142),(134),(143),(234),(243)\}$$

**例 6.3.8**  $A_n$ 为 $S_n$ 的正规子群. 设 $\sigma \in S_n$, 下面说明 $\sigma A_n = A_n \sigma$. 若 $\sigma$ 是偶置换, 等式显然成立. 若 $\sigma$ 为奇置换, 则有 $\sigma \sigma^{-1} = e$ (恒等置换). 由于恒等置换也是偶置换, 而 $\sigma$ 是奇置换, 所以 $\sigma^{-1}$ 是奇置换. 因此对任意 $\rho \in A_n$, $\sigma \rho \sigma^{-1}$ 是偶置换, 即 $\sigma \rho \sigma^{-1} \in A_n$, 故 $\sigma \rho \in A_n \sigma$, 这就说明了 $\sigma A_n \subseteq A_n \sigma$. 类似可说明 $A_n \sigma \subseteq \sigma A_n$. 因此, $\sigma A_n = A_n \sigma$.

没有非平凡正规子群的群称为单群, 即单群的正规子群只有子群 $\{e\}$ 和其自身. 由拉格朗日定理可知, 素数阶群都是单群. 我们知道素数阶群是循环群, 从而是交换群. 对于有限非交换群, 下面的结论指出交错群是单群.

**定理 6.3.5**  $A_n (n > 5)$ 是单群.

证明略去. 这里需要指出的是, 伽罗瓦利用上述结论证明了五次以上多项式没有求根公式.

**注 6.3.1**  单群如同整数中的素数, 是群的基本构件. 有限单群分类是 20 世纪下半叶群论研究的中心问题. 从 20 世纪 50 年代到 80 年代, 近百名代数学家发表了 500 多篇期刊文

章上万页论文,最终在 21 世纪初成功将所有有限单群进行了分类,这就是著名的有限单群分类定理. 它声称有限单群只有四类: 素数阶循环群、交错群 $A_n(n>5)$、李型单群(simple groups of Lie type)和 26 个零散单群 (sporadic simple groups). 这是数学中的重大成就.

## 习题 6.3

1. 例 6.3.1 中的生成元是唯一的吗?
2. 证明定理 6.3.3.
3. 证明定理 6.3.4.
4. 证明: $S_n$ 的奇置换和偶置换同样多.
5. 证明: $S_n$ 的所有偶置换关于置换的乘法构成一个群.

## 6.4 群同态及应用

6.1 节介绍了代数系统同态的概念,即保持运算的映射,群作为特殊的代数系统,保持群运算的映射自然就是群同态了. 本节我们总是假设 $X$ 和 $X_1$ 是两个群,其单位元分别为 $e$ 和 $e_1$.

### 6.4.1 群同态基本定理

**定义 6.4.1** 设 $X$ 和 $X_1$ 是两个群,$f$ 是 $X$ 到 $X_1$ 的映射. 如果 $f$ 保持群运算,即 $\forall a,b \in X$,有 $f(ab)=f(a)f(b)$,则称 $f$ 是 $X$ 到 $X_1$ 的群同态 (简称为同态). 如果同态 $f$ 是满射,则称 $f$ 为满同态; 如果同态 $f$ 是单射,则称 $f$ 为单同态; 如果同态 $f$ 是双射,则称 $f$ 为同构,并称 $X$ 和 $X_1$ 同构,记为 $X \cong X_1$.

**注 6.4.1** 严格来说,$f(ab)=f(a)f(b)$ 应该记为 $f(a*b)=f(a)\cdot f(b)$,其中"$*$"和"$\cdot$"分别为 $X$ 和 $X_1$ 中的运算,因为这两个群中的运算未必相同. 但为了简洁起见,我们采用 $f(ab)=f(a)f(b)$ 的记法.

**例 6.4.1** 整数加群 $\mathbf{Z}$ 到自身的映射 $f:n \to 2n$ 是同态映射,因为

$$f(a)+f(b)=2a+2b=2(a+b)=f(a+b) \ (\forall a,b \in X)$$

显然这是一个单同态,但不是满同态.

**例 6.4.2** 设 $Y$ 是群 $X$ 的正规子群,定义 $X$ 和商群 $X/Y$ 之间的映射

$$f(a)=aY \ (\forall a \in X)$$

由陪集的运算可得

$$f(a)f(b)=(aY)(bY)=(ab)Y=f(ab) \ (\forall a,b \in X)$$

因此这是一个同态,且是一个满同态.

例 6.4.2 是说一个群和它的商群同态，下面将要介绍的著名的群同态基本定理将说明该结论的逆命题在一定意义下也成立，即任何群同态的像就是一个商群．

同态映射有一些好的性质，比如保持单位元、逆元等，证明留作习题．

**定理 6.4.1** 设 $f$ 是群 $X$ 到 $X_1$ 的群同态且 $a \in X$，则

(1) $f(e) = e_1$．

(2) $f(a^{-1}) = (f(a))^{-1}$．

(3) $f(a^n) = (f(a))^n$，$n$ 为正整数．

设 $f$ 是群 $X$ 到 $X_1$ 的群同态，则

$$\ker f = \{x \in X \mid f(x) = e_1\}$$

称为同态 $f$ 的核；

$$\mathrm{im} f = \{f(x) \mid x \in X\}$$

称为同态 $f$ 的像．

**定理 6.4.2** $\mathrm{im} f$ 是 $X_1$ 的子群；$\ker f$ 是 $X$ 的正规子群．

**证明** 由于 $f(e) = e_1$，故 $\mathrm{im} f$ 非空．设 $a_1 \in \mathrm{im} f$，由定义可知存在 $a \in X$ 使得 $f(a) = a_1$，由于 $e_1 = f(e) = f(aa^{-1}) = f(a)f(a^{-1})$，故 $f(a^{-1})$ 就是 $a_1$ 的逆．$\mathrm{im} f$ 是群 $X_1$ 的子集，故其元素的乘法满足结合律．这就说明了 $\mathrm{im} f$ 是 $X_1$ 子群．

显然 $\ker f$ 是 $X$ 的子群(证明留作习题)，下证 $\ker f$ 是正规子群．$\forall a \in X$，只需说明

$$a(\ker f) = (\ker f)a$$

根据对称性，只需说明 $a(\ker f) \subseteq (\ker f)a$．$\forall k \in \ker f$，下证 $ak \in (\ker f)a$．由于

$$f(aka^{-1}) = f(ak)f(a^{-1}) = f(a)f(k)f(a^{-1}) = f(a)f(a^{-1}) = e_1$$

故 $aka^{-1} \in \ker f$．设 $aka^{-1} = l \in \ker f$，因此 $ak = la \in (\ker f)a$．

$\ker f$ 是 $X$ 的正规子群，因此就有了商群 $X / \ker f$．下面我们来看著名的群同态基本定理．

**定理 6.4.3(群同态基本定理)** 设 $f$ 是 $X$ 到 $X_1$ 的群同态．则

$$X / \ker f \cong \mathrm{im} f$$

定理的证明略去．注意定理 6.4.3 中若是满同态，则 $X / \ker f \cong X_1$．我们知道一个群和它的商群同态(例 6.4.2)，群同态基本定理说明任意的同态的像就是商群，这个商群是由同态的核产生的．群同态基本定理的图示见图 6.4.1．

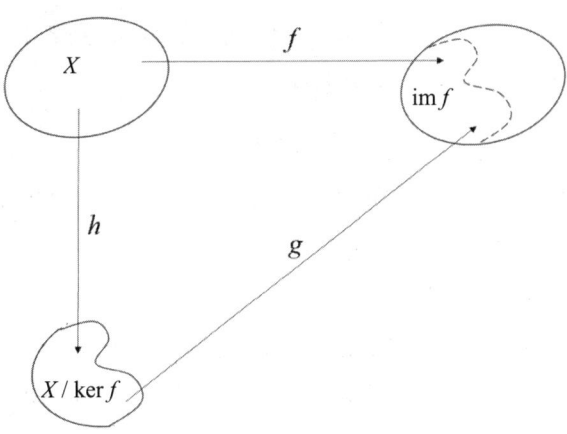

图 6.4.1 群同态基本定理的图示

### 6.4.2 任意群和循环群的同构刻画

同构的群可以视为相同的群,下面著名的 Cayley[1] 定理告诉我们任意的抽象群和变换群本质上都是一样的.

**定理 6.4.4** 任意的抽象群都同构于一个变换群; 任意 $n$ 阶群都和 $S_n$ 的子群同构.

定理 6.4.4 说明任意的抽象群都可以找到具体的群和它同构. 相比抽象群而言,变换群、置换群可能给人一种"亲近"的感觉,因为它们毕竟是具体的(看得见,摸得着). 实际上,这种相对具体的群并未对研究带来多少便利.

本节最后,我们对循环群这种抽象群也找到了两类具体的同构对象.

**定理 6.4.5** 设 $X = \langle a \rangle$ 是循环群.

(1) 若 $a$ 的阶为正整数 $n$, 则 $X$ 与 $n$ 次单位根群同构.

(2) 若 $a$ 的阶为无限, 则 $X$ 与整数加群同构.

**证明** (1) 由于 $a$ 的阶为正整数 $n$, 故 $e, a, a^2, \cdots, a^{n-1}$ 为不同的元素. 对于任意整数 $m$, 可写为 $m = nq + r(0 \leq r < n)$, 于是

$$a^m = a^{nq}a^r = ea^r = a^r \in \{e, a, a^2, \cdots, a^{n-1}\}$$

因此 $X = \{e, a, a^2, \cdots, a^{n-1}\}$ 是 $n$ 阶循环群. 设 $f: a^m \to x_1^m$, 其中

$$x_1 = \cos\frac{2\pi}{n} + i\sin\frac{2\pi}{n}$$

这显然是一个同构映射,证毕.

(2) 由于 $a$ 的阶为无限,令

$$f: a^m \to m$$

---

[1] Arthur Cayley(1821—1895), 英国数学家.

若 $a^s = a^t$，则 $a^{s-t} = e$. 但 $a$ 的阶为无限，故 $s = t$. 因此 $f$ 是 $\langle a \rangle$ 到 $\mathbf{Z}$ 的一个映射，且是一个双射. 又 $f(a^s a^t) = f(a^{s+t}) = s + t = f(a^s)f(a^t)$，故

$$\langle a \rangle \cong \mathbf{Z}$$

定理 6.4.5 说明，在同构意义下循环群只有两种：整数加群和 $n$ 次单位根群.

由定理 6.4.5 可知 $n$ 阶循环群中生成元是 $n$ 阶的. 反过来，若一个 $n$ 阶群 $X$ 有 $n$ 阶元素 $a$，则 $\langle a \rangle = \{e, a, a^2, \cdots, a^{n-1}\}$ 就是 $X$ 的一个子群，由于 $X$ 的阶为 $n$，故 $\langle a \rangle = X$. 这就说明：$n$ 阶群是循环群当且仅当群中有 $n$ 阶元素. 由此结论及拉格朗日定理的推论可知：素数阶群均为循环群（例 6.3.4）. 最后，我们借助这两个结论给出一个关于非交换群的阶数的结果.

**定理 6.4.6** 非交换群最少有 6 个元素.

**证明** 如果群的阶为 2, 3 或 5，则它们都是循环群，从而是交换群. 下面考虑群的阶为 4 的情况，根据拉格朗日定理的推论，有两种情况：一种是包含 4 阶元素，另一种是不包含 4 阶元素. 若包含 4 阶元素，则为循环群，从而是交换群；若不包含 4 阶元素，则此群中元素的阶为 1 或 2，故此群也为交换群（习题 6.2 第 6 题）. 从而证明了阶数小于 6 的群都是交换群.

注意 $S_3$ 是阶为 6 且不是交换群的群.

## 习题 6.4

1. (1) 证明：非零实数及普通乘法构成一个群 $\mathbf{R}^*$.

   (2) 一般线性群 $\mathrm{GL}_2(\mathbf{R})$（由实数域上的 $2 \times 2$ 可逆矩阵构成，参见例 6.1.10）到 $\mathbf{R}^*$ 的映射 $f$ 定义为

$$f\left(\begin{bmatrix} a & b \\ c & d \end{bmatrix}\right) = ad - bc \left(\forall \begin{bmatrix} a & b \\ c & d \end{bmatrix} \in \mathrm{GL}_2(\mathbf{R})\right)$$

问：$f$ 是同态吗？如果是同态，那么是单同态还是满同态？

2. 设 $f$ 是 $X$ 到 $X_1$ 的群同态，证明：$f$ 是单射当且仅当 $\ker f = \{e\}$.

3. 证明定理 6.4.1.

4. 证明：同态映射的核是子群.

5. 在定理 6.4.6 证明过程中，不含 4 阶元素的 4 阶群是什么样的？给出它的乘法表. 我们此前介绍过此群吗？

## 6.5 环和域

前面几节主要介绍了群，群是在集合上定义了一种运算的代数结构，本节介绍的环和域则是在集合上定义了两种运算的代数结构.

## 6.5.1 环与子环

在给出环的定义之前,我们先回顾一下加群的概念.

一个交换群中的运算叫作加法并用加号表示时称该群为一个加群. 为了符合通常习惯, 加群中的单位元用 0 表示, 并称为零元; 元素 $a$ 的逆元用 $-a$ 表示, 并称为 $a$ 的负元. 于是有

$$0 + a = a + 0 = a$$
$$a + (-a) = -a + a = 0$$

如果我们把 $a+(-b)$ 简记为 $a-b$,那么在加群中就有了一个减法,它是加法的逆运算. 容易证明:

(1) $-a + a = a - a = 0.$
(2) $-(-a) = a.$
(3) $a + c = b \Leftrightarrow c = b - a.$
(4) $-(a+b) = -a - b,\ -(a-b) = b - a.$

记 $0a = 0$(左边的 0 是数零, 右边的 0 是零元), $na = \overbrace{a + \cdots + a}^{n\text{个}}$, $(-n)a = n(-a) = -(na)$, 其中 $m, n$ 为正整数. 于是有

$$ma + na = (m+n)a$$
$$m(na) = (mn)a$$
$$n(a+b) = na + nb$$

加群的非空子集 $H$ 能构成子群的充要条件是:

$$a, b \in H \Rightarrow a + b \in H \text{ 且 } a \in H \Rightarrow -a \in H$$

**定义 6.5.1** 设非空集合 $R$ 上有两个代数运算, 一个称为加法(用"+"表示), 另一个称为乘法(用"∘"表示或省略). 若

(1) $(R, +)$ 是一个加群.

(2) $R$ 对乘法满足结合律:

$$(a \circ b) \circ c = a \circ (b \circ c)$$

(3) 乘法对加法满足分配律:

$$a \circ (b+c) = a \circ b + a \circ c,\ (b+c) \circ a = b \circ a + c \circ a$$

式中 $a, b, c$ 为 $R$ 中任意元素, 则称 $(R, +, \circ)$ 是一个环.

注意,我们常常简单地说 $R$ 是一个环而不必指明两个运算, 乘法运算符号 ∘ 也常常省略. 如果环 $R$ 的乘法满足交换律, 即对 $R$ 中任意元素 $a, b$ 都有

$$ab = ba$$

则称 $R$ 为交换环; 否则称 $R$ 为非交换环.

如果环 $R$ 只含有限个元素,则称 $R$ 为有限环;否则称 $R$ 为无限环.

有限环 $R$ 的元素个数称为 $R$ 的阶,无限环的阶为无限. 环 $R$ 的阶用 $|R|$ 表示.

整数集合 $\mathbf{Z}$ 上的加法和乘法构成一个环,这个环是交换环,也是无限环.

**例 6.5.1** 设 $R$ 是一个加群,定义 $R$ 上的乘法运算:
$$ab = 0 \ (\forall a, b \in R)$$
则 $R$ 显然构成一个环.

**例 6.5.2** 定义整数集合 $\mathbf{Z}$ 上的两个运算为
$$a \oplus b = a + b - 1, \ a \circ b = a + b - ab$$
则这两个运算与整数集合 $\mathbf{Z}$ 构成一个环.

**证明** 显然 $\mathbf{Z}$ 对 $\oplus$ 构成一个加群,其中 1 是零元, $2-a$ 是元素 $a$ 的逆元. 此外, $\circ$ 满足结合律. 下面验证 $\circ$ 对 $\oplus$ 满足左分配律,右分配律可类似验证.

$$\begin{aligned} a \circ (b \oplus c) &= a \circ (b + c - 1) \\ &= a + (b + c - 1) - a(b + c - 1) \\ &= 2a + b + c - ab - ac - 1 \end{aligned}$$

$$\begin{aligned} (a \circ b) \oplus (a \circ c) &= (a + b - ab) \oplus (a + c - ac) \\ &= (a + b - ab) + (a + c - ac) - 1 \\ &= 2a + b + c - ab - ac - 1 \end{aligned}$$

故 $a \circ (b \oplus c) = (a \circ b) \oplus (a \circ c)$.

因此, $(\mathbf{Z}, \oplus, \circ)$ 是一个环.

**定义 6.5.2** 如果环 $R$ 中有元素 $e$,它对 $R$ 中每个元素 $a$ 都有
$$ea = a$$
则称 $e$ 为环 $R$ 的一个左单位元;如果环 $R$ 中有元素 $e'$,它对 $R$ 中每个元素 $a$ 都有
$$ae' = a$$
则称 $e'$ 为环 $R$ 的一个右单位元.

环 $R$ 中既是左单位元又是右单位元的元素称为 $R$ 的单位元.

一个环可能有单位元,也可能无单位元;可能有左单位元无右单位元,也可能有右单位元无左单位元. 注意环中加法的单位元我们称为零元,这里的单位元是对乘法而言的. 显然若环有单位元,则单位元是唯一的,常用 1 表示,我们称这样的环为含幺环.

我们可以采用类似群的做法(参见 6.2.1 节),在环中引入指数幂的概念. 指数幂可定义为
$$a^n = \overbrace{aa \cdots a}^{n\ \uparrow}$$

当环有单位元时,可对环中任意元素 $a$ 定义

$$a^0 = 1$$

还可定义负指数幂为

$$a^{-n} = (a^{-1})^n$$

式中 $a^{-1}$ 为 $a$ 的逆(再次注意: 对于环来说, "逆" "单位元"都是对乘法运算而言的; 对于环中加法运算的"逆"和"单位元", 我们常用"负元"和"零元"这样的称谓). 关于环中的运算法则, 参见习题 6.5 第 2 题.

**定义 6.5.3** 设 $S$ 是环 $R$ 的一个非空子集, 如果 $S$ 对 $R$ 的加法与乘法也构成一个环, 则称 $S$ 是 $R$ 的一个子环.

类似于子群的刻画, 下面给出环的子集构成子环的充要条件.

**定理 6.5.1** 环 $R$ 的非空子集 $S$ 构成子环的充要条件是:

$$a, b \in S \Rightarrow a - b \in S \text{ 且 } a, b \in S \Rightarrow ab \in S$$

**证明** 由条件 $a, b \in S \Rightarrow a - b \in S$ 可知 $S$ 是 $R$ 的一个子群; 由条件 $a, b \in S \Rightarrow ab \in S$ 可知 $S$ 对乘法封闭. 因为 $S$ 上的加法和乘法运算即为 $R$ 上的加法和乘法运算, 所以 $S$ 对乘法的结合律、乘法对加法的分配律成立. 证毕.

需要注意的是环的单位元的存在性和子环的单位元的存在性没有关系.

**例 6.5.3** 整数环 $(\mathbf{Z}, +, \times)$ 的有单位元 1. 所有偶数 $\mathbf{Z}_{2n}$ 对于普通加法和乘法构成整数环的子环, 但偶数环 $\mathbf{Z}_{2n}$ 没有单位元.

## 6.5.2 环的零因子和特征

实数集合 $\mathbf{R}$ 上的乘法有性质: $a \neq 0, b \neq 0 \Rightarrow ab \neq 0$. 此性质在一般的环中不成立.

**定义 6.5.4** 设 $a \neq 0$ 是环 $R$ 的一个元素, 如果在 $R$ 中存在元素 $b \neq 0$ 使 $ab = 0$, 则称 $a$ 为环 $R$ 的一个左零因子.

同样可定义右零因子. 左零因子和右零因子统称为零因子, 只在有必要区分时才加左或右. 从定义可以看出, 左零因子和右零因子同时存在.

**例 6.5.4** 设 $R$ 为由一切形如

$$\begin{bmatrix} x & 0 \\ y & 0 \end{bmatrix} (x, y \text{ 为有理数})$$

的矩阵关于矩阵的加法与乘法构成的环, 则 $\begin{bmatrix} 1 & 0 \\ 0 & 0 \end{bmatrix}$ 是 $R$ 的一个左零因子, 因为有

$$\begin{bmatrix} 1 & 0 \\ 0 & 0 \end{bmatrix} \begin{bmatrix} 0 & 0 \\ 1 & 0 \end{bmatrix} = \begin{bmatrix} 0 & 0 \\ 0 & 0 \end{bmatrix}$$

但 $\begin{bmatrix} 1 & 0 \\ 0 & 0 \end{bmatrix}$ 不是 $R$ 的右零因子, 因为如果要

$$\begin{bmatrix} x & 0 \\ y & 0 \end{bmatrix} \begin{bmatrix} 1 & 0 \\ 0 & 0 \end{bmatrix} = \begin{bmatrix} 0 & 0 \\ 0 & 0 \end{bmatrix}$$

则只有 $x = y = 0$.

在无零因子的环中, 关于乘法的消去律成立.

**定理 6.5.2** 在环 $R$ 中, 若 $a$ 不是左零因子, 则

$$ab = ac, a \neq 0 \Rightarrow b = c \text{ (左消去律)}$$

若 $a$ 不是右零因子, 则

$$ba = ca, a \neq 0 \Rightarrow b = c \text{ (右消去律)}$$

**证明** 由 $ab = ac$ 可得

$$a(b - c) = 0$$

由于 $a \neq 0$ 且 $a$ 不是左零因子, 故 $b - c = 0$, 从而 $b = c$. 另一情形类似可证.

**推论 6.5.1** 若环 $R$ 无左(或右)零因子, 则消去律成立; 反之, 若 $R$ 中有一个消去律成立, 则 $R$ 无左零因子和右零因子, 且另一个消去律也成立.

**证明** 由于当 $R$ 无左零因子时, $R$ 也无右零因子, 故由定理 6.5.2 可知两个消去律成立. 反之, 设在 $R$ 中左消去律成立, 且 $a \neq 0, ab = 0$, 即 $ab = a0$, 于是有 $b = 0$, 即 $R$ 无左零因子; 从而 $R$ 也无右零因子, 因此右消去律也成立.

**定义 6.5.5** 阶大于 1、有单位元且无零因子的交换环称为整环.

显然整数环和数域上的多项式环都是整环. 例 6.5.4 中的环由于有零因子从而不是整环. 下面讨论环中元素对加法的阶的情况.

**定义 6.5.6** 若环 $R$ 的元素(对加法)有最大阶 $n$, 则称 $n$ 为环 $R$ 的特征, 用 char $R$ 表示.

由于有限群中每个元素的阶都是有限的, 故有限环的元素对加法有最大阶, 从而有限环的特征必是有限的. 以后将知道, 无限环的特征也可能是有限的. 一般来说, 环中各元素(对加法)的阶是不相等的. 下面证明, 对于无零因子环, 其非零元素的阶都是一样的.

**定理 6.5.3** 设 $R$ 是一个无零因子环, 且 $|R| > 1$. 则

(1) $R$ 中所有非零元素的阶均相同.

(2) 若 $R$ 的特征有限, 则必为素数.

**证明** (1) 若 $R$ 中每个非零元素的阶都无限, 则定理得证.

下设 $R$ 中有某个元素 $a \neq 0$ 的阶为 $n$. 在 $R$ 中任取元素 $b \neq 0$, 于是有

$$a(nb) = (na)b = 0b = 0$$

由于 $a \neq 0$, 且 $R$ 无零因子, 故 $nb = 0$, 因此 $|b| \leq n$.

设 $|b|=m$，则 $(ma)b=a(mb)=0$，于是有 $ma=0$，故 $n\mid m$. 因此 $n\leqslant m=|b|$.

综上可得 $|b|=n$，即 $R$ 中所有非零元素的阶相同. 证毕.

(2) 设 $\text{char } R=n>1$，且 $n=n_1 n_2$，$1<n_1, n_2<n$.

在 $R$ 中任取元素 $a\neq 0$，由于 $R$ 中每个非零元素的阶都是 $n$，故
$$n_1 a\neq 0, \ n_2 a\neq 0$$

又因为
$$(n_1 a)(n_2 a)=(n_1 n_2)a^2=na^2=0$$

这与 $R$ 是无零因子环矛盾，故 $n$ 必是素数. 证毕.

设交换环 $R$ 的特征是素数 $p$，对 $R$ 中任意元素 $a_1, a_2, \cdots, a_n$，考虑 $(a_1+a_2+\cdots+a_n)^p$. 将 $(a_1+a_2+\cdots+a_n)^p$ 展开，除去项 $a_1^p, a_2^p, \cdots, a_n^p$ 外，其余各项的系数都是 $p$ 的倍数，从而都是 $R$ 的零元. 因此
$$(a_1+a_2+\cdots+a_n)^p=a_1^p+a_2^p+\cdots+a_n^p$$

上式和数的普通运算规则很不一样. 关于环有单位元时其特征的性质参见习题 6.5 第 5 题.

### 6.5.3 域的定义

前面介绍的环对加法构成一个交换群，对乘法只要求满足结合律、对加法的分配律. 如果乘法也能在一定条件下构成一个群就得到了域的概念.

**定义 6.5.7** 设 $R$ 是一个环，如果 $|R|>1$，$R$ 有单位元且每个非零元都有逆元，则称 $R$ 是一个除环. 交换(对乘法)的除环称为域.

按照定义，整数环是有单位元且无零因子的交换环，但不是域. 实数集合上的普通加法和乘法构成了一个域，这就是我们熟知的实数域. 有理数集合上的普通加法和乘法构成了有理数域.

由上述定义还可看出，除环的非零元在乘法下构成了一个群，域中的非零元在乘法下构成了一个交换群.

**定理 6.5.4** 除环和域没有零因子.

**证明** 设 $R$ 是一个除环，$a\in R$，如果
$$a\neq 0, \ ab=0$$

则
$$b=a^{-1}(ab)=0$$

从而可知 $R$ 无零因子.

由定理 6.5.3 和定理 6.5.4 可知，除环和域的特征只能是素数或无限.

**定理 6.5.5** 设 $R$ 是环且 $|R|>1$，$R$ 是除环当且仅当对 $R$ 中任意元素 $a \neq 0, b$，方程

$$ax = b \ (\text{或} \ ya = b)$$

在 $R$ 中有解.

**证明** 必要性显然，下证充分性.

先证环 $R$ 无零因子. 在 $R$ 中任取 $a \neq 0, b \neq 0$. 因为方程 $ax = b$ 在 $R$ 中有解，设为 $c$，即有 $ac = b$；又因为方程 $bx = c$ 在 $R$ 中有解，设为 $d$，即又有 $bd = c$. 于是

$$abd = ac = b \neq 0$$

因此 $ab \neq 0$，即 $R$ 无零因子.

再证 $R$ 有单位元. 在 $R$ 中任取 $a \neq 0$. 因为方程 $ax = a$ 在 $R$ 中有解，设为 $e$，即有 $ae = a$. 于是有

$$ae^2 = ae, \ a(e^2 - e) = 0$$

由于 $a \neq 0$ 且 $R$ 无零因子，故 $e^2 - e = 0$，$e^2 = e \neq 0$.

现任取 $b \in R$，由 $e^2 - e = 0$ 可知

$$(be - b)e = 0, \ e(eb - b) = 0$$

由于 $e \neq 0$，故

$$be - b = eb - b = 0$$

因此 $be = eb = b$，即 $e$ 是 $R$ 的单位元.

最后证 $R$ 中每个非零元都有逆元. 在 $R$ 中任取 $a \neq 0$，因为方程 $ax = e$ 在 $R$ 中有解，设为 $a'$，即有 $aa' = e$. 下证 $a'a = e$.

$$(a'a - e)a' = a'aa' - ea' = a'e - a' = a' - a' = 0$$

由于 $a' \neq 0$，故必有 $a'a - e = 0$，$a'a = e$. 因此 $aa' = a'a = e$，即 $a$ 在 $R$ 中有逆元.

综上所述，$R$ 是一个除环. 证毕.

在环中可以进行"加、减、乘"运算. 定理 6.5.5 表明，在除环(或域)中可进行"加、减、乘、除"运算. 由于除环(对乘法)不一定可交换，故在除环中虽然 $a^{-1}b$ 及 $ba^{-1}$ $(a \neq 0)$ 都有意义，但二者未必相等. 在域中，因为有 $a^{-1}b = ba^{-1}$，我们就把这个元素记为 $\dfrac{b}{a}$，即

$$\frac{b}{a} = a^{-1}b = ba^{-1}(a \neq 0)$$

与子环的概念类似，我们可定义子域的概念. 域 $F$ 的子集 $F_1(|F_1|>1)$ 作成子域的充要条件是：

$$a,b \in F_1 \Rightarrow a-b \in F_1 \text{ 且 } 0 \neq a, b \in F_1 \Rightarrow a^{-1}b \in F_1$$

即 $F_1$ 对 $F$ 的 "减法" 与 "除法" 封闭.

整数环 **Z** 同有理数域 **Q** 的关系是: 每个有理数都是两个整数之商, 且 **Q** 是包含 **Z** 的最小数域. 下面推广这种关系.

**定义 6.5.8** 设 $R$ 是一个整环, $K$ 是包含 $R$ 为其子环的一个域. 则

$$F = \{\frac{b}{a} = a^{-1}b \mid 0 \neq a, b \in Z\}$$

是 $K$ 的一个包含 $R$ 为其子环的子域, 而且是包含 $R$ 的最小域. 称 $F$ 为整环 $R$ 的分式域或商域.

由上述定义可知, 有理数域 **Q** 就是整数环 **Z** 的商域.

本节介绍的几种代数结构的关系如图 6.5.1 所示. 需要指出的是, 本节只是介绍了环和域的一些基础知识, 还有很多重要的内容并未涉及. 例如, 在群中我们已经揭示了正规子群的重要性, 它可以诱导一类重要的新群——商群; 环中也有对应的一类重要子环, 我们称之为理想, 理想可以诱导出商环. 再比如, 我们前面介绍了群同态定理, 类似地也有环同态基本定理. 感兴趣的同学可以参阅参考文献中抽象代数部分的文献.

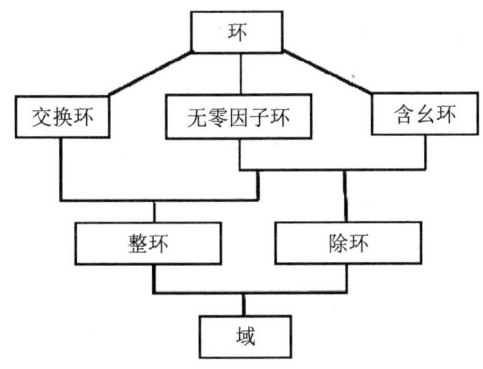

图 6.5.1 各种代数结构之间的关系

# 习题 6.5

1. 是否存在无左单位元和右单位元的环? 是否存在只有左单位元而无右单位元的环? 是否存在只有右单位元而无左单位元的环?

2. 证明环中元素关于乘法有下面的性质.

(1) $0a = a0 = 0$ ($0$ 是环 $R$ 的零元).

(2) $(-a)b = a(-b) = -ab$.

(3) $(-a)(-b) = ab$.

(4) $c(a-b) = ca - cb$, $(a-b)c = ac - bc$.

(5) $(\sum_{i=1}^{m} a_i)(\sum_{j=1}^{n} b_j) = \sum_{i=1}^{m}\sum_{j=1}^{n} a_i b_j$.

(6) $(ma)(nb) = (na)(mb) = (mn)(ab)$，其中 $m,n$ 为任意整数.

3. 环中以下等式成立吗?
$$(ab)^n = a^n b^n$$
$$(a+b)^2 = a^2 + 2ab + b^2$$

4. 数域 $F$ 上一切形如

$$\begin{bmatrix} a & b \\ 0 & 0 \end{bmatrix} \quad (\forall a,b \in F)$$

的矩阵对普通加法和乘法是否构成环? 是否可交换和有单位元?

5. 证明: 若环 $R$ 有单位元, 则单位元在加群 $(R,+)$ 中的阶就是 $R$ 的特征.

6. 证明: 域和其子域有相同的单位元.

7. 设 $F$ 是一个域且 $|F| = 4$, 证明:

(1) char $F = 2$.

(2) $F$ 中非 0 及 1 的两个元素都满足方程 $x^2 = x + 1$.

8. 证明:
$$\mathbf{Z}[i] = \{a + bi \mid a,b \in \mathbf{Z}\}$$

构成一个整环(这个环称为 Gauss 整环).

# 参考文献

## 集合及计数部分

[1] 艾格纳, 齐格勒. 数学天书中的证明[M]. 冯荣, 宋春伟, 宗传明, 译. 4版. 北京: 高等教育出版社, 2011.

[2] 布鲁迪. 组合数学[M]. 冯速, 等译. 5版. 北京: 机械工业出版社, 2012.

[3] DAVEY B A, PRIESTLEY H A. Introduction to lattices and order[M]. Cambridge: Cambridge University Press, 1990.

[4] 李乔, 组合学讲义[M]. 2版. 北京: 高等教育出版社, 2008.

[5] 刘守民, 熊锐, 集合论、拓扑与代数初步[M]. 北京: 清华大学出版社, 2019.

[6] 罗伯茨, 泰斯曼. 应用组合数学[M]. 冯速, 译. 2版. 北京: 机械工业出版社, 2007.

[7] 沈, 韦列夏金. 集合论基础[M]. 陈光还, 译. 北京: 高等教育出版社, 2013.

[8] 范林特, 威尔逊. 组合学教程[M]. 刘振宏, 赵振江, 译. 2版. 北京: 机械工业出版社, 2007.

[9] 陶哲轩. 陶哲轩实分析[M]. 李馨, 译. 3版. 北京: 人民邮电出版社, 2018.

## 图论部分

[10] BONDY J A, MURTY U S R. Graph theory[M]. New York: Springer, 2008.

[11] JUNGNICKEL D, Graphs, networks and algorithms[M]. 3rd ed. Berlin: Springer, 2008.

[12] 孙惠泉. 图论及其应用[M]. 北京: 科学出版社, 2004.

[13] 韦斯特. 图论导引[M]. 李建中, 骆吉州, 译. 2版. 北京: 机械工业出版社, 2006.

[14] 殷剑宏, 吴开亚. 图论及其算法[M]. 合肥: 中国科技大学出版社, 2003.

## 数理逻辑部分

[15] 雷曼, 莱顿, 迈耶. 计算机科学中的数学[M]. 唐李洋, 刘杰, 谭永昶, 等译. 北京: 电子工业出版社, 2019.

[16] 尼罗德, 肖尔. 应用逻辑[M]. 丁德成, 徐亚涛, 吴永成, 等译. 北京: 机械工业出版社, 2007.

[17] 屈婉玲, 耿素云, 张立昂. 离散数学[M]. 2版. 北京: 高等教育出版社, 2015.

[18] 王国俊. 数理逻辑引论与归结原理[M]. 北京: 科学出版社, 2003.

[19] 陆钟万. 面向计算机科学的数理逻辑[M]. 2版. 北京: 科学出版社, 2002.

## 抽象代数部分

[20] 刘绍学, 章璞. 近世代数导引[M]. 北京: 高等教育出版社, 2011.

[21] 欧阳毅, 叶郁. 陈洪佳. 代数学Ⅱ: 近世代数[M]. 北京: 高等教育出版社, 2017.

[22] 徐竞, 徐明耀. 近世代数初步[M]. 北京: 北京大学出版社, 2020.

[23] 杨子胥. 近世代数[M]. 3版. 北京: 高等教育出版社, 2011.

## 综合部分

[24] 陈莉, 刘晓霞. 离散数学[M]. 3版. 北京: 高等教育出版社, 2019.

[25] 丹吉洛, 韦斯特. 优美的数学思维: 问题求解与证明[M]. 汪荣贵, 孙毅, 张桂芸, 译. 2版. 北京: 机械工业出版社, 2020.

[26] 多西等. 离散数学[M]. 章炯民, 王新伟, 曹立, 译. 5版. 北京: 机械工业出版社, 2020.

[27] 方世昌. 离散数学[M]. 2版. 西安: 西安电子科技大学出版社, 1996.

[28] 约翰逊鲍夫. 离散数学[M]. 黄林鹏, 陈俊清, 王德俊, 等译. 7版. 北京: 电子工业出版社, 2015.

[29] 李小南, 乔胜宁. 离散数学[M]. 西安: 西安电子科技大学出版社, 2016.

[30] 罗森. 离散数学及其应用[M]. 徐六通, 杨娟, 吴斌, 译. 8版. 北京: 机械工业出版社, 2019.

[31] 斯坦, 戴斯德尔, 博加特. 离散数学: 面向计算机科学专业[M]. 马帅, 秦波, 罗杰, 等译. 北京: 机械工业出版社, 2021.

[32] 左孝凌, 李为鑑, 刘永才. 离散数学[M]. 上海: 上海科技文献出版社, 1982.